AWSではじめる
データレイク

Data Lake starting with AWS

上原 誠／志村 誠／下佐粉 昭／関山 宜孝

テッキーメディア

本書に関する追加の情報は次のサイトから提供予定です。

https://techiemedia.co.jp/books/

また、本書の記載内容についてのご質問は次のメールアドレスからお受けいたします。

books@techiemedia.co.jp

ご質問の内容によっては、回答時期の遅延、およびお答えできない場合がございます。あらかじめご了承くださいますようお願い申し上げます。

はじめに

みなさんがWebブラウザでショッピングをするとき、スマートフォンでモバイルゲームに興じるとき、タブレットで今夜の料理のレシピを検索するとき、その背後にはいつもたくさんの“データ”があり、そのデータが活用されています。

AIや機械学習が広く認知され、さまざまな分野で活用されるようになった今日、データの重要性はどんどん高まっています。一方で、実際にたくさんのデータを溜めて活用するのは、これまでそれほど簡単ではありませんでした。データの集め方を考えて、うまく整形し、分析できるようにする…。データの量も種類も増え、増加のスピードも速くなり、用途が多様化するなかで、データ活用の現場には、いつも悩みがありました。「増え続けるデータをどのように収集／蓄積すればよいのか」、「大量のデータを高速に分析するにはどのようにすればよいのか」、「新しい用途に柔軟に対応するにはどのような分析基盤を作ればよいのか」、このような悩みを解決するために生まれたのが本書のテーマである“データレイク”です。

本書はデータの力をもっと引き出したいすべての方のために、今日のデータ活用の鍵となるコンセプト“データレイク”を紹介するために生まれました。データレイクの登場により、あらゆる形式のデータを一箇所に集めて、さまざまな用途に活用することが以前より遥かに簡単になりました。また、データレイクはその性質上、クラウドとの高い親和性を有しています。クラウドのサービスを組み合わせてデータレイクに活用することで、より多くのデータをより高速に処理できるようになりました。この勢いは今後も加速していき、これまで不可能だったことがどんどん可能となり、新しい活用が広がっていくことでしょう。

百聞は一見に如かず。本書はデータレイクのコンセプトを紹介するだけにとどまらず、データレイクを構築して活用する一連の流れを、実際に手を動かして学ぶことを大切にしています。必要な機材はPCとインターネット環境だけです。本書を最後までやり通したあなたは、データレイクを自分の用途に合わせて柔軟に活用できる実践的なスキルを身に着けていることでしょう！

本書は、ビジネスやアプリケーションにデータを活用したい方、すべての方を対象としています。本書の想定読者には、データ基盤を構築／運用するデータエンジニア、データを活用したアプリケーションを開発するソフトウェアエンジニアが含まれます。同時に、非エンジニアの方でもデータレイクのコンセプトを理解してビジネスに活用できるように、できるだけわかりやすく解説することを心がけました。

本書を読み進めるにあたり、最初から最後まで読み通していただければ嬉しく思いますが、お忙しい方のために興味のある部分だけを読めるようにも配慮しています。データレイクのコンセプトを学びたい方は序章～第4章を、手を動かしてデータレイクを簡単に始めてみたい方は第5章〜第9章を、本格的なデータレイクを構築／活用してみたい方は第10章〜第14章をご覧いただければと思います。
　著者一同、本書がみなさまのデータ活用の一助となることを願ってやみません。

謝辞

　本書を書こうと考える前から、多くの日本のお客さまがデータを活用したいと思うものの、そのために何をすればよいか、どのように進めていけばよいかという点で困っていることを、私たちは強く感じていました。また、そのためのアプローチとしてデータレイクという考え方が有効だと思うものの、日本語で体系的に説明した書籍がないことにももどかしさを感じていました。
　著者一同は日々、AWSをご利用いただく多くのお客様に対して技術的な支援を行ったり、お客様の声をもとにプロダクト開発に活かしたりという活動を行なっています。2019年3月14日に開催された「Hadoop / Spark Conference Japan 2019」の懇親会の場で、この本の企画がスタートしました。それ以来、テッキーメディアの編集者である石川さんには、本の構成や内容についてのアドバイスから、執筆スケジュールのフォロー、原稿の校正まで、多くの面でお世話になりました。理論編とハンズオン編の2部構成とすることで、読者の方々がより実践的なかたちでデータレイクを理解してもらえるようになったのも、石川さんとのディスカッションを通じてのものです。また書籍の技術的な正確性を担保するうえで、本書の全体的なレビューをおこなっていただいた瀧澤与一さんにも深く感謝します。データ活用に悩む多くの方々にとって、この本が一助となることを願います。

アマゾン ウェブ サービス ジャパン株式会社
上原 誠／志村 誠／下佐粉 昭／関山 宜孝

目　次

第1部　データレイクの概念と知識　1

序章　データレイクを始めよう　3

1　データレイク概要……4
　1.1　表計算ソフトによる分析……4
　1.2　汎用のデータストアとして普及したリレーショナルデータベース……5
　1.3　巨大データの分析に特化したデータウェアハウス……6
　1.4　多様な生データの保存を重視したデータレイク……8
2　分析環境の成長と課題……10
　2.1　初期のデータ処理システム……10
　2.2　集約環境から分散環境へ……10
　2.3　分散処理による大規模分析処理の実現……11
3　データウェアハウス……11
　3.1　分析用に整理されたデータを保持……12
　3.2　追記中心のデータベース……13
　3.3　スタースキーマ……13
　3.4　ETL……14
4　現在のシステムにおける課題……16
　4.1　環境の変化1：データ量の増加と、増加速度の向上……17
　4.2　環境の変化2：ニーズの多様化、取り扱いデータの多様化……17
　4.3　環境の変化3：新技術への対応……19

5　データレイクのアーキテクチャと要件……20
5.1　処理系と蓄積の分離……20
5.2　データレイクの機能……21
5.3　データレイクを中心にした構成……22
6　データレイクによる課題の解決……23
7　データレイクの検討におけるその他の観点……25
7.1　クラウドにおける性能と費用の考え方……25
7.2　データローカリティのメリット／デメリット……26
7.3　システム間の依存関係……27
7.4　データレイクを中心としたシステムの全体構成例……27
8　まとめ……28

第1章　データレイクの構築　33

1.1　データレイクの全体像……33
1.1.1　データレイクのアーキテクチャ……33
1.1.2　コンピューティングとストレージの分離……34
1.1.3　各コンポーネントと AWS のサービスとの対応……35
1.1.4　ラムダアーキテクチャ……35
1.1.5　データレイクを構築する際の考え方……38
1.2　AWS の概要……39
1.2.1　リージョンとアベイラビリティーゾーン……39
1.2.2　マネージドサービス……40
1.3　データ収集……41
1.3.1　データソースごとの収集方法……41
1.3.2　メッセージキューを介したストリームデータのやり取り……42
1.3.3　データ収集に関連した AWS のサービス……44
1.4　データ保存……46
1.4.1　データレイクのストレージに求められること……46
1.4.2　ストレージに関連した AWS のサービス……48
1.4.3　データカタログによるストレージ上のデータ管理……49
1.4.4　データカタログに関連した AWS のサービス……52
1.5　データ変換……55
1.5.1　データ活用のための変換処理……55
1.5.2　データ活用に適したファイルフォーマット……57
1.5.3　データ変換において求められること……58
1.5.4　ETL に関連した AWS のサービス……60

1.6 まとめ 63

第2章 データレイクの活用 65

2.1 活用の全体像 65
2.2 蓄積されたデータに対する分析 67
2.3 BI 68
2.3.1 BIの活用におけるポイント 68
2.3.2 AWSの提供するBIサービス 70
2.4 SQLによるアドホック／探索的な分析 71
2.4.1 分析のユースケースと特徴 72
2.4.2 Amazon Athena 73
2.5 データウェアハウスによる複雑／定常的なSQL 75
2.5.1 データウェアハウスによる処理の特徴 75
2.5.2 Amazon Redshiftによる処理 77
2.6 Python / Rによる応用的な分析 80
2.6.1 分析のユースケース 80
2.6.2 応用的な分析のためのAWSのサービス 81
2.6.3 AWSのサービスによる機械学習の実現 82
2.7 ストリームデータに対する分析 83
2.7.1 リアルタイム分析 83
2.7.2 リアルタイムダッシュボード 84
2.7.3 ストリーム分析アプリケーション 86
2.8 まとめ 87

第3章 データレイクの運用 89

3.1 データレイクにおける運用 89
3.1.1 データレイクの「正常」を定義する 90
3.1.2 サービスレベルでの監視 91
3.1.3 障害対応の考え方 93
3.1.4 パフォーマンス不足への対応とコストコントロール 94
3.1.5 環境の更新 97
3.2 データ自体の運用管理 98
3.2.1 データの重要度の定義と分類 99
3.3 データのバックアップとアーカイブ 101
3.3.1 バックアップ 101
3.3.2 ヒューマンエラー対策としてのバックアップ 101
3.3.3 ディザスタリカバリとしてのバックアップ 102

3.3.4 アーカイブと削除 ... 103
3.4 使われていないデータを認識する ... 104
3.4.1 データアクセス履歴の取得 ... 105
3.4.2 データリネージ（データ経路の追跡） ... 105
3.5 まとめ ... 106

第4章 データレイクのセキュリティ 107

4.1 セキュリティの検討手法 ... 107
4.1.1 シチュエーションを想定したセキュリティ対策 ... 108
4.1.2 通信経路の範囲に応じてセキュリティを考える ... 110
4.2 通信経路によるセキュリティの検討 ... 112
4.2.1 社内利用者からデータレイクまでの経路 ... 113
4.2.2 クラウド内の通信経路 ... 114
4.2.3 外部への公開 ... 116
4.3 暗号化 ... 117
4.3.1 通信の暗号化（encryption in transit） ... 118
4.3.2 データ保存時の暗号化（encryption at rest） ... 119
4.3.3 データレイクでの鍵管理と暗号化処理 ... 121
4.4 権限管理と統制の手法 ... 122
4.4.1 アクセス権限管理の考え方 ... 123
4.4.2 データレイクの権限管理 ... 123
4.4.3 異動への対応 ... 125
4.4.4 クラウドでの発見的統制 ... 126
4.5 データレイクを継続的に進化させていく ... 127
4.5.1 サービスの統制と組織 ... 127
4.5.2 サービスの進化を進めるサイクル ... 128
4.6 まとめ ... 129

第2部 データレイクの実践（基礎編） 131

第5章 ハンズオンの概要 — ビジネスデータのデータレイク — 133

5.1 AWSにおけるデータレイクの開発 ... 133
5.1.1 本書で取り上げる構築事例 ... 133
5.1.2 マネージドサービスで作るデータレイク ... 134

5.2 ハンズオンの準備 135
5.2.1 AWS アカウント作成 135
5.2.2 ハンズオンの費用について 136
5.2.3 AWS IAM 136
5.2.4 IAM ロール 137
5.3 ハンズオンで使う IAM ユーザーの作成 138

第 6 章　データを可視化する　143

6.1 ビジネスの情報を可視化する 143
6.2 AWS の BI サービス Amazon QuickSight 144
6.3 販売データを QuickSight で可視化 145
6.3.1 QuickSight へサインアップ 145
6.3.2 CSV ファイルをダウンロード 147
6.3.3 QuickSight に CSV ファイルをアップロード 148
6.3.4 QuickSight でグラフを作成 151
6.3.5 パラメータとコントロールの作成 155
6.3.6 パラメータを含んだフィルタの作成 158
6.3.7 機械学習を使った予測 163
6.4 閲覧者ユーザーとダッシュボードの共有 167
6.4.1 閲覧ユーザーの招待 167
6.4.2 ダッシュボードの共有 170
6.5 まとめ 173

第 7 章　サーバーレス SQL によるデータ分析　175

7.1 SQL と分析 175
7.2 AWS のサービス紹介 176
7.2.1 AWS のカタログ管理サービス AWS Glue データカタログ 176
7.2.2 AWS のクエリサービス Amazon Athena 178
7.3 スキーマ作成 180
7.3.1 S3 にデータをアップロード 180
7.3.2 Glue クローラでスキーマを作成 182
7.4 SQL クエリで分析 188
7.4.1 Athena で SQL クエリ 188
7.4.2 Athena でビュー 193
7.4.3 Athena で CTAS 196
7.5 まとめ 200

第8章　データを変換する 201

8.1 生データとETL 201
8.2 AWSのETLサービスAWS Glueジョブ 202
8.3 スキーマ自動推定 203
8.3.1 S3にデータをアップロード 203
8.3.2 Glueクローラでスキーマを自動推定 206
8.4 データの変換処理（その1） 213
8.4.1 Glueジョブの作成と実行 213
8.4.2 変換後のデータをクローリング 219
8.4.3 変換後のデータをAthenaで確認 219
8.5 データの変換処理（その2） 221
8.5.1 Glueジョブの修正と実行 221
8.5.2 変換後のデータをクローリング 225
8.5.3 変換後のデータをAthenaで確認 226
8.6 まとめ 228

第9章　データを分析する（データウェアハウス） 231

9.1 OLAP 231
9.2 Amazon Redshift 232
9.2.1 AWSのDWHサービス 232
9.2.2 圧縮とゾーンマップ 233
9.3 アクセス権限の付与 234
9.3.1 IAMロール作成 234
9.4 VPCとRedshiftクラスターの作成 237
9.4.1 AWS CloudFormationによるVPCの作成 237
9.4.2 Redshiftクラスターの作成 238
9.5 Redshiftの操作 242
9.5.1 テーブル作成 242
9.5.2 データロード 244
9.5.3 Redshiftでクエリ 251
9.5.4 チューニング1（圧縮） 254
9.5.5 チューニング2（圧縮&ソートキー） 257
9.6 データレイク連携 258
9.6.1 S3バケット作成 258
9.6.2 S3へエクスポート 258
9.7 Redshift Spectrum 261
9.7.1 IAMロールにIAMポリシーを追加 261

9.7.2 Glue クローラでクローリングし Athena でクエリ 261
9.7.3 Redshift Spectrum でクエリ 262
9.8 まとめ 263

第3部 データレイクの実践（応用編） 265

第10章 システムの概要 — ログデータのデータレイク — 267

10.1 事前準備：サンプル Web システムの構築 268
10.2 EC2 キーペアの作成 270
10.3 S3 バケットの作成 271
10.4 AWS CLI のセットアップ 271
10.4.1 AWS CLI のインストール 272
10.4.2 認証情報の設定 272
10.5 CloudFormation スタックのデプロイ 273
10.5.1 CloudFormation テンプレートのパッケージング 273
10.5.2 AWS CLI 274
10.5.3 CloudFormation コンソール 274
10.6 注意点 276
10.6.1 サンプルシステムへの課金について 276
10.6.2 リソースの削除 277
10.7 まとめ 277

第11章 ログを集める 279

11.1 アップロード用の S3 バケットの作成 281
11.2 Web サーバーアクセスログを集める 282
11.3 ロードバランサーアクセスログを集める 286
11.4 データベースログを集める 288
11.4.1 CloudWatch Logs に出力されるログを転送する 289
11.5 まとめ 295

第12章 ログの保管とカタログ化 297

12.1 ログの保存方法と保存期間を管理する 298
12.2 ログのカタログを生成する 301
12.2.1 事前準備: Glue 用の IAM ロールを作成する 302

12.2.2 Glue クローラによりカタログを生成する 304
12.2.3 Blueprints でカタログを生成する 306
12.2.4 作成したカタログを確認する 310
12.3 ログ／メタデータのアクセス管理 310
12.3.1 データのアクセスをコントロールする 310
12.3.2 メタデータのアクセスをコントロールする 311
12.4 ログのデータへのアクセスを監査する 312
12.5 ログ／メタデータを暗号化する 312
12.5.1 転送時の暗号化（encryption on the fly） 312
12.6 保管時の暗号化（encryption at rest） 314
12.6.1 データの暗号化 314
12.6.2 メタデータの暗号化 316
12.7 まとめ 319

第 13 章　ログを加工する　321

13.1 生データの分析 322
13.1.1 Amazon Athena からのクエリ 322
13.1.2 生データ分析における課題 323
13.2 分析用データレイクの構築 325
13.2.1 パフォーマンス観点の加工 325
13.2.2 ファイルフォーマット変換／圧縮 325
13.2.3 Pandas と PyArrow を用いたフォーマット変換 329
13.2.4 集約（コンパクション） 333
13.2.5 パーティショニング 335
13.2.6 バケッティング 340
13.3 ビジネス観点の加工 341
13.3.1 不要フィールドの削除 342
13.3.2 マスキング 342
13.3.3 データ型の変換（string → timestamp） 342
13.3.4 最終的な ETL スクリプト 344
13.3.5 ETL 後のカタログの最新化 346
13.4 まとめ 347

第 14 章　ログを分析する　349

14.1 ログのアドホッククエリ 349
14.1.1 Athena 350
14.2 ログの可視化 354

14.2.1 Glue 開発エンドポイント／SageMaker ノートブック............. 354
14.2.2 QuickSight.. 356
14.3 ログからの異常検知 358
14.3.1 事前準備 358
14.3.2 データの用意 360
14.3.3 モデルのトレーニング 362
14.3.4 異常スコアの算出 364
14.4 まとめ 366

さらに詳しく知りたい人のために 367

索引 371

第1部

データレイクの概念と知識

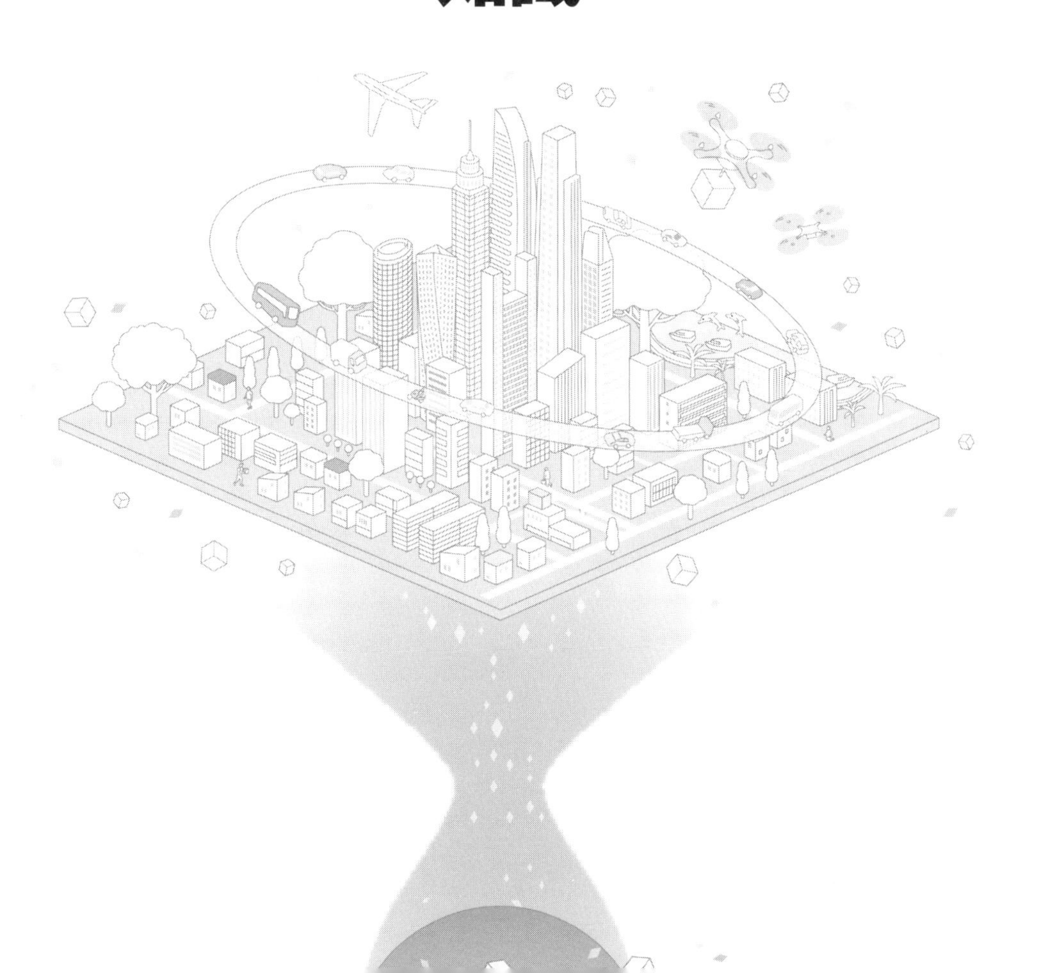

序章
データレイクを始めよう

本書はデータレイクについての本ですが、みなさんは「データレイク」という言葉にどういったものを思い浮かべるでしょうか。「データの池ってどういうこと？」と思われるかもしれませんね。

データレイクは、簡単なようで理解が難しい概念です。もし、データレイクを単純な一言で表すならば、「多様なデータを保存しておける場所」です。データベースに入っているような構造化されたデータも、モバイルアプリやIoTデバイスからのログデータも、ソーシャルメディアのメッセージも、画像や音声ファイルも、すべて同じ場所に集めたデータ置き場という意味です。

「え、それだけ？たんにデータをまとめておくだけなのにこんな立派な名前を付けているの？」と思われた方も多いのではないでしょうか。この疑問はもっともです。データレイクは概念としてはシンプルそのものです。しかし、シンプルであるがゆえに、なぜ必要になったのかが分かりにくい側面があります。逆に言えば、必要とされるようになった経緯を知ることが、データレイクの理解に繋がります。

また、データを集めたあとの活用方法としてはどういったものが考えられるでしょうか。PC上で「表計算ソフト」を活用して業務成績や在庫状況を記録し、分かりやすい表や折れ線グラフを表示させている方も多いと思いますが、これも“データ活用”のひとつです。また、MySQL、PostgreSQL、Oracleといった「データベース」を使って分析している方も多いでしょうし、「データウェアハウス」を使って大量のデータ分析をしている方もいらっしゃると思います。いずれもデータ活用の形態のひとつです。では、これらデータ活用とデータレイクはどのように関係していて、どのように違うのでしょうか？

ここではこういった疑問に答えるために、まず表計算ソフトによるシンプルなデータ活用からスタートして、データベースやデータウェアハウスによるデータ活用、そしてデータレイクによる新しいデータ活用を説明していきます。

その後、データレイクが生まれた経緯を理解するためにすこし歴史を振り返ります。最初にデータウェアハウスを中心としたデータ分析の環境の概要を理解し、そこで出た課題を通してデータレイクのメリットや利用の概要を把握していきます。

1 データレイク概要

1.1 表計算ソフトによる分析

「データを分析する環境」と一口に言ってもさまざまなものが考えられますが、イメージしやすいのは、表計算ソフトウェアでしょう（図A)。これもデータ分析の一種です。表計算ソフトを使ったデータ分析としては、例えば家計簿を思い浮かべると良いでしょう。PCの中に表計算ソフトがあり、そこにデータを入れていくとファイルに保存されます。表計算ソフトでは例えば「今月の支出と収入」「食材、光熱費といった区分けごとの比率」「毎月の平均支出」といったデータを表示できます。分析のための機能、この例でいうところの「月ごとに集計する」「平均値を計算する」といった機能も表計算ソフトが提供してくれます。ここでは家計簿としましたが、グループや企業の購買履歴であっても基本的には同じです。

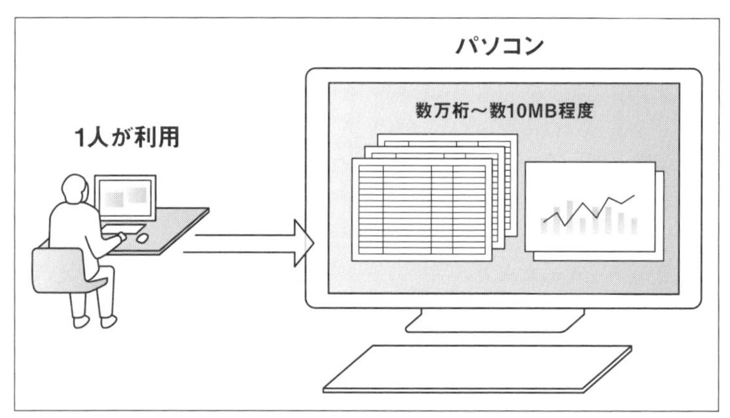

図A　表計算ソフト

個人の家計簿ならこれで十分なのですが、企業での購買履歴のように規模が大きくなってくるといくつか課題が出てきます。ひとつは取り扱えるデータサイズの制限です。表計算ソフトの１ファイルで取り扱えるサイズは数万行から数十万行程度で、ファイルサイズも数十メガバイト程度が限界です。このサイズを超えると現実的な速度で分析ができなくなっていきます。巨大な表計算ファイルを開こうとしたらPCがフリーズしたようになった、という経験がある方も多いのではないでしょうか。つまりサイズが増加してくると表計算ソフトだけでは対応が難しくなっていきます。もちろんどの程度が限界かはPCの性能や表計算ソフトによっても異なるので、あくまで大まかな目安として捉えてください。

もうひとつの課題はデータの共有です。PC上に保存したファイルでは部門やチームでデータを共有することができません。ファイルをコピーして渡すことはできますが、そうすると各自のPC上に別のファイルができて、更新が共有されなくなってしまいます。ファイルサーバー上に置くという方法である程度共有のニーズに対応できますが、これもサイズが大きくなってくるとファイルサーバー上からPCにデータを転送するための時間が増えて取扱いが難しくなっていきます。また、複数人で同時にファイルを更新することが難しいという課題も残ります。同時にデータが更新された場合、データ全体で矛盾が出ないように処理をする必要がありますが、表計算ソフトにはそのような機能が含まれていません。

つまり、データサイズが大きくなり、共有する人が増えると別の手法が必要になってきます。

1.2　汎用のデータストアとして普及したリレーショナルデータベース

大きなデータを高速に読み書きして分析するソフトウェアとしては、データベースが広く使われています。データベースにもさまざまな種類がありますが、多くのシステムでリレーショナルデータベースが使われており、リレーショナルデータベースを管理するソフトウェアをRDBMS（Relational Database Management System）と呼びます（図B）。

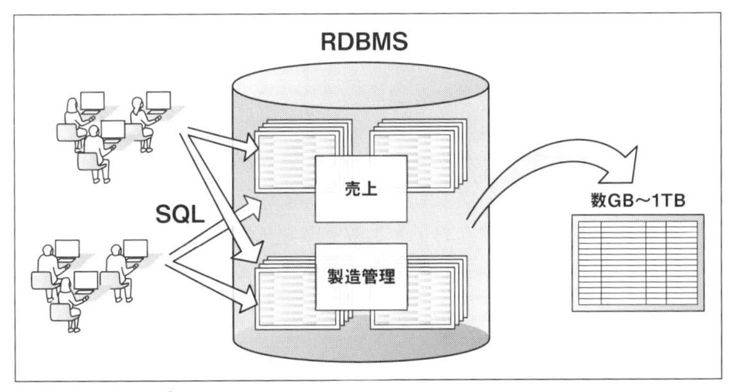

図B　リレーショナルデータベース

RDBMS は正規化されたデータ、つまり表計算ソフトと同様に、行と列でまとめられたデータ（おもに数値データ）を高速に処理するためのソフトウェアで、個人の PC ではなく共有されるサーバー上で稼働するのが一般的です。RDBMS は表計算ソフトと比較してより大きなデータサイズに対応できます。処理内容にもよりますが 1 つのサーバーで数百 GB～1TB 程度のデータを保持し、演算することが可能です。これは、データ検索に特化したデータの保存形態（データを効率的にメモリ上にキャッシュする仕組みやインデックス）や、更新速度を維持する仕組み（ログ）があるためです。また RDBMS は複数人からの同時の更新／読み取りをデータの整合性に矛盾なく実現するための仕組み（トランザクション処理）も持っています。

RDBMS の実装は商用／オープンソースソフトウェア（OSS）含め多数存在しますが、SQL[1] や通信プロトコル（JDBC[2] や ODBC[3]）は多くの範囲で標準化されています。SQL にはデータを合算したり、平均値を求めるといった分析に必要な機能（関数）も含まれています。

RDBMS はシステムのオープン化が進んだ 1990 年代に広く普及し始め、現在ではサーバー上でデータを読み書きする用途で汎用的に使われるようになっています。操作のための言語や API が標準化されているため、多くの周辺ソフトウェアが RDBMS を前提に作られており、分析用のソフトウェアも多数用意されています。例えば BI（Business Intelligence）と呼ばれる分析用ソフトウェアは、RDBMS に入っているデータを分析できるものが多く存在します。これは BI ソフトウェアが、JDBC や ODBC で RDBMS に接続し、SQL を投入してデータを操作することで実現されています。

RDBMS は現在も機能面／性能面で進化し続けていますが、万能ではありません。特に 1 台の RDBMS で取り扱える規模を超えるデータを扱うニーズへの対応は課題のひとつでした。

1.3 巨大データの分析に特化したデータウェアハウス

多くのシステムで RDBMS が利用されるようになったあとにデータウェアハウスの概念は生まれました。データウェアハウスが必要となった背景やその周辺技術は後述しますが、データウェアハウス（Data Warehouse）の名前は「データの倉庫」という意味から来ています。複数のシステムのデータを統合して分析を行うための保存場所（倉庫）であり、そのサイズと保存されるデータの形態に特徴があります。

[1] RDBMS を操作するための問い合わせ言語
[2] Java Database Connectivity。Java 言語から RDBMS に接続するための規格
[3] Open Database Connectivity。RDBMS に接続するための汎用的な規格

複数のシステムからのデータを集めるという目的があるため、データウェアハウスが扱うサイズはRDBMSよりさらに大きくなっており、RDBMS単体では扱うのが困難な1TBを超えるようなデータを分析するために利用されます。昨今では1PB（ペタバイト）を超えるデータウェアハウスも存在しています。

現在のデータウェアハウスの実装はJDBCやODBCで接続してSQLで操作するよう作られているものがほとんどです。つまり多くのデータウェアハウスは一種のRDBMSでもあります。

汎用のRDBMSとの違いは巨大なデータを分析することに特化した作りになっている点です。例えば、複数のサーバーで構成して分散処理することでパフォーマンスを向上させたり、巨大データの読み取り速度を上げるためにデータを圧縮して保存する等が行われます。これらの仕組みは、大量データの読み取り速度を向上させる一方で、小さなデータを読み書きする性能を低下させる傾向があります。つまりRDBMSの内部的な作りを分析用の巨大データ読み取りに特化させたものがデータウェアハウスといえるでしょう。こういった特徴を持つ環境としては、AWS（Amazon Web Services）ではAmazon Redshiftが挙げられます。また、Apache Hadoop[4] 上にApache Hive[5] やPresto[6] 等でSQLや類似の言語を実行できる環境を構築してデータウェアハウスとしている例も多くあります。

データウェアハウスのもうひとつの特徴が、分析の目的に合わせてデータを加工したあとに保存している点です（図C）。

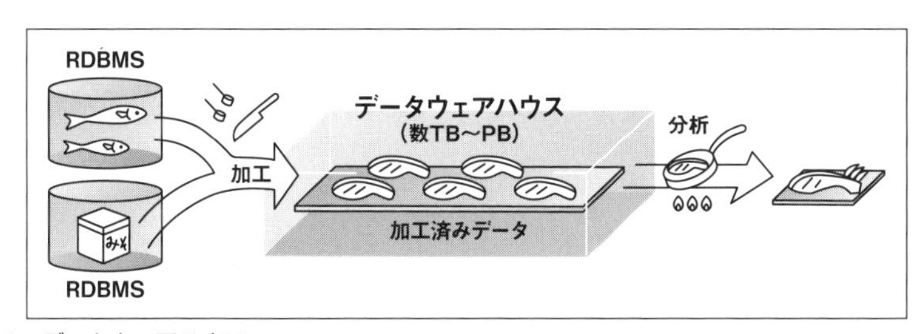

図C　データウェアハウス

分析担当者に使いやすいかたちでデータを届けるため、用途に合わせて先に加工しておくということです。料理に例えるなら、ある冷蔵庫（RDBMS）から鮮

[4] 大規模なデータ処理を分散処理するためのオープンソースのフレームワーク。大規模データ処理のフレームワークとして広く普及している。

[5] Hadoopファイルシステム上のデータにHiveQLというSQLに似通った言語でクエリを実行するためのソフトウェア

[6] 大規模なデータに対してSQLでの分析を提供するソフトウェア。多くのデータソース（データの置き場所）に対応している。

魚（データ）を取り出し、ちょうど良い大きさに切り身にして塩を振ります。また別の RDBMS から西京味噌をもってきて切り身の魚を漬け込むといったかたちで下ごしらえ（データの加工）をして、倉庫（データウェアハウス）に保存してある状態です。これでいつでも西京焼きを出すこと（分析を実行すること）ができます。このように最終的な分析の目的（料理の品目）に合わせて加工して保存しておくことで、スムーズな分析を実現しています。

前述のように多くのデータウェアハウスは RDBMS の一種ですから、汎用 RDBMS の性能が向上してより大きなデータを取り扱えるようになれば、専用のデータウェアハウスを利用する必要はありません。しかし、時代とともに取り扱うデータのサイズは増加し続けたため、汎用処理用の RDBMS と分析処理用のデータウェアハウスという形態に分かれて進化してきました。

1.4　多様な生データの保存を重視したデータレイク

データレイクの概念が生まれたのはクラウドの普及が始まったあとです。データウェアハウスとデータレイクもデータを統合的に保存するという意味では同じです。違いはデータレイクは加工する「前」のさまざまな種類のデータを保存しているという点にあります。加工される前のデータを一般的には「生データ」と呼びます。釣ったばかりの生の魚をイメージすると分かりやすいでしょう。

例えるなら、生魚や味噌だけでなく、肉や野菜も含めて、多様な生データを一元的に保存するのがデータレイクの役目です（図 D）。

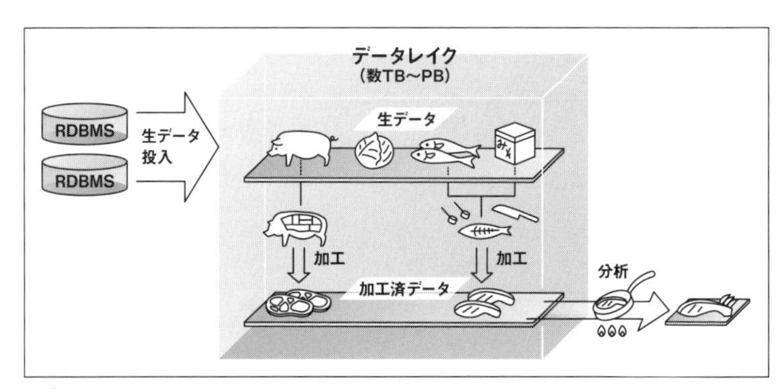

図 D　データレイク

分析の前には加工が必要なことは変わりません。分析をする（西京焼きを出す）場合は事前に加工（西京焼きの下地作り）が行われ、その加工後のデータもデータレイク上に保存されて使用されます。重要な違いは、生データ（生魚）をデータレイクに保存した時点では、西京焼きにするとか、何を作るといった目的を決めておく必要がない、ということです。加工前の生データをそのまま維持しているため、必要に応じてさまざまなニーズに対応できます。例えば西京焼きではなく、お刺身で出すことになった場合にも対応できるというわけです。このように新しい分析のニーズが発生した場合にも対応できるのがデータレイクとデータウェアハウスの違いです。データウェアハウスは目的に特化したデータしか保存していないため、新しいニーズへの対応が困難です。

「データウェアハウスにも加工前の多様なデータを残しておけばよいのでは？」と思われるかもしれません。しかし、データウェアハウスは正規化されたデータ、つまりRDBMSの表のように行と列が揃ったかたちのデータしか保存できないため、多様な種類のデータすべてを保存してはおけません。例えばWebサイトへのアクセス記録（ログ）を分析する場合を考えると、アクセスログから今回の分析に必要と思われるIPアドレスやURL、時刻だけを取り出し、行／列の形に正規化してからデータウェアハウスに投入します。その他の部分はデータウェアハウスには保存されません。

また、データウェアハウスのストレージ装置（ハードディスクやSSD）が高価であり、増え続ける生データをすべて保存するための容量を確保するのが困難という理由もあります。実際、多くのデータウェアハウスでサイズの制限に対応するために古いデータを消していくという運用が行われています。

つまりデータレイクには、多様な生データをそのまま保存でき、安価でサイズ上限にも余裕があることが求められます。これはクラウドが普及したことで実現が可能になった部分でもあり、データレイクとクラウドが同時に成長してきた理由になっています。

ここまで、表計算ソフトから、データベース（RDBMS）、データウェアハウス、データレイクを順に説明してきました。本節の内容を読むだけでも、すくなくともデータレイクがどのような物であるかを理解することはできるでしょう。しかし、データレイクをよく理解するにはその登場の背景や、クラウドの普及との関係を考える必要があります。以降では、特にデータウェアハウスの課題とそれをデータレイクがどう解決するかという点にフォーカスして説明をしていきます。

2 分析環境の成長と課題

企業においてデータウェアハウス（DWH）が利用され始めたのは1990年代後半からと考えられます。もちろん、データウェアハウスという概念がないうちから分析をしている企業は存在しましたが、分析の手法やそれを支える技術が普及し始めたのは90年代後半と言ってよいでしょう。まず、データウェアハウスや分析環境が一般化するまでの大きな流れを確認してみましょう。

2.1 初期のデータ処理システム

先進企業がコンピュータを活用した業務のシステム化を試みた事例は1960年より前から記録がありますが、ユーザーが利用しやすいかたちでのコンピュータシステムが販売されるようになったのは60年代後半であり、ここがシステム化のスタート地点といってよいでしょう。それらの中でも特に大規模な演算処理を実行可能な性能を持ち、ユーザーがプログラム（ジョブ）を投入して実行させることができるコンピュータ環境は「メインフレーム」と呼ばれ、企業の基幹業務を支えるようになっていきました。

この時代のデータの保存と活用はシンプルなものでした。重要なデータはすべてメインフレーム上にあり、基幹業務のジョブもすべてメインフレーム上で稼働していました。

80年代になり、より少ないリソースで動作するUNIXが普及し始めても、多くの業務はメインフレーム上で稼働していました。当時のUNIXでは性能が低くて基幹業務を動かすことが難しかったためです。しかし90年代に差し掛かるころに、いわゆるダウンサイジングの波が訪れます。

2.2 集約環境から分散環境へ

ダウンサイジングは、著しく性能が向上したUNIXや新しく登場したWindowsを使ってシステム化を進めるというものです。ただし、UNIXやWindowsのサーバー1台でメインフレーム1台の性能は出せないこともあり、メインフレームから特定の業務を切り出して業務ごとにサーバーを用意するのが一般的でした。また、コンピュータ上で実行する業務の内容が増え、複雑化するにしたがい、1つの業務であっても複数のサーバーで構成して1システムとする形式も一般化していきました。

また、Windows 95のリリース等をきっかけに使いやすいクライアント環境が普及すると、リッチなGUIでサーバーと接続して利用するクライアント／サーバーが普及し、部門の中でも各業務単位に最適化された個別のシステムが作られるようになっていきます。1カ所に集まっていたデータは、多数のシステムが分散して「所有」することになり、ストレージ装置の低価格化に反比例するように、蓄積されるデータは増加していきました。

2.3 分散処理による大規模分析処理の実現

個別に構築されたシステムが多数存在する環境では、メインフレームだけの環境では実現できていた、ほかのシステムからのデータ取得や複数の業務全体を通した分析が難しくなってしまうという課題が発生します。一方でデータの量も大きくなっているため、既存のシステムでは性能の課題が出始めてきました。

どんどん大きくなるデータ量への対応として注目され始めたのが、コストパフォーマンスに優れた安価なサーバーを複数台集め、分散処理することで性能を向上させる技術でした。分散処理を実現する環境として代表的なものが Apache Hadoop です。Hadoop は MapReduce（マップリデュース）と呼ばれる、比較的シンプルながら多くの分散処理に適用できるプログラミングモデルとその運用管理を提供するソフトウェアです。これにより多くの人が容易に分散処理を実装できるようになり、大きくなり続けるデータを処理できる基盤技術が整備されていきました。

もうひとつの課題である、複数のシステムに散らばったデータへの対応では、データウェアハウスという概念とそれを実現する手法によって大きな進展を見せます。以降ではこのデータウェアハウスの概念とその特徴について見ていくことにします。

3 データウェアハウス

データウェアハウスの概念は、おもに William H. Inmon によって提唱されました[7]。ウェアハウス（倉庫）という名前から分かるように、データウェアハウスは分析用のデータを「整理して保存」しておく場所です。魚に例えるなら、釣った魚を生で保存しておくのではなく、調理しやすいように加工して維持するということです。つまりデータウェアハウスのデータは「分析用に整理」されています。分析用に整理するとはどういうことでしょうか？

[7] “Building the Data Warehouse” 1992 (Wiley and Sons)

3.1 分析用に整理されたデータを保持

簡単な例として在庫を管理するシステムから得たデータを分析する場合を考えてみましょう。オンライン在庫管理システムには常に最新の在庫状況が保存されています。しかし、分析者が知りたいのは、例えば特定ジャンルや特定地域における在庫変動の傾向です。つまり今のデータだけでなく、過去の履歴が必要になります。在庫や販売というデータは季節による影響が大きいため、履歴として13カ月～25カ月程度は必要でしょう。しかしオンライン在庫管理システムにはそんな長い履歴は必要ありません。ここから分かるのは、業務システムとデータウェアハウスでは保存すべきデータが異なるということです。

各システムは「そのシステムが必要とするかたち」で構築されることが多く、同じ顧客を表すIDがシステムによって異なるといった場合もあります。また、売上は1日単位、在庫や流通は1週間といったようにデータの粒度が異なることもあります。つまり、データウェアハウスでデータを統合して表現するには、データの保持方法を整理する必要があります。逆に言えば分析に必要な粒度を意識してデータウェアハウスの中にデータを保存する必要があります。

Column データウェアハウスの目的指向

売上と在庫の関係が1週間の粒度でしか分析できないようでは困る場合、データの粒度を日次に揃える必要があるということを説明しましたが、これはInmonが定義したデータウェアハウスの特性である「目的指向（subject-oriented）」を端的に表しています。つまり、データをどのような期間、どのような粒度、どういったデータ形式（ID統合やデータ表記等含め）で維持するかは目的により異なるわけです。ある特定の目的（例えば粗利率の向上を図るために在庫-売上分析をする）に合わせて構築するのがデータウェアハウスです。

これはデータウェアハウス利用者からの視点でもイメージしやすいと思います。各種システムから集められた膨大なデータが入ったデータベースがあったとしても、データの分析は困難です。分析の前にデータを整理して使いやすいかたちに揃える必要があり、不要なデータのカットも必要になります。事前に目的に合わせてデータが整理されているからこそ、データは分析可能なのです。

この「目的指向」がデータウェアハウスの重要な特徴であるという点を覚えておいてください。

3.2 追記中心のデータベース

データウェアハウスでは、過去に入れたデータは変更せず、追記ばかり行うことになります。過去のデータがしばしば変わるようでは長期的な分析はできないでしょう。これは売上のように毎日値が変動することを前提にしているものだけでなく、マスターデータについても更新せずに追記で対応します。例えば「部品表」という表は、部品の名前や素材の情報、供給元等、基本となる情報で構成されています。こういった情報が「マスターデータ」と呼ばれ、データベース上ではほかの表から頻繁に参照されます。

通常のシステムでは部品の基本情報が変更された場合は直接マスターを更新しますが、データウェアハウスでは変更された日付と共に更新後のマスターデータを追記し、更新前と両方を保存していくのが一般的です。

3.3 スタースキーマ

データウェアハウスの概念はInmonによって定義されましたが、データウェアハウスの構築論についてもう一人欠かせない人物がスタースキーマを提唱したRalph Kimballです。

スタースキーマとはデータウェアハウスを構築する際のデータの表現方法のひとつです。データウェアハウスは目的指向ですが、その目的を達成するには複数の次元での分析が必要になります。例えば販売データを「販売支店」ごとに分類したり、「販売地域」で分類したり、もしくは「販売時期」で分類したりすることで分析が進みます。このような複数の次元をシンプルに実現するため、Kimballは中央に売りげ履歴のデータを「ファクト（事実)」表としておき、分析の軸として使うデータを周辺に「ディメンション（次元)」として配置するスタースキーマを考えました（図1)。

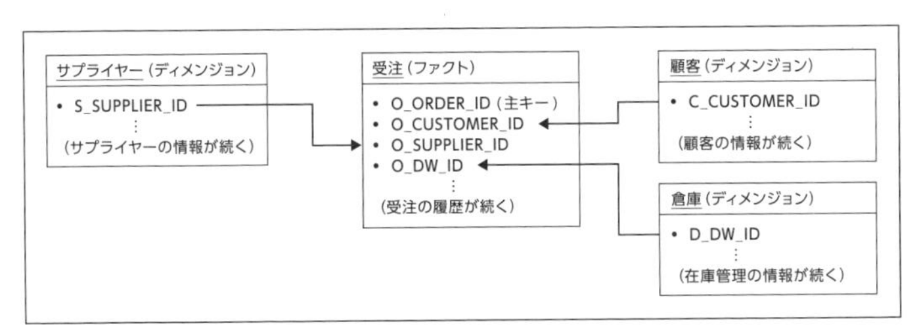

図1　スタースキーマ

このスキーマでは、基本的にディメンションをファクトと結合（ジョイン）することで、注目したいディメンションから見たデータが得られる構成になっています。このため、ユーザーにとって見通しやすく、クエリ（SQL）の結合もシンプルに収めることができます。

Kimball はこのスタースキーマを中心に多次元データベースの構築方法を確立し、具体的な設計論として書籍に表しました[8]。このシンプルながら多くのケースにマッチする手法は次第に普及していき、現在ではデータウェアハウス構築の一般的な手法になっています。

3.4 ETL

Inmon が理論を定義し、Kimball がその構築手法を明確にしたことでデータウェアハウスの具体的なイメージが共通の認識になり、普及を始めます。ただし、既存システムのデータからスタースキーマによる多次元データベースを作るには、新たな処理が必要になります。処理は 3 つに分けて考えることができます。

Extract：データウェアハウスを構築するためのデータを各システムから取り出すこと。各システムでデータベースが異なる可能性があるので、データを取り出す際のコマンドの違い等をここで吸収する

Transform：取り出したデータを変形し、スタースキーマにフィットした形式に変換する。文字コードの違いや時刻粒度の違いを統一するだけでなく、数値の有効桁数やシステムごとに異なる ID の統一、分析に不要なデータの除去、もしくは不足しているデータの追加を行う

Load：最後にデータをデータウェアハウスに高速に取り込む

この処理の流れは図 2 のように表わせます。

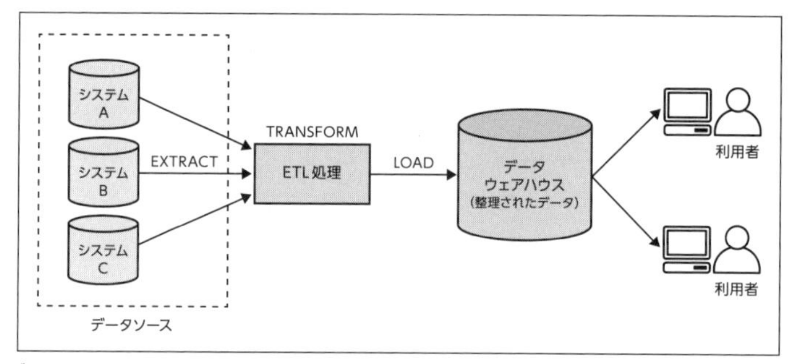

図 2　データソース - ETL - DWH の流れ

[8] “The Data Warehouse Toolkit” 1998 (Wiley)

企業内の各種業務システムを「データソース」と呼び、そこからデータを抜き出し（Extract）、データウェアハウスで必要な形に整形し（Transform）、データウェアハウスにロード（Load）しています。

この一連の処理はそれぞれの頭文字をとってETLと呼ばれます。ETLはデータウェアハウスを維持するために必要な頻度で行われます（1日1回等）。データウェアハウスの概念が普及するにつれ、データウェアハウスソフトウェアやETLソフトウェアも多数登場し、販売されていくようになります。

Column もうひとつのニーズ「システム間連携」

企業内にシステムが増えるにあたってのもうひとつのニーズがシステム間データ連携です。システムに新しい機能が追加される際、他システムのデータが必要になるというのはよくあります。

システム間のデータ連携を考える場合、どれぐらいの頻度／遅延で実現する必要があるかは重要な検討ポイントです。業務システムにおいては先日のデータや数時間前のデータで十分というケースのほうが多いでしょう。

方法としては、データが必要になるたびに直接問い合わせをする方法も考えられますが、一般的にはシステムが空いている時間（夜間等）にデータを取り出し、自分のシステムに持ってくる定期的なデータ転送（バッチ運用）が行われます。

これは、システムの数が少ないときは問題にならないのですが、システムの数が増えてくると多数のシステムを多対多で接続するようになるため、メンテナンスの負担が大きくなっていきます。これを解消するために、専用のツールやソフトウェアが開発／販売されるようになりました。例えばAstreia（インフォテリア）や、Netweaver（SAP）、BizTalk（Microsoft）等が有名です。

また、個別にシステムを繋ぐことによる連携部分の肥大化を防ぐため、ハブ型（バス型）の接続を行うソフトウェアも登場しました。中央に通信ハブのような連携基盤を置き、各システムはそのハブとのみ通信するという形式です。データソースからハブに送られたデータはハブの中でフォーマット変換が行われ、ターゲットに転送されます。

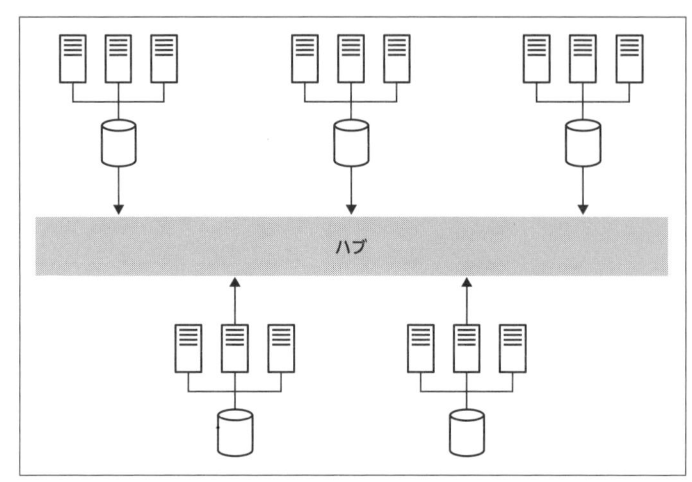

図3　ハブ型構成

こういったシステム間連携用のソフトウェアを活用することで構築／運用の負担が減り、システム間連携は一般的な概念になっていきました。

ここまで、企業の中に多くのシステムが生まれ、データウェアハウスやシステム間連携が一般化してくるまでを振り返りました。過去の話はここまでにして、以降では近年の環境の変化、それによって発生した新しい課題とデータレイクがそれらを解決する手法として取り上げられるようになってきた流れを見ていきましょう。

4　現在のシステムにおける課題

ここまでに見たように、企業ではさまざまな環境で動作する多数のシステムが稼働し、それぞれがシステム間でデータ通信をしながら業務を進めたり、データを集めたデータウェアハウスが稼働するような仕組みが作られてきました。しかし、近年になってこの仕組みにも課題が見つかるようになってきています。

新しい課題はビジネス環境が変化する速度が加速していくなかで発生するようになりました。

4.1　環境の変化 1：データ量の増加と、増加速度の向上

企業のデータ活用において、近年はデータ規模が拡大する速度が加速しており、取り扱うデータ量が大きくなり続けています。企業でシステムを導入する際には「年に XX% ずつ増加するから、5 年後にはこれぐらいのサイズになっているだろう」といった予測を元に全体の投資が決定されますが、近年はそういった予想が困難になりつつあります。5 年間ぶんで購入したストレージを 2 年で使い切ってしまうといったように、企業が扱うデータの量は加速度的に増えてきました。これはシステムの性能が毎年のように向上していき、扱えるデータサイズが増加していったことが背景にあります。安価なハードウェアの組み合わせで巨大なデータを取り扱える Hadoop のような技術の普及や、インターネット経由で企業外システムと多様なデータがやり取りされることが増えていったのも一因です。

予想を超えたデータ量に対応するにはどうすればよいでしょうか？ すぐにストレージや CPU を追加できればよいのですが、それは困難でしょう。一般的にデータウェアハウス用にはハイエンドのストレージ、もしくは高性能のアプライアンス製品[9] を利用している事例が多く、追加費用の確保は困難です。

残された手法は、保存データ量の削減です。データウェアハウスからあまり参照しないと思われるデータ（例えば古いデータ）を削除したり、サマリーだけを残して詳細データを削除します。古いデータの削除はデータウェアハウスの運用で一般的に行われていますが、これは分析可能な範囲を短くし、詳細な分析を困難にしていきます。

4.2　環境の変化 2：ニーズの多様化、取り扱いデータの多様化

規模の増加に合わせるように、ニーズも多様化していきました。これはビジネス環境の変化が大きく影響しています。

例として電力業界を考えてみましょう。比較的安定した業界である電力業界においても、ここ数年で急激なビジネス環境の変化が訪れています。そのひとつが電力の自由化（電力小売全面自由化）です。自由化により、ある会社が急に電力業界に参入するといった可能性が出てきました。また、既存の電力会社においては、今まで行ってやっていなかった新規顧客獲得や離反防止といった新しい業務が発生し、そのための分析が必要になります。

しかし、こうした新しいニーズには既存のデータウェアハウスでは対応しきれません。容量不足や技術面の問題もありますが、データウェアハウスが「目的指

[9] 特定用途に特化した設計済製品を指す。利用ユーザー側での設計や構築に掛かる手間が少なくて済むメリットがある。

向」で作成されていることも理由のひとつです。顧客がどれぐらい電気を使っているかは分析していても、顧客獲得の分析用途には設計されておらず、新しい分析のために別途データウェアハウスの構築が必要になります。既存データウェアハウスの改修で対応する方法も考えられますが、その場合は新規業務が既存業務の邪魔にならないようにシステムの性能やストレージを確保する必要があります。

業界に変化がない場合でも、より深い分析を行いたいというニーズは増加しています。インターネット上で顧客の行動が記録されるようになると、これまで以上に顧客の特性に合わせた分析やマーケティング活動（例えば顧客の好みのジャンルから製品をレコメンドする）が必要とされてきました。分析対象とするデータも構造化されたデータだけではなく、半構造化データ（JSONやXMLのような拡張性をもった構造のファイル）や、非構造化データ（画像、Word文章、音声等）等を対象とするようになりましたが、これらのデータはデータウェアハウスでの保存には向いていません。

また、こういった新しい業務は既存システムと連携してデータを取得する必要があります。このときに課題になるのが、システム間連携を「調整」するコストと、連携の複雑化です。

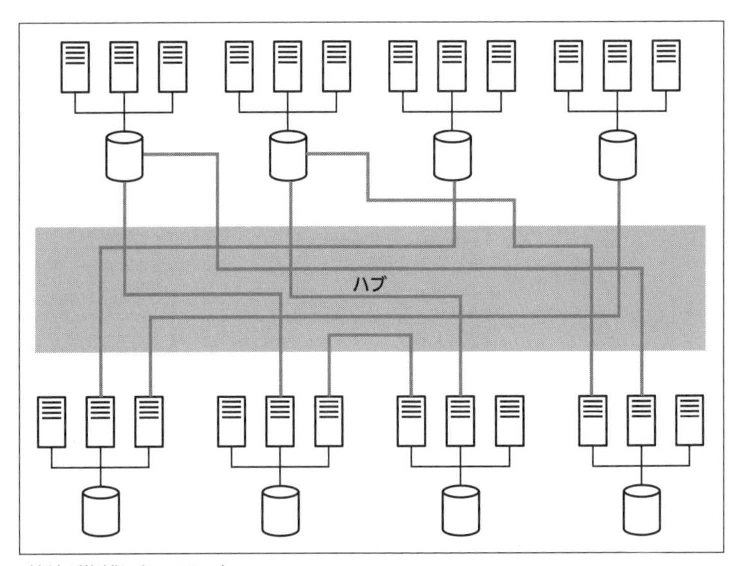

図4　接続が複雑になっていく

ある部門が新規にサーバーを立てて新業務に対応した際に、別部門が管理するシステムのデータが必要になったとします。

連携がうまく実現できたとしても、システム間連携が複雑化することが管理の負担になっていきます。特に複数のシステム間でデータのコピー、変形といった操作が繰り返されるようになってくると、「どのデータが正しい（真）のか？」の判断が難しくなっていきます。正しい（真）というのは具体的には「最新のデータ」もしくは「システムによって変換される前のデータ」とイメージすると理解しやすいでしょう。このような状態になると精緻な分析がより困難になっていきます。

4.3　環境の変化3：新技術への対応

ビジネス側だけでなく、大規模データ処理の技術もここ数年で大きく変化しました。大規模データの分散処理技術として広く普及しているApache Hadoopは1.0.0リリースが2011年2月、2.x.x系の初のGA（一般提供開始）である2.2.0が2013年10月、3.0.0のGAが2017年12月です。6~7年のあいだにメジャーバージョンが2回更新されており、今も活発に開発が進められています。

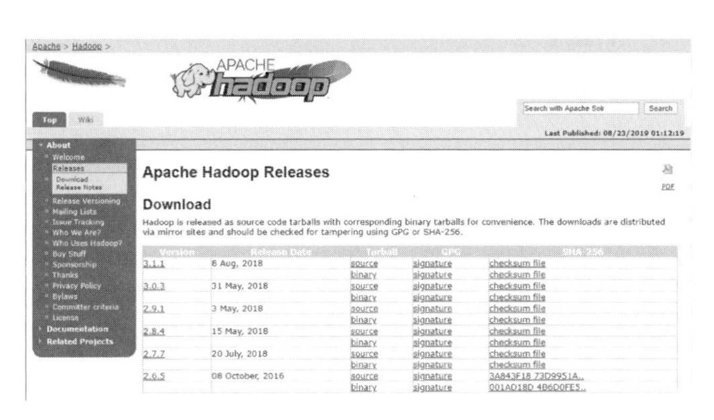

図5　Apache Hadoopのリリース履歴

現在の分散処理のデファクトスタンダードになったApache Sparkは、v1.0がリリースされたのが2014年5月、現在標準的に使われているv2.0がリリースされたのが2016年7月です。わずか数年前には現在デファクトスタンダードとなっている技術が存在しなかったのです。また、次のメジャーバージョンであるSpark 3.0.0が2020年6月にリリースされ、今後の普及が見込まれています。

一方で既存のシステムは数年間（一般的な企業では4~5年間）同じものを使い続けることを前提に設計されてきました。これはハードウェアだけでなく、ソフトウェア技術もほぼ同じものを使い続けるのが一般的でした。できるだけ同じソフトウェアを共通の基盤として使い、多くのシステムで使うことで運用管理の負担を小さくすることを重視しているためです。

技術にはある程度安定している領域もあれば、変化が激しい領域もありますが、大規模分析の技術は特に変化が激しい分野です。固定化された環境により、これら新しい技術を使えず、新しい取り組みが始めづらくなっていくのは技術面だけでなくビジネスとしても課題になります。

5 データレイクのアーキテクチャと要件

前節で説明した課題を解決するために考えられた手法のひとつがデータレイクを中心にしたアーキテクチャです。データレイクがどのようなものであるか、という基本的な概念は本章のはじめに説明しましたが、課題の解決にあたり、ここではデータレイクのシステムとしての特徴を見ていきましょう。

基本となる考え方は「データの処理系（コンピューティング）」と「データの蓄積（ストレージ）」を分離することにあります。

5.1 処理系と蓄積の分離

後述するように、クラウド上に、より安価で制限の少ないストレージサービスが提供されるようになり、ストレージサービスへのネットワーク性能が改善していくに従って、処理系と蓄積を分離するかたちのデータレイクが一般化していきました。

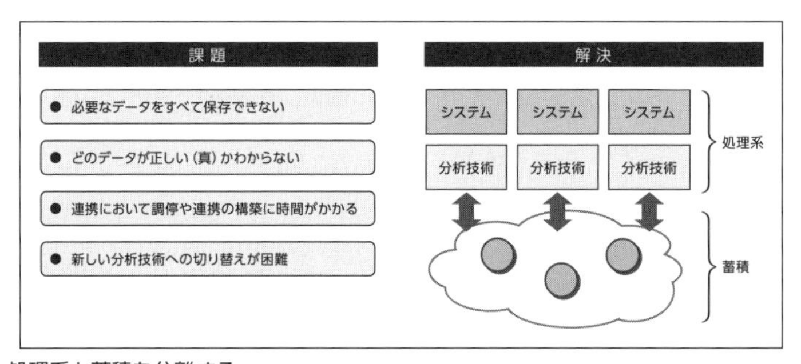

図6 処理系と蓄積を分離する

データレイクは、企業が持つシステムすべてが参照する正しい（真の）データの置き場を提供します。そのうえで正となるデータを消さずに維持します。これまでは、例えばデータウェアハウスのハードディスクやHadoopのHDFS（Hadoop Distributed File System）上等、さまざまなシステムにデータが分散されたかたちで管理されていましたが、これがデータレイクでの管理に一本化されます。もちろんデータレイクからデータをコピーして各システムで使うことは自由に可能なのでデータが分散コピーされないわけではないのですが、各システムがどのようにデータをコピーしたり変形したとしても、データレイクを参照すれば常に正しいデータがあることが保証されているのがこれまでの手法との大きな違いです。

Column Apache Hadoop が解決する課題

Apache Hadoop が提供する HDFS も上記の課題の多くを解決するために考えられた仕組みのひとつです。

例えば、ストレージが高価という課題については、安価なディスク装置を束ねることで対応できるようにしてきました。また、HDFS はさまざまなタイプのファイルが保存可能であり、Hadoop 上で動いている複数のシステムから共通のデータに簡単にアクセスできるというメリットもありました。そのため、以前はデータレイクを構築する際に Apache Hadoop で HDFS を作るというアプローチを取る場合もありました。

ただし、HDFS の場合は、処理系（Hadoop クラスター）と蓄積（HDFS）が密に結合しているため、データを維持するためには、処理系も維持し続ける必要があります。

5.2 データレイクの機能

データレイクの作り方について国際規格があるわけではないのですが、多くのシステムが使用するデータを預かるという性質上、次のような機能が求められます。

- 1. 多様なデータを一元的に保存する
  これはさまざまな形式／フォーマットのデータを保存できるということで、データレイクのコアとなる要件です。例えば RDBMS には、定形の数値／文字データしか入りません。もちろん BLOB 列（バイナリラージオブジェクト：バイナリデータを格納可能な型）等で任意のファイルも入れられなくはないですが、性能が出づらいため非効率的な使い方です。そのため RDBMS をデータレイクのコアにするのは難しいでしょう。また、「一元的」というのも重要なポイントです。複数あるとどちらが「真」なのか分からなくなるからです。この特性は、唯一「真」となるデータ置き場（Single Souce of Truth）という呼び方で表されます。
- 2. データを失わない
  これは重要なデータを含む、多様なデータ置き場として必然的な要件です。

- **3. サイズ制限からの解放**
  上限を事前に決めずにデータを保存できる環境という要件です。容量についての考え方は常に費用と関係するという点には注意してください。膨大なデータが保存できるストレージがあったとしても高価であれば、やはり活用されないからです。

2. と 3. を合わせると、耐久性が高く、容量制限がなく、安価な保存技術が必要ということになります。これはオンプレミスのストレージでは実現が難しい要件であり、データレイクをクラウド上に構築する理由のひとつになっています。近年データレイクという単語をよく聞くようになった背景にはクラウドの普及があり、データレイクとクラウドは共に歩みを進めてきていると言えるでしょう。

- **4. 決められた方法でアクセスが可能**
  こちらも複数のシステム（処理する部分）と連携するための必然的な要件です。データの追加や読み取り、一覧取得等を行う API（Application Programming Interface）が提供されるのが一般的です。API を定義する目的はシステム側の内部構造を外部に見せずに通信を可能にすることです。つまりシステム側（呼び出される側）で通信規約に沿って応答できることを保証していれば、内部の構造を自由に変更できます。このようにして呼び出し元のプログラムと呼び出されるシステムの結合度合いを下げることを「疎結合」と呼びます。

データレイクの基本的な要件はこれだけであり、「処理系と蓄積を分離する」こと、そして「大容量かつ多様なデータを一元的に蓄積できるようにする」ことがポイントです。

このほかにはセキュリティ機能が必要になります。例えばアクセスコントロール、通信や保存の暗号化、監視と監査といった機能が必要になりますが、これは第 4 章で説明します。

5.3 データレイクを中心にした構成

データレイクを取り入れた場合にシステム全体がどのような構成になるかを見てみましょう。アーキテクチャは環境によって異なってきますが、大きな視点では図 6 のような 4 つの層に分けて考えるとよいでしょう。

データレイクの前には収集層を置きます。各システムで日々データが発生していますが、このデータが発生する部分がデータソースで、データソースとデータレイクを繋ぐのが収集層の役目です。ただしデータの流れはデータソースからデータレイクのみであり、逆向きの流れは担当しません。逆向き、つまりデータレイ

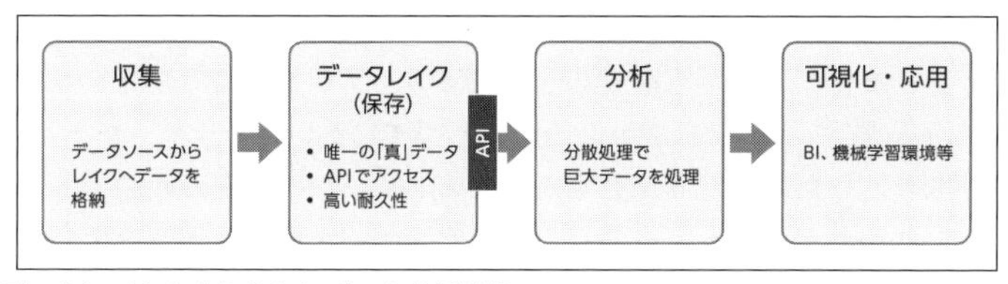

図7　データレイクを中心としたデータ分析基盤

クのデータを利用する場合はその取得は利用する側のシステムの責任になります。また、データレイクからのデータを取り込んで発生したデータが有用であれば、それが新しいデータソースになり、最終的にはデータレイクに保存されることとなります。

では、このデータレイクのアーキテクチャが、先に挙げたビジネス上の課題をどう解決するのかを見ていきましょう。

6　データレイクによる課題の解決

本章の節「現在のシステムにおける課題」では、環境の変化によって発生した新しい課題をまとめました。この時のポイントを整理すると次のようになるでしょう。

課題1：ストレージが高価で容量が限定されるために、必要な全データ、多様なデータを保存できない
課題2：どのデータが正しい（真）か分からない
課題3：システム連携において調停や連携の構築に時間がかかる
課題4：新技術を採用する際、他システムに影響が出てしまうため変更が困難

それぞれについて、以下に検討をしていきます。

データレイクはデータ容量の上限を気にせずに蓄積できる環境ですから、「課題1：ストレージが高価で容量が限定されるために、必要な全データを保存できない」は解決するといえるでしょう。実際の費用がどれぐらいかは、利用するサービスの料金、もしくはオンプレミスに構築する場合はそのハードウェア費用によりますが現実的範囲で収まる安価な費用も要件になるのは前述のとおりです。AWSのAmazon S3で実現した場合の費用の考え方については後続の章で説明しています。

データレイクに蓄積されたデータは分析層（分析のエンジン）で実際の分析が行われます。分析層がデータレイク上のデータを使う方法としては、データレイク上のデータをいったん分析層、例えばデータウェアハウスのストレージに取り

込んで処理する方法と、必要になるたびにデータレイクにアクセスする方法の2つが考えられます。いったん取り込む方法はデータレイク層の存在を意識せずに作られている既存アプリケーションを活用しやすいというメリットがありますが、データを取り込むための時間が必要で内蔵ストレージの容量の範囲でしかアクセスできないというデメリットもありますので、ケースバイケースでデータへのアクセス方法を検討していくことが重要です。

「課題2：どのデータが正しい（真）か分からない」と「課題3：システム連携において調停や連携の構築に時間がかかる」は、異なる課題ですが、データレイクはこれらを同時かつシンプルに解決します。データレイクは唯一の「真」となるデータ置き場（Single Souce of Truth）であり、ここにアクセスすれば1つのシステムが常に適切なデータ（想定されたタイミングで連携されている変形される前のデータ）で処理が可能であるだけでなく、別のシステムに依存せずにデータを参照できるようになるからです。別のシステムに依存しないことによりシステム間の依存関係が減り、これが社内調停や連携の負担を減らすことに繋がります。

これらは「課題4：新技術を採用する際、他システムに影響が出てしまうため変更が困難」の解決にも繋がります。他システムに依存されていないということは、自システムの改修が他システムに影響を与えないということだからです。

上記をまとめると、データレイクを中心とした分析基盤は次のようなかたちに拡張できることがイメージできると思います。

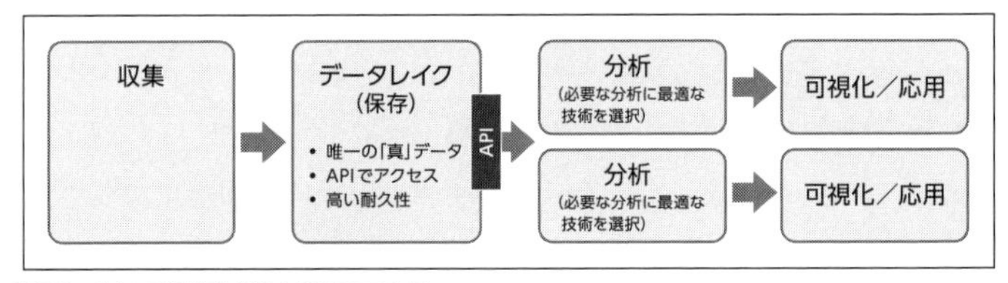

図8　必要に応じて分析技術を選択できる

「分析」と「可視化／応用」を1つのセットとして考えると、この部分はほかに依存していないために自由に新規作成、技術の変更、破棄が可能になっています。そしてこのような作成や破棄をいつでもできるという環境はデータレイクのコアと同様にクラウドが得意とするところです。図からイメージできるように、データレイクはシステム間通信のハブとしての機能も実現しています。

7 データレイクの検討におけるその他の観点

7.1 クラウドにおける性能と費用の考え方

ここまでデータレイクの基本的な考え方を見てきましたが、ここですこしだけデータレイク on クラウドにおける性能と費用について考えてみましょう。なぜならデータレイクをクラウドに置くことが主流になっているのは、コストや性能を除外して考えられないからです。

データレイクアーキテクチャをクラウド上で実現する際のメリットのひとつに、分散処理の実現のしやすさが挙げられます。クラウドの費用は一般的に「使ったぶんだけの費用」です。例えば仮想サーバーであれば、「起動している時間」で費用が発生しますので、「台数」×「時間」が利用費用になります。では図 9 を見てください。

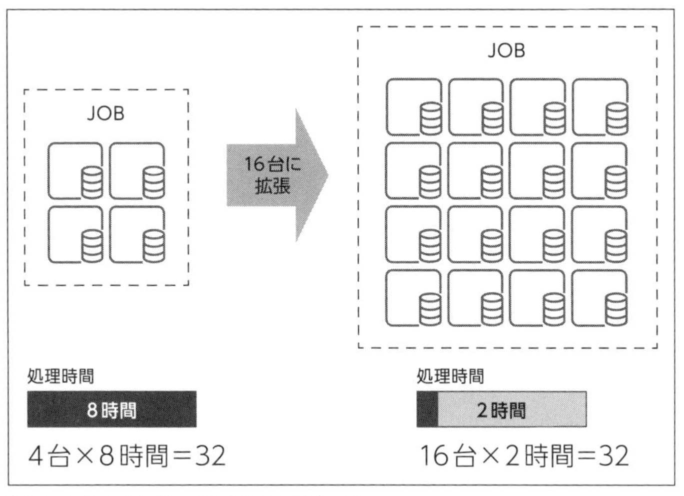

図 9　パフォーマンスをスケールアウトで解決する

あるジョブを並列実行している際、4 台のサーバーで実行すると 8 時間かかったとします。スループット向上のために 4 倍の台数を用意して（スケールアウトさせて）同じジョブを実行すると、理論上は 1/4 まで時間を短縮できます。クラウドではサーバーの台数を増やすのは容易ですので、こういったアプローチが取りやすいという特徴があります。一方オンプレミスでは台数を増やすためには、ハードウェア購入の初期投資に加え、発注／設置／稼働までに長い時間とコストがかかるため、すぐにスケールアウトするのは容易ではありません。

また、台数を増やせば性能が上がるのは当たり前に思えるかもしれませんが、クラウドの場合、費用は「台数」×「時間」なので台数が増えても実行時間が短くなれば費用を縮小することができます。つまり4倍の台数を利用しても時間が1/4になったのであれば、支払う費用は同じです。

もちろん台数が増えると並列化のオーバーヘッド（本来の処理以外に消費する時間）が増えていくので1/4まではいかないかもしれませんが、性能を上げつつコストを抑えることが可能というのがクラウドのメリットであり、スケールアウトで性能問題に対応することがデータレイク on クラウドの使いこなしに繋がることが分かっていただけると思います。オンプレミス環境のように、固定されたサーバー性能の中でやりくりするというのではなく、ジョブ開始時に仮想サーバーを作成し、使い終わったら消すことで、クラウドならではのコスト最適化が可能になります。

7.2　データローカリティのメリット／デメリット

データをデータレイクに置いて処理するということは、ネットワーク越しにデータにアクセスするということです。このような処理方式に性能面での不安を覚える方もいるかもしれません。ローカル接続されたストレージへのアクセスのほうが、ネットワーク越しのアクセスに比べて転送速度が著しく速い（帯域差が大きな）環境では、システム全体でローカル接続のストレージを活用し、通信量を減らすことが全体的な性能向上に繋がります。Hadoop MapReduceが公開された2006年頃は、分散処理における主要なボトルネックはネットワークでした。このためHadoop MapReduceでは、処理対象のデータが配置されているノードと同一のノード（または同一ラックの別のノード）で処理を実行することで、ネットワーク経由のデータ交換を可能な限り抑える仕組み（データローカリティ）が導入されました。

しかし、近年10Gbpsイーサーネット等の普及により高い性能が安価に実現可能になり、データローカリティを重視する必要はなくなりつつあります。現在はクラウド上でも10Gbps以上の帯域を利用することが容易になっており、ネットワーク経由でも十分な性能が出るようになりました。このようなスループットの向上により、逆にデータローカリティの特徴である処理系と蓄積（ストレージ）が密に結合された状態のデメリットが目立つようになっていきました。

処理系と蓄積が密に結合されることのデメリットは、前述のように処理系を簡単に取替えることができなくなることや、複数の処理系でデータを共有することが難しくなってしまう点にあります。これらの課題を解決するために「処理系と蓄積の分離」がより重視されるようになってきています。

もちろん常に処理系と蓄積を分離することがベストとは限りません。ネットワーク接続のディスクではレイテンシーの面で性能が不足する等、ローカルに接続されたストレージが必要なケースもあるでしょう。ローカル接続のストレージサービスが用意されているクラウドサービスも多いため、データレイクからローカル接続されたストレージに取り込む処理を書く、もしくはそういう機能を持つサービスの利用を検討するのがよいでしょう。その場合でもあくまで蓄積の責務はデータレイクにあり、ローカルディスクは一時的データ置き場という扱いになります。

7.3 システム間の依存関係

データレイクを作るということは、たんにデータの溜め池を作るということではありません。数珠繋ぎのように相互にシステムが依存したアーキテクチャから、データレイクを中心としたシンプルで依存関係の少ないアーキテクチャに変更していくということなのです。

データレイクのメリットを活かすには、構築や活用もこれまでとはすこし違う考え方が必要になる場合があります。例えば、いくらデータレイクを用意していても、あるシステムがデータレイクに必要なデータを出力しなかったり、他システムから直接データを参照することで強い依存関係を作ってしまっていたら、これまでと同じ問題が発生してしまいます。つまり、各システムの設計では「結合を疎にする」ことを前提にする必要がありますし、データレイク側も各システムの利用者から積極的に使いたいと思われる機能を提供することが求められます。

ただし、依存関係を少なくするといっても各システム間の通信を完全に禁止するという意味ではありません。データレイクを経由しているとリアルタイム性が担保できないなど、システム要件上どうしても直接通信が必要になることはあります。できるだけ依存関係がない状態（疎結合）が理想ではありますが、システム要件を満たせなくなったり、使いにくい環境になってしまっては本末転倒です。

データレイクを中心としたアーキテクチャになったからといっても、これまでの歴史で培われてきたデータウェアハウスやETLの技術が無駄になるわけではありません。むしろそれらの考え方や技術はそのまま利用できると考えてください。ここまで本章ではデータレイクアーキテクチャでのETLについて書いてきていませんでしたが、データレイクに溜まったデータを分析で使えるようにする処理（Transform: ETLの“T”）はより重視される技術になりつつあります。

7.4 データレイクを中心としたシステムの全体構成例

最後に変換層（Transform）を含んだデータレイクアーキテクチャ全体像の例を示します。あくまで例ですので必ずこうなるという訳ではありませんが、変換層については分析用の処理系とは別に用意するのが一般的です。変換層はデータレイクから生データ（変換前のデータ）を取得し、変換／整形したあとに、データレイクに結果を返します。変換層から直接、処理系にデータを渡さずにデータレイクに戻すことで変換層と分析の処理系との依存関係を少なくしています。

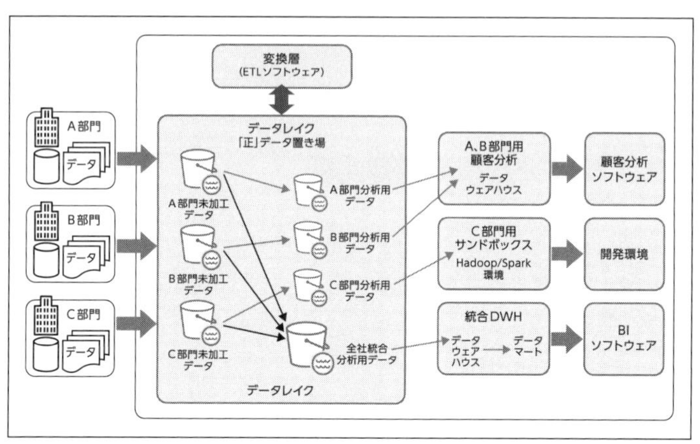

図10　データレイクアーキテクチャ全体像の例

8　まとめ

本章ではデータレイクの考え方の基礎を中心に解説してきましたが、ひとつ補足が必要な部分があります。大量に蓄積されたデータをユーザーが利用しやすい環境をどうすれば構築できるか、という「利用促進」の観点についてです。データ活用を促進するには、メタデータ管理が重要な項目のひとつになります。メタデータとはビジネス的な付加データのことで、メタデータを活用してユーザーが自分に必要とするデータを発見しやすくする環境作りが必要になります。ただしこういった活用部分については、組織／企業に大きく依存する部分でもあり「一般的にこうすればよい」という解はまだありません。

ここでは Amazon.com のデータレイク構築事例でその具体例を説明します。詳細はこの後のコラム「Amazon.com のデータレイク “ANDES”」を参照してください。

次章から、データレイク構築の考え方、活用方法、運用とセキュリティについて順に見ていきますが、まずは具体的に手を動かしてデータレイクを体感したいという方は、第5章に進んでください。

Column Amazon.com のデータレイク "ANDES"

モダンなデータレイクを構築した事例として、ここでは Amazon.com の例を見てみましょう。

以前は Amazon.com でもオンプレミス上に巨大なデータウェアハウスを構築し、各種アプリケーションからアクセスするという形態のシステムを利用していました。Amazon.com は起業当初のビジネスである E コマース事業だけでなく、多くの領域にビジネスを広げていきました。電子書籍、動画／音楽配信、音声認識サービス、クラウドサービス等です。そのためデータ量は爆発的に増加していき、利用ニーズも多様化していきました。Amazon.com ではこの規模や種類の増加に既存の構成では対応できなくなると考え、モダンなデータレイクへの移行を決断します。そのプロジェクトの名前が "ANDES" です（名前は巨大な湖であるアンデス湖から）。

ANDES の全体像は本章で説明したデータレイクの考え方に沿っています。データをデータレイクに集めて Single Souce of truth とし、分析／活用の環境をその周辺に用意します。ANDES は AWS 上に構築されており、データレイクの蓄積部分には Amazon S3 が、データウェアハウスについては Amazon Redshift が、分析や ETL 処理用に Amazon EMR が使用されています。これらはオンプレミス時代のような集約された 1 つのデータウェアハウスを全員で共有するモデルではなく、分析を必要とする部門やグループごとに Redshift や EMR 環境が作られ、必要なデータが自動的に配布されるかたちになっています。この環境は必要なくなればすぐに消すこともでき、ビジネスのニーズに合わせて伸縮が容易にできるクラウドのメリットを活かした構成になっています。

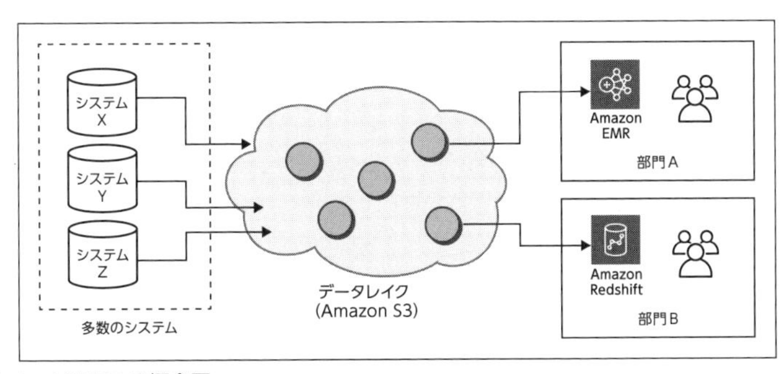

図 11 ANDES の概念図

このように一般的なデータレイクの考えに即した構成になっているANDESですが、「セルフサービス化」を強力に押し進めることを目標に設計されている点がユニークです。つまりユーザーがIT部門や、データを供給している他部門の手を借りずに自分で環境を準備できることに重きを置いた設計になっています。これは社内の調整や交渉なしにデータを利用できる環境こそがビジネスを加速させるために重要だと考えられているからです。企業が大きくなればなるほど社内調整等にかかるコストは大きくなり、やがて一定の規模を超えると調整自体をあきらめ、データ活用もできなくなってしまいがちです。こうした事態を経験したり、見聞きされたことがある方であれば、この方式を考えたモチベーションがより実感できるのではないかと思います。

このセルフサービス化を実現するため、ANDESでは「発見（Discover)」と「購読（Subscribe)」という新しい層を追加しました。

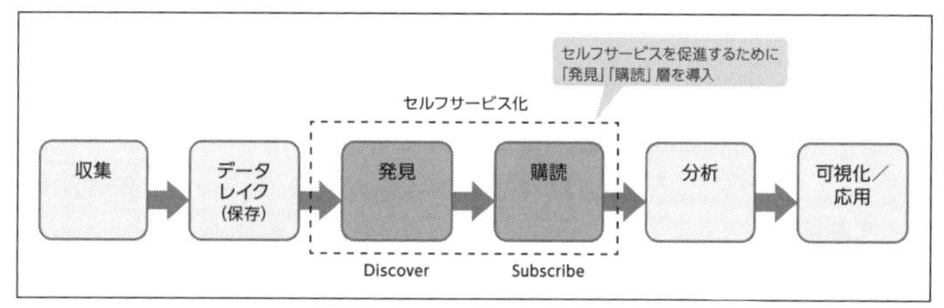

図12　セルフサービスを実現するための仕組み

発見（Discover）は、データレイク上のデータを検索して探し出す機能です。データレイク上に多様なデータが蓄積されてくると、どこに何のデータがあるのか把握するのが難しくなっていきます。例えば、ある部品の品質を分析するために各工場の検品情報を使いたいと考えた場合、データがどこにあるか分からないと、検品担当の部門に問い合わせをし、情報のありかやどういうデータが入っているかを教えてもらう必要があります。企業によっては担当者を見つけるまでに時間を要するかもしれません。

ANDESではデータを投入する際にビジネス上のメタデータ（これがどういうデータかという付帯情報）を付与したかたちで保存されているため、ユーザーは検索機能を使って見つけ出すことが可能になっています。そのため、ビジネスメタデータを（本来のデータとは別に）保存し、検索できる機能やユーザーが使いやすいGUIが用意されました。

購読（Subscribe）は、検索で見つけたデータをユーザーに届けるための仕組みです。前述のようにデータウェアハウスとしては個別のRedshiftを使用しますが、それにはRedshiftクラスターを作成し、データレイクから定期的に新データをRedshiftに投入しつづける仕組みが必要になります。これは非ITユーザーに行わせるには無理がありますし、毎回IT部門がそれを構築するというのも交渉や調整が必要になってしまいます。購読は本の定期購読のような仕組みです。ユーザーは「このデータが欲しい。1日1回夜間に更新してほしい」とGUIで指定をするだけで、あとはANDESの仕組みの中で自動的にRedshiftクラスターや、そこにデータを定期的に届けるETLの仕組みまでが自動的に構築されるようになっています。

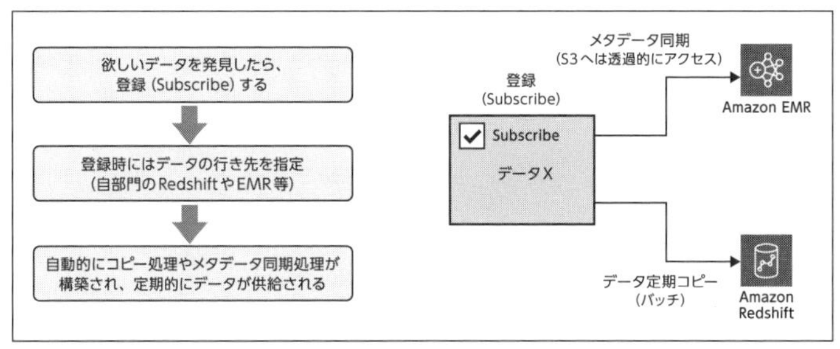

図13　「登録」によるデータ取得のセルフサービス化

これはユーザー部門だけでなくデータレイクを管理するIT部門にとっても大きなメリットをもたらします。例えばデータレイクのデータ量が多くなってきたので、使われていないデータをアーカイブ（安価な別ストレージへ移動）する場合、ユーザーに使われているデータなのかどうかが分からないとアーカイブしてよいかの判断ができません。ANDESでは購読の記録からどのデータが使われているか、いないかが明確に判断できるので、使われていないデータをアーカイブしたり、逆によく使われているデータの傾向を分析したりすることが可能です。このようにデータレイク全体の活用状況を把握できることがIT部門にとってのメリットです。

Amazon.comのANDESについては解説動画[a]や説明のスライド[b]が公開されているで、興味を持たれた方は一度見られることをおすすめします。

[a] 「AWS re:Invent 2018：How Amazon Uses AWS Services for Analytics at a Massive Scale（ANT206）」（https://www.youtube.com/watch?v=PitJL9v0otc）
[b] 「Under the Hood：How Amazon Uses AWS Services for Analytics at a Massive Scale（ANT206）」（https://www.slideshare.net/AmazonWebServices/under-the-hood-how-amazon-uses-aws-services-for-analytics-at-a-massive-scale-ant206-aws-reinvent-2018）

第1章 データレイクの構築

1.1 データレイクの全体像

前章で、データレイクが生まれるまでの背景と、そこで求められることがらについて概観してきました。ここからの数章では、より具体的な中身の部分について見ていきましょう。この章ではまず、データレイクアーキテクチャを構成するコンポーネント、そこで求められる技術的な要件、そして各コンポーネントにあたる AWS サービスについて紹介します。

1.1.1 データレイクのアーキテクチャ

図 1.1 で示したのが、データレイクを取り巻く典型的なアーキテクチャです。このアーキテクチャは、次の 4 つのコンポーネントから構成されます。

- データの発生元からデータを集めてくる「収集」コンポーネント
- データをスケーラブルなかたちでストレージに保存し、かつデータの詳細についての情報（これをデータカタログと呼びます）を管理する「保存」コンポーネント
- 保存したデータに対して適切な加工整形処理を行う「変換」コンポーネント
- 加工整形済みのデータを活用する「分析」コンポーネント

この中でキーになるのは、データを貯める部分にあたるコンポーネントの「保存」です。通常データレイクというと、データを活用するためのアーキテクチャ全体を指すことが多いですが、このデータを保存するコンポーネントを狭義のデー

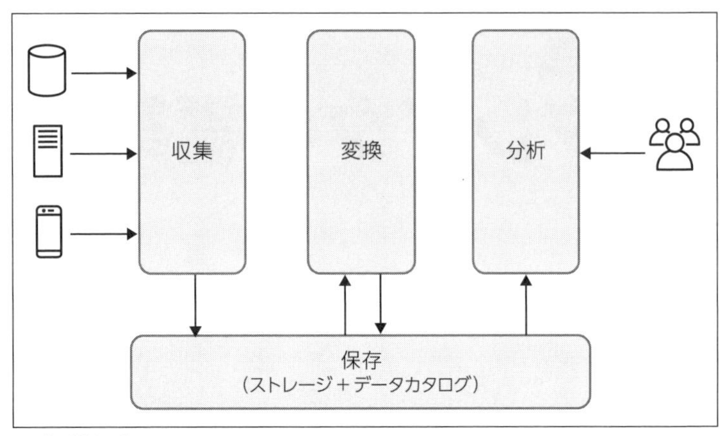

図 1.1　典型的なデータレイクのアーキテクチャ

タレイクと呼ぶこともあります。データレイクアーキテクチャにおいて「収集」「変換」「分析」の3つは、基本的に「保存」コンポーネントに対してデータの読み出し／書き込みを行います。つまりデータレイクアーキテクチャは、データを「保存」するデータレイクを中心として、そこにどのようにデータを「収集」するか、溜まったデータをどのように「変換」するか、そして加工整形されたデータを「分析」してどうビジネスに活かしていくか、という考え方をするものです。

1.1.2 コンピューティングとストレージの分離

また、このアーキテクチャを取ることにより、前章で述べたコンピューティングとストレージの分離を実現しやすくなります。「保存」コンポーネントは、ほかの3つを支えるストレージレイヤーの役割を果たします。例えば日次バッチの中で、保存されているデータを2時間かけて「変換」する場合を考えてみましょう。「保存」コンポーネントのストレージと、「変換」処理のコンピューティングリソースはそれぞれ独立しているため、ビジネス要件やデータ量の変化に応じて、どちらか一方だけを増減させられます。例えば蓄積されたデータの量が大きくなった場合は、（コンピューティングリソースを変更することなく）ストレージサイズだけを増加できます。またデータの流量が一時的に増えた場合は、（ストレージサイズを変更せずに）コンピューティングリソースだけを増強できます。またこの構成をとることにより、データ処理の方法をストレージと独立して決められるようになります。仮に革新的な新しいデータ処理技術が出てきたとしても、その技術が「保存」コンポーネントに対して入出力を行うインターフェイスさえ持っていれば、他コンポーネントと関係なく導入することが可能です。

1.1.3 各コンポーネントと AWS のサービスとの対応

図 1.2 に、各コンポーネントに対応する 2020 年 3 月時点の AWS サービスについてまとめました。これらの詳細については、次節以降で詳しく述べます。

AWS のデータレイクに関するサービス群は、「保存」コンポーネントにあたる Amazon S3 を入出力先のストレージとするかたちで作られています。AWS では継続的に新しいサービスが加わったり、既存サービスに新たな機能が追加されています。例えば 2019 年にも、AWS Lake Formation や Amazon MSK（Managed Streaming for Kafka）といったサービスが一般公開されました。これらのサービスも S3 を中心としたアーキテクチャに沿ったかたちで構成されているため、データレイクの一部として利用できます。

1

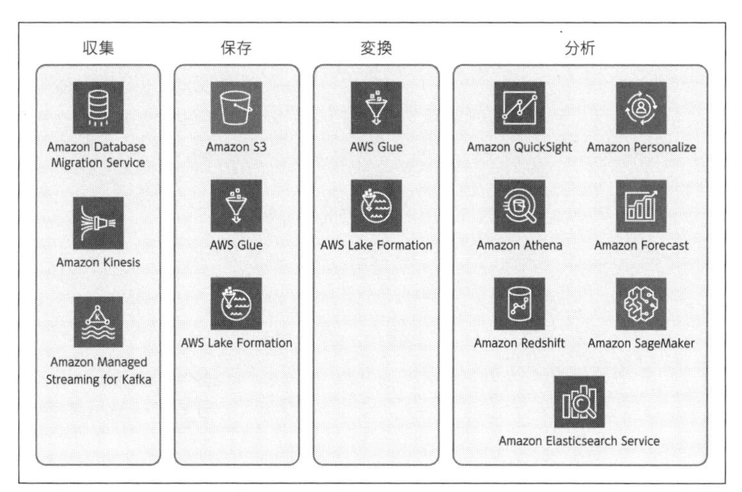

図 1.2　データレイクの各コンポーネントに対応する AWS サービス群

1.1.4 ラムダアーキテクチャ

前節ではデータレイクの典型的なアーキテクチャについて述べましたが、じつはもうひとつ考慮するべきポイントがあります。それは発生したデータを、どのタイミングで処理するかという点です。データレイクの基本的な考え方は、日次や月次などの決まったサイクルでデータの変換や分析を行う「バッチ処理」方式をベースとしています。しかし、バッチ処理以外にも、発生したデータを取り込み、そのまま加工変換や分析を行う「ストリーム処理」と呼ばれる処理の方式があります。そこでバッチ処理とストリーム処理の両方を組み合わせた考え方として生まれた、ラムダアーキテクチャについて紹介します。

ラムダアーキテクチャは、ストリーム処理のオープンソースソフトウェア（OSS）である Apache Storm の作者、Nathan Marz が 2012 年に提唱した概念で、全量のデータを保持し定期的な処理を行うバッチレイヤーと、新しく入ってきたデータをストリーム処理するスピードレイヤー、そして両者を組み合わせて参照するサービングレイヤーの 3 つのコンポーネントから構成されます。図 1.3 がラムダアーキテクチャを図示したものです[1]。

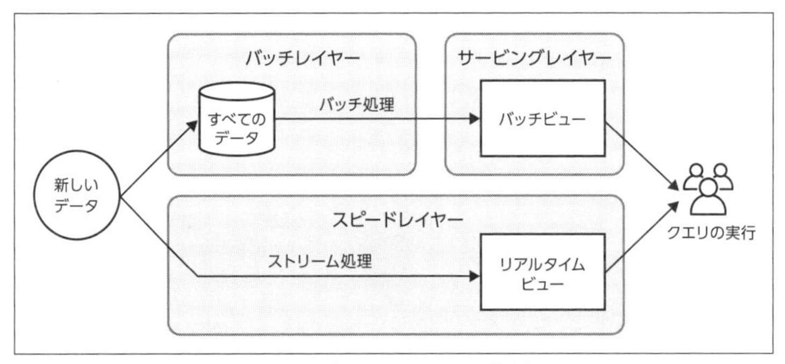

図 1.3 ラムダアーキテクチャの模式図（脚注 [1] を元に再構成）

バッチレイヤーでは蓄積した過去のデータを全量保持し、定期的に集計します。このレイヤーはスケーラブルで、大量データを並列で高速に集計できる一方で、最新のデータが処理されるには次回のバッチ実行までしばらく待つ必要があります。これに対してスピードレイヤーは、新しく取得したデータを逐次処理していくため、最新の集計結果をすぐに閲覧できます。その代償として、スピードレイヤーの処理はバッチレイヤーと比べて複雑になりがちです[2]。そのため、スピードレイヤーで誤集計や不具合が起こった場合には、再集計を行うのに手間がかかります。

ラムダアーキテクチャでは、バッチ処理とストリーム処理の良いところを組み合わせることで、上記の課題を克服します。定期的にバッチレイヤー側で集計処理を回すことで、過去の全量データの集計が高速にできます。最新のデータはスピードレイヤーからデータを取得してきて、バッチレイヤー側の処理結果と組み

[1] Lambda Architecture：`http://lambda-architecture.net/`、Big Data Lambda Architecture：`http://www.databasetube.com/database/big-data-lambda-architecture/`

[2] 代表的なものとして、アプリケーションのデバッグがしづらい、SQL でいう JOIN 相当の処理を行うのが難しい、メモリ管理を気をつけて行う必要がある、出力データが細切れになりやすくファイルハンドリングに気をつける必要がある、などが挙げられます。

合わせて表示します。スピードレイヤー側で誤集計があった場合は、シンプルにその結果を捨ててバッチレイヤー側で再集計を行います[3]。

ではここまで述べてきたラムダアーキテクチャを、データレイクの中に組み込むとどのようになるでしょうか。図 1.4 に示したのが、バッチ処理とストリーム処理を含めたかたちのデータレイクとなります。

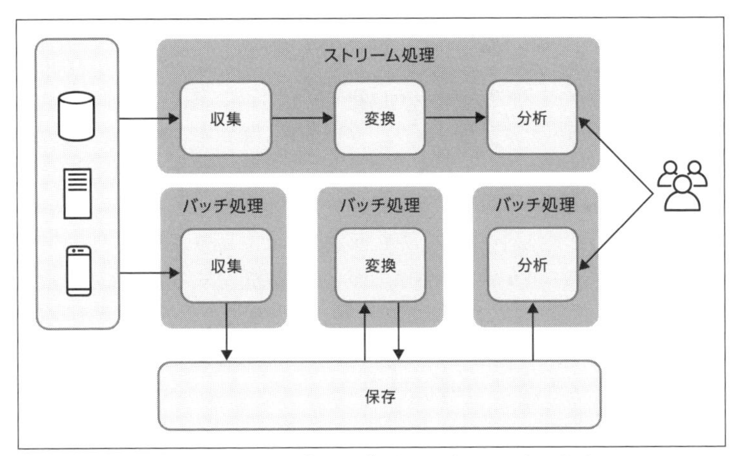

図 1.4 バッチ処理とストリーム処理を含めたデータレイクのアーキテクチャ

ストリーム処理の場合、「保存」を介することなく「収集」「変換」「分析」の処理が一気通貫に行われます。特に「変換」と「分析」は 1 つのアプリケーションに収められて実行されることが多いです。これに対してバッチ処理の場合は、「保存」が仲介するかたちで各要素がつながります。そのため「収集」「変換」「分析」のコンポーネントそれぞれに対して、別のツールやアプリケーションが使われるのが一般的です。もちろんユースケースによっては、必ずしもこの図のとおりの処理を行うわけではありません。例えばストリーム処理において、収集したデータを変換して単純にデータレイクに保存する場合も、分析までしてそのまま（バッチレイヤーのデータと結合するのではなく）ほかの外部システムと連携する場合もあります。バッチ処理側も、収集と同時に変換を行う場合もありますし、変換と分析を一気に行うこともあります。この図で示したのは、あくまで一般的なケースという点をご理解ください。

[3] ラムダアーキテクチャの発展版として、スピードレイヤーとバッチレイヤーの処理を同じツールで行う、カッパアーキテクチャ（Kappa Architecture）というものもあります：https://engineering.linkedin.com/distributed-systems/log-what-every-software-engineer-should-know-about-real-time-datas-unifying

1.1.5 データレイクを構築する際の考え方

ここまでデータレイク、およびラムダアーキテクチャとストリーム処理の考え方について述べてきました。それでは実際にデータレイクを構築する際にどのように進めていけばよいでしょうか。

データレイク構築の際のスタートは、ほとんどの場合「どのようなアウトプットが欲しいか」になります。ここでいうアウトプットとは、例えば経営層が KPI を確認するためのダッシュボードや、自社サービスの会員に対してマーケティングメールを送るためのおすすめコンテンツリスト、また不正な決済処理のリアルタイム検知といったものを指します。データレイクを構築する目的は突き詰めると、データからなにがしかのビジネスに役立つ知見を得ることに集約されますので、構築の際にもまずは何を達成したいかを考えましょう。次に、アウトプットの要件について、データが生み出されてから意思決定をするまでにどれだけの時間を許容するか、意思決定のためにどのデータをどれくらいの期間使用するのか、といった点を明確にします。

求めるアウトプットとその要件が明確になったら、続いてアウトプットを得るために必要なデータソースをリストアップします。データの性質やデータ発生源のシステム上の制約、さらには求めるアウトプットを得るまでの処理時間などに応じて、データをストリームで受け取るのか、それともダンプしたデータを定期的に移動させるのか、などの方法を決定します。そして最後にインプットデータをアウトプットデータに変換するために、どのような処理を行えばいいのか、またその処理を行うのに適したツールは何か、といったかたちでアーキテクチャを組み立てていきます。

これをまとめると、まず最初に「分析」(正確には分析の結果得られるアウトプット)を考え、それを得るために必要なデータを「収集」して「保存」し、最後にデータをアウトプットにするための「変換」と「分析」について決めていく、という流れになります。「分析」にはデータ分析そのものだけでなく、得られた結果をどう活用するか、他システムや利用者がどのようなかたちで受け取るか、といった観点も含まれるため、プロセスの最初と最後に 2 度登場しています。「分析」については、非常に多くの方法があるため、次の章で詳しく説明します。本章の残りでは、「収集」「保存」「変換」のそれぞれについて、より詳しく見ていきます。これ以降、各コンポーネントの説明と併せて、それらに対応する AWS サービスについても紹介します。そこで各コンポーネントの詳しい説明をする前に、まず AWS の基本的な説明をしておきたいと思います。

1.2 AWSの概要

AWSは2006年に開始したクラウドサービスで、当初はオブジェクトストレージサービスであるS3と、コンピューティングサービスであるEC2のみを提供していました。それから14年を経て、世界各地にある24のリージョンで、175以上のサービスを展開しています。日本でも東京リージョンと、おもに災害対策用途の大阪ローカルリージョン[4]で、さまざまなサービスを提供しています。

1.2.1 リージョンとアベイラビリティーゾーン

次にAWSのリージョンとアベイラビリティーゾーン（AZ：Availability Zone）について説明します（図1.5）。

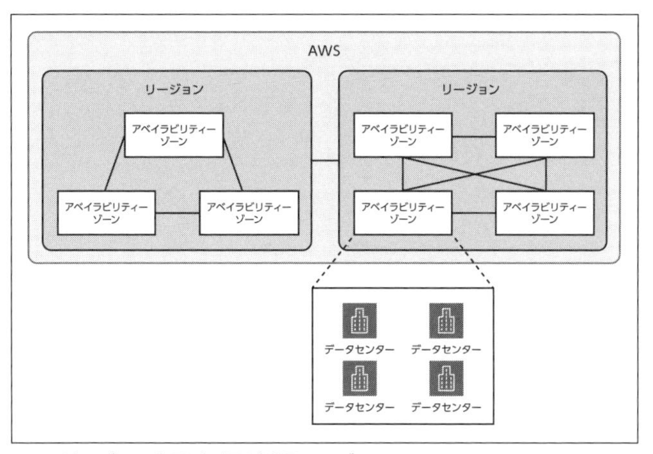

図1.5　AWSのリージョンとアベイラビリティーゾーン

AWSの各リージョンは、ほかのリージョンと完全に分離されるように設計されています。1つのリージョンは、通常3つ以上のAZから構成されています。例えば東京リージョンには4つのAZがあります。このAZは、その中に複数のデータセンターを持ちます。これによって、単一のデータセンターでは実現できない高い可用性、耐障害性、および拡張性を備えたアプリケーションとデータベースの運用が実現されています。各AZはほかのAZから、数キロメートル以上100

[4] https://aws.amazon.com/jp/blogs/news/in-the-works-aws-osaka-local-region-expansion-to-full-region/

キロメートル以下の十分な距離だけ離れています。リージョン内のすべての AZ は、冗長性を持ち、高スループット、低レイテンシーのネットワークによって相互に接続されています。

1.2.2 マネージドサービス

本書では、データレイクおよびそれを実現するための AWS サービス群についてのみ取り上げますが、AWS にはそれ以外にも非常に多くのサービスがあります。これらのサービスの中には、マネージドサービスと呼ばれるものが多く存在します。こういったものの代表例として、データベースサービスである Amazon RDS (Relational Database Service)、機械学習サービスである Amazon SageMaker、コンテナサービスである Amazon ECS (Elastic Container Service) などが挙げられます。マネージドサービスの特徴を、データベースの場合を例にして図 1.6 にまとめました。

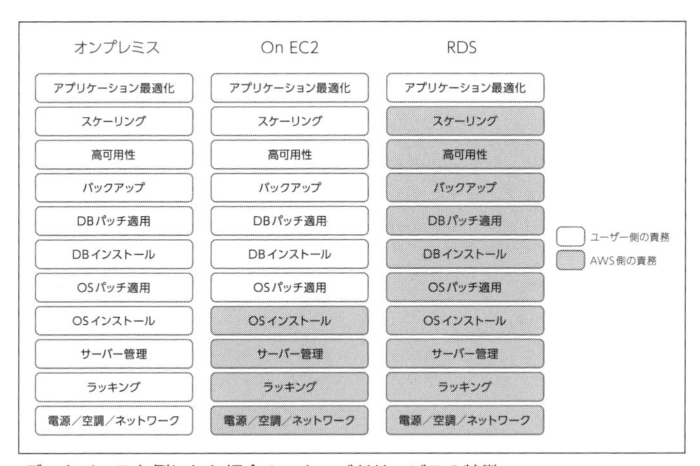

図 1.6　データベースを例にした場合のマネージドサービスの特徴

マネージドサービスでは、さまざまな管理／運用系の事柄を AWS 側で受け持ちます。これにより、ユーザーが管理／運用タスクにリソースを割くことなく、本来やりたかったことに集中できるようになります。

本書でこれから紹介するサービスのほとんどは、このマネージドサービスと呼ばれるものになります。データレイクに関する処理を行う場合、データがロストしないように冗長性を持ったかたちでデータを保持する、扱うデータの量に応じて動的にコンピュートリソースを増やす、といった要素が非常に重要になってきます。マネージドサービスを利用することで、そうした問題を AWS 側に任せ、データ活用のサイクルに集中できるようになります。

AWS の概要について説明したところで、以降は「収集」「保存」「変換」の各コンポーネントについて詳しく見ていきましょう。

1.3 データ収集

1.3.1 データソースごとの収集方法

ここでは「収集」、つまりデータレイクに保存するデータを集めてくるパートについて、詳しく見ていきます。データ収集にはデータソースの種類に応じて、いくつかの考慮するべきポイントがあります。代表的なデータソースである、ファイル、ストリームデータ、そしてデータベースの 3 つそれぞれについて、順に説明していきます。

ファイル

まずファイルですが、これは非常にシンプルです。典型的なユースケースとしては、業務システムから日次で出力される CSV 形式の処理履歴ファイルを、加工整形して集計したいといったものです。また画像や音声のようにファイルの単体サイズが大きなものの場合には、システムがファイルを取得したタイミングでデータレイクに保存することもあります。その際のファイル転送にはコマンドラインツールや、Embulk[5] のようなファイル転送ツールを利用するのが一般的です。

ストリームデータ

次にストリームデータについてです。ストリームデータとは、継続的にデータが発生して順に流れてくるといったものを指します。証券会社における株の取引履歴、IoT センサーから定期的に送られてくるメトリクス、またユーザーが Web サーバーにアクセスした際に生成されるアクセスログなどが典型的なストリームデータといえます。こうしたストリームデータは、1 レコードあたりのデータ量は小さめ（おおむね数百 KB 未満）で、複数の場所から大量に生成されるという特徴があります。アクセスログであれば、多数ある Web サーバーのそれぞれにユーザーがアクセスするごとに新しいレコードが生成されます。IoT センサーであれば、何千何万とあるセンサーから定期的にログが送られてくるかたちになります。こうした細切れの大量データはバッチ処理のかたちで収集するのが非常に

[5] https://www.embulk.org/docs/

難しいため、fluentd[6] のようなログ収集ツールや、Apache Kafka[7] のようなストリームデータ処理基盤を用いて処理することが多いです。

■ データベース

最後にデータベースです。データベースに格納される情報には、大きく分けてマスターデータとトランザクションデータの2種類があります[8]。マスターデータは参照用のデータ、トランザクションデータは処理履歴のデータを表します。社内の勤怠管理システムを例にとると、マスターデータは社員の一覧とそれぞれの役職、入社年月日のような項目を格納したテーブルを、トランザクションデータは各社員の勤怠履歴を格納したテーブルを指します。データベースからデータを取り出す方法として、日次や週次などの一定間隔でデータを抜き出すバッチ処理と、テーブルに入った変更をすぐに取得するCDC（Change Data Capture）と呼ばれる処理の2種類があります。前者のバッチ処理には、テーブルの全体を出力する全量抽出だけでなく、前回処理のあとに変更があったレコードだけを書き出す差分抽出という方法もあります。特にテーブルのデータ量が多い場合には、バッチごとにテーブル全体を書き出すのは負荷が高すぎるため、差分抽出を選択することになります。ただし差分抽出をしたときのトレードオフとして、あとでデータ変換を行う際のロジックが複雑になりがちというデメリットもあります。

ここまでデータソースの種類ごとに、典型的な収集の方法について述べてきましたが、データ収集の頻度について簡単に触れておきます。一般にデータ収集の間隔を短くすればするほど、発生したデータをすぐに分析できるため活用の幅が広がります。その一方で収集頻度が高くなることでシステムの運用負荷も高くなりがちです。データ収集の頻度には正解はないため、求めるアウトプット要件を満たすもののうち、最も運用コストの低いやり方を選ぶとよいでしょう。

1.3.2 メッセージキューを介したストリームデータのやり取り

ストリームでデータを収集する際には、各レコードを直接データレイクに書き出すのではなく、ストリームデータを一時保存するメッセージキュー（message queue）を用いるのが一般的です。メッセージキューとは、メッセージの送受信を行うときに両者が直接やりとりをするのではなく、間に挟まれる中間コンポーネントを指します。このメッセージキューを用いたアーキテクチャを示したのが

[6] https://www.fluentd.org/

[7] https://kafka.apache.org/

[8] この2つは、特に分析の観点からみた場合の代表的なデータの種類を表しているだけで、実際にはそれ以外のデータが格納されることも多々あります。

図 1.7 です。先ほど名前を挙げた Apache Kafka は、このメッセージキューとしての役割を果たす OSS になります。

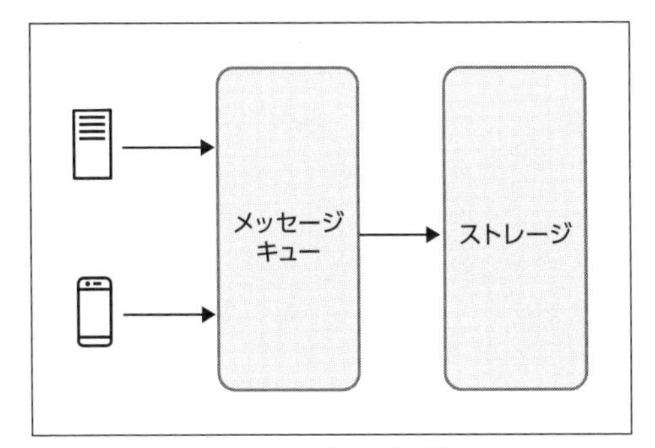

図 1.7　メッセージキューを用いたストリームデータの収集

このようなメッセージキューをわざわざ挟む背景となるのが、PubSub という処理モデルです。これはパブリッシャー（Publisher：メッセージの送信者）が生成したレコードを、複数のサブスクライバー（Subscriber：メッセージの受信者）が受け取ることを表したもので、データ収集の場合、1 つのレコードに対して複数の後続処理が行われることを指します。具体的には、Web サーバーが生成したアクセスログのレコードをストリーム処理によって集計するとともに、データレイクに保存するといったものです。メッセージキューがあることで、複数のデータソースが生成したレコードをストリームのまま 1 箇所にまとめ、さらに複数の後続データ処理に引き渡せるようになります（図 1.8）。

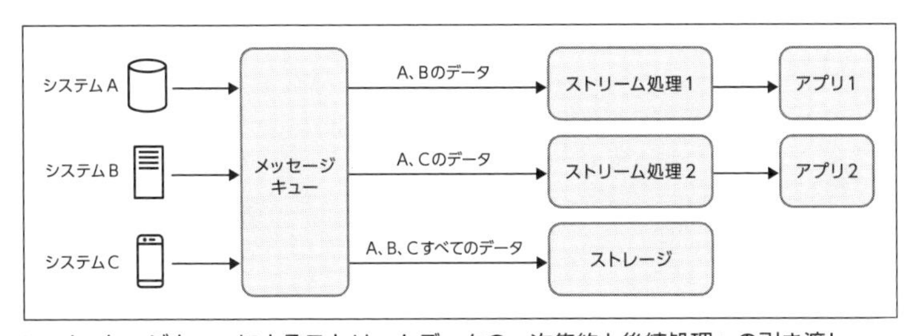

図 1.8　メッセージキューによるストリームデータの一次集約と後続処理への引き渡し

メッセージキューが挟まることで、パブリッシャーとサブスクライバーのやりとりが非同期に行える、という利点もあります。例えばサブスクライバー側のアプリケーションに障害が起こって一時的に利用できなくなった場合、パブリッシャーとサブスクライバーが直接つながっているとメッセージの送信自体ができなくなってしまいます。一方、間にメッセージキューがあれば、パブリッシャーはメッセージをキューに対して送信しておけますし、サブスクライバーも障害から復旧したあとで、データをメッセージキューからまとめて取り出せます。そのためメッセージキューには、データロストを防ぐよう非常に高い信頼性が求められます。

また、別の観点として、データレイクにデータの書き出しを行う際の効率性も挙げられます。生成されたレコードが一斉にデータレイクに書き出される場合、1レコードごとに1つのファイルが作られるため、結果としてレコード数ぶんの小さなファイルが生成されてしまいます。これを防ぐために、1ファイルにレコードを順番に書いていくとすると、書き出し処理の競合が起こってしまい、スループットが上がりません。そこで各レコードを一次集約してからまとめて書き出すことで、細切れファイルが生成されるのを防ぎつつ高いスループットが得られるようになります。

1.3.3 データ収集に関連したAWSのサービス

ここまで述べてきたデータ収集を行うにあたって、AWSのどのようなサービスを利用できるでしょうか。ファイルに関しては、すでに述べたようにコマンドラインツールや、ファイル転送ツールを利用することが一般的です。AWS上でデータを保存する先はS3になりますが、このS3のAPIを用いて、オンプレミス[9]のサーバー上やファイルシステムなどにあるデータを転送できます。AWSにはAWS CLI（Command Line Interface）やAWS SDK（Software Development Kit）というツールがありますので、こちらを利用してデータ転送を行うプログラムを記述することが可能です。

ファイル転送ツール

またAWSには複数のファイル転送ツールもあります。まずAWS DataSync[10]というサービスがあり、こちらはデータ転送用のエージェントを用いて、オンプレミスにあるストレージからS3に対して自動でのデータ転送を行えます。またデータを転送するためのセキュアな通信プロトコルとしてSFTP（SSH File Transfer Protocol）などがありますが、これらのプロトコルを通じてデータ転送を行うサービスとして、AWS Transfer Familyが提供されています。上記サービス以外にも、オンプレミスに大量に溜まったデータを一度にAWSに転送するためのサー

[9] オンプレミス（on-premise）とは、自社で情報システム設備を保有して運用することを指します。ここではクラウドではない、自社が保有または契約しているデータセンターの環境という意味で使っています。

[10] AWS DataSyncはS3以外にAmazon EFS（Elastic File System）という、AWSが提供するフルマネージドのNFSファイルシステムに対してデータ転送を行うこともできます。

ビスとして、AWS Snowballがあります。専用ハードウェアに転送したデータを郵送でやりとりすることで、ペタバイトクラスのデータ転送を可能とします。

ストリームデータの収集ツール

次にストリームデータを収集する場合についてですが、こちらの用途に適したサービスとして、Amazon KDS（Kinesis Data Streams）があります。KDSは先ほど紹介したメッセージキュー層の役割を担うサービスで、次のような優れた特徴を持っています。

- リアルタイム
  KDSで収集したデータは、通常70ミリ秒以内に後続処理で利用可能となります。このリアルタイム性は、ラムダアーキテクチャにおけるスピードレイヤーの処理を行う際に、非常に効果的です。

- 耐久性
  KDSに取り込んだログデータは、自動でAWSの3つのAZにレプリケーションされます。これによりデータロストが起こる可能性を大きく下げられます。また取り込んだデータをKDS内に最大7日間一時保管できます。

- 伸縮自在性
  取り込むデータのサイズに応じて、KDSで使用するコンピューティングリソースをスケールさせられます。毎秒数百万のログデータのレコードを取り込むところまでスケールさせることが可能です。

KDSで取り込んだデータは、専用ライブラリのKCL（Kinesis Client Library）、AWS Lambdaという軽量なコンピューティングサービスなどを通じて読み出し、ストリーム処理を行うこともできます。ストリーム処理については第2章で詳しく説明します。その一方で、取り込んだデータをS3にそのまま出力して保存したい場合には、Amazon KDF（Kinesis Data Firehose）というサービスが適しています。KDFでは、書き出す先のS3の場所をあらかじめ指定しておくことで、取得したデータをまとまった大きさのオブジェクトとして自動で書き出します。その際に圧縮形式やデータフォーマットなども指定可能です。KDFはデータをS3に吐き出す以外にも、AWSのデータウェアハウスサービスであるAmazon Redshiftや、分散型検索／分析サービスであるAmazon Elasitcsearch Serviceなどにデータを出力できます。

またApache Kafkaをすでに使っているユーザー向けに、KafkaをAWSのマネージドサービスとして提供するAmazon MSK（Managed Streaming for Kafka）というサービスが、2019年6月に一般公開されました。Kafkaは広く使われているストリームデータを処理するための OSS である一方、分散処理ソフトウェアであるため運用の手間がかかりがちです。これをマネージドサービスとして提供することで、運用コストを下げて利用できるようになっています。

データベースに関するサービス

データベースからデータを抜き出して S3 に保存する場合には、Amazon DMS (Database Migration Service) というサービスを利用可能です。こちらはソースとなるデータベース、および書き出し先の S3 を指定することで、あとは自動でデータベースやテーブルの中身を抜き出して、S3 に書き出してくれます。DMS は変更があったレコードをストリームで取得する CDC にも対応しており、得られた変更内容を S3 に書き出していくことも KDS に入れることも可能です。

1.4 データ保存

1.4.1 データレイクのストレージに求められること

これまでの説明で述べたように、データを保存するストレージおよびデータカタログは、データレイクの中で中心的な役割を果たします。特にストレージについては、データレイク上で行われるさまざまな処理に対応したり、また安定的にデータレイクを運用したりするうえで次のような点がキーとなってきます。

耐久性

ストレージに真っ先に求められるのは、保存されたデータが失われないことです。データレイクに置かれるデータは、長期間にわたってビジネスで活用できる必要があります。例えば IoT センサーから得られたデータが失われた場合、どこかにバックアップを取っていないかぎり、再度同じデータを得ることは不可能です。そのためデータレイクのストレージには、保存媒体の物理的な故障／停電／ネットワークトラブル等でもデータが失われないような非常に高い耐久性が求められます。

可用性

可用性とは、システムが障害などで停止することなく稼働できる程度のことを指します。データレイク上で行われるあらゆる処理は、ストレージに置かれたデータを対象として行われます。ストレージに障害が発生すると、データレイクのサービス自体も停止することになるため、こちらも高い品質が求められます。

スケーラビリティ

データレイクを構築し始める段階で、ストレージの上に置かれるデータの量を見積もることは非常に困難です。データの分析や活用をしてく過程で、新しくやりたいこと、取り組むべきことが見えてくるケースが多々あるため、当初想定していたよりも早いペースでデータ量が増えてくるのが多数派です。増え続けるデータを保持するために、データレイクのストレージは高いスケーラビリティを持つ必要があります。

データの種類

データレイクには、プレーンのテキストファイルに始まり、圧縮済みのファイル、動画ファイルや音声ファイル、またバイナリファイルなどさまざまな形式のデータが置かれます。またテキストファイルの中でも、ヘッダ付きCSVのような構造化されたフォーマット、JSONのような半構造化フォーマット、さらにWebサーバーのアクセスログのような非構造化フォーマットまであります。ストレージは、これらの多種多様なデータを保持できなければいけません。一般的に「ストレージ」という場合、こうした形式のファイルをすべて保存できるのが普通なので当たり前だと思うかもしれません。しかし、前章で述べたとおり、かつて主流だったセントラルデータウェアハウスでは通常、構造化されたテキストファイルのみが保存対象でした。そうではなくさまざまなフォーマットを保存できなければいけない、ということです。

コスト

時間の経過とともに、データレイク上のデータは増え続けていきます。そのためデータ保存のコストが低いことは、組織が継続的にデータレイクを運用していくうえで必須の要件といえるでしょう。それだけではありません。一般に新しいデータほどアクセス頻度が高く、分析でも頻繁に使われます。その一方で何年も前のデータは、めったにアクセスされることはないでしょう。使わなくなった古いデータを思い切って消してしまう手もありますが、どのデータがいつ分析で必要となるかは事前には分りません。そのため参照頻度の低い、いわゆるコールドデータも可能な限り消さずに保存しておくことが望ましいといえます。この場合、コールドデータは保管コストの安いストレージにアーカイブとして残しておくのがよいでしょう。したがって、長期に渡って運用するデータレイクでは、データの参照頻度に応じたコスト最適なやり方で、ストレージを活用できる必要があります。

セキュリティ／権限管理

データレイクの上には、さまざまなデータが置かれます。その中には機密性の高いデータも当然含まれることとなります。そこでストレージに読み書きするデータの転送時には、データは暗号化されている必要があります。またストレージ上に保存されているときも、暗号化された状態でデータが置かれている必要があります。またデータレイクの利用者は、組織内のさまざまな部署に及ぶでしょう。こうした際に関係のない部署の人がデータにアクセスして問題を起こさないよう、各データへのアクセス権限が適切に管理されていなければなりません。

上に挙げた 6 つの要素は、どれかひとつかふたつを満たせばよいものではありません。すべてを満たす必要があります。ストレージはデータレイクの中心であり、ここに関しては妥協をすることは許されません。

1.4.2 ストレージに関連した AWS のサービス

AWS には複数のストレージサービスが存在します。しかし、その中で、データレイクの中心となるものは Amazon S3 をおいてありません。S3 は AWS が最初にリリースしたサービスで、スケーラブルなオブジェクトストレージを提供するものです。S3 は、前項で紹介した 5 つのポイントをすべて兼ね備えたサービスです。

可用性および耐久性について、S3 は 99.99% の可用性と、99.999999999% の耐久性を持つように設計されています[11]。S3 に置かれたデータは、少なくとも 3 つの AZ に自動で保存されます。また S3 には保存データ量の上限は設定されていません。事前に容量確保を行うことなく、ペタバイトクラスのデータを保存できます。S3 はオブジェクトストレージですので、あらゆる種類のデータを保存できます。コストの面でも、S3 は非常に安価です。東京リージョンの S3 を使用する場合、1GB を 1 ヶ月保存する場合の料金は 0.025US ドル（3 円弱）[12] しかかかりません。それだけではなく、S3 には 6 種類のストレージタイプがあり、それぞれ料金体系も異なります（表 1.1）。

最も利用頻度の低いデータ用のストレージタイプである、S3 Glacier Deep Archive では、1GB のデータを 1 カ月保存する費用が 0.002US ドルとなってい

[11] ここで示した可用性および耐久性は、S3 標準を前提としたものです。ストレージタイプごとの具体的な可用性については、S3 サービスレベルアグリーメントのページを参照ください。 https://aws.amazon.com/jp/s3/sla/

[12] 2020 年 6 月現在の価格となります。価格は変更される可能性がありますので、最新の価格については AWS の Web サイトでご確認ください。S3 の価格についてはこちらに掲載されています。https://aws.amazon.com/jp/s3/pricing/

表 1.1　S3 ストレージタイプの一覧とその特徴

S3 ストレージタイプ	ストレージ価格（GB/ 月）	データ取り出し料金（GB）	データ複製	アクセス時間	用途
S3 標準	0.025US ドル	なし	3AZ	ミリ秒	頻繁にアクセスするデータ向け
S3 インテリジェントティアリング	0.025US ドルまたは 0.019US ドル	なし、または 0.01US ドル	3AZ	ミリ秒	アクセスパターンが変化するデータ向け
S3 標準 - 低頻度アクセス	0.019US ドル	0.01US ドル	3AZ	ミリ秒	低頻度でアクセスするデータ向け
S3 1 ゾーン - 低頻度アクセス	0.0152US ドル	0.01US ドル	1AZ	ミリ秒	低頻度でアクセスかつ再作成が可能なデータ向け
S3 Glacier	0.005US ドル	通常 0.0092US ドル（取り出し速度に応じて料金変動）	3AZ	数分 - 数時間	アーカイブデータ向け
S3 Glacier ディープアーカイブ	0.002US ドル	通常 0.022US ドル（取り出し速度に応じて料金変動）	3AZ	数時間 -	アーカイブデータ向け

ます。セキュリティについても S3 は転送時の暗号化および保存時の暗号化の両方に対応しています。AWS には暗号化鍵を管理する AWS KMS（Key Management Service）というサービスがあり、KMS で管理された鍵を使って S3 上のデータを暗号化することが可能です。また権限管理の面でも、オブジェクト単位で誰がどのようにアクセスできるかを細かくコントロールできます。

このように、S3 はデータレイクのストレージに求められる条件をすべて満たしています。AWS でデータレイクを構築する場合には、S3 を中心として考えるのがベストプラクティスです。また S3 は、ほかのあらゆる AWS サービスから読み書きができるように設計されているだけでなく、サードパーティ製品にも S3 のデータを読み書きできるものが数多く存在しています。S3 にデータを置くことで、さまざまなツールと連携してビジネスに活かしていけるようになります。

1.4.3　データカタログによるストレージ上のデータ管理

ここまでデータレイクの中心であるストレージについて説明してきましたが、ストレージに蓄積されたデータに関して、もうひとつ重要な要素があります。それがデータカタログです。

データカタログとは、データレイクに貯まったデータ自体についての情報をまとめてカタログにしたものです。カタログの中には、このデータはどのようなファイル形式か、中にはどのような項目が含まれているか、データサイズはどのくらいか、いつ追加されたかといったデータ自体を説明する付加情報が格納されます。さらにどの部署がデータの所有者か、このデータはどのシステムから生成されたか、どのような経緯で生成された何のためのデータかといった、データ活用の手助けとなるさまざまな情報まで含まれることもあります。

データカタログに求められるものは数多くありますが、おもな要素を挙げました。

データの発見しやすさ

さまざまなデータソースに散らばったデータを、一箇所に集めて発見できるようにする機能です。上で説明したように、どこに何があるか分からないと、たとえデータが組織内に存在していたとしても事実上利用できなくなってしまいます。特に部署やシステムを横断する場合に、この発見しやすさは非常に大事になってきます。発見しやすくするために、テーブルのスキーマ情報やデータの保管場所等の物理的な情報のみならず、どの部署の持ち物か、どのような用途で使われるものかといったビジネスコンテクストを含んだ情報も求められます。

データの活用しやすさ

組織内には通常、複数のデータ処理方法が存在しています。たとえデータを発見できたとしても、それが簡単にほかのツールから利用できなければ意味がありません。そのためデータカタログに付随して、データフォーマットを必要に応じてほかのツールから利用できるかたちに変換する機能も求められます。この点は、次節で説明するデータ変換とも重なるものです。

権限管理

このシステムには、組織内のさまざまなシステムのデータが蓄積されます。中には個人情報を含んだ機微なものもあるかもしれません。そのようなデータにアクセスできる人は、システムによって厳密に管理されなければいけません。また同時に、組織内のデータ活用を進めるという観点では、たとえデータの中身が見れなかったとしても、どのようなデータが存在しているか自体を把握できることは有意義です。組織ごとに権限管理の基準は異なってくるかもしれませんが、それに合わせて細かな制御ができる必要があります。

監視／監査

権限管理と似た話ですが、不正なアクセスがなかったか、誰がどのようにデータを利用しているか、といった情報を正確に取得できることも、組織内のガバナンスという観点から非常に大切です。また、あるデータソースを変換して新しいデータを作るといった場合に、データの依存関係を管理すること、データフォーマットの変更やデータカタログの内容に対する変更といったものも、すべて把握できることが求められます。

通知

組織内の効率的なデータ利用という観点からは、通知機能もあると望ましいでしょう。例えば、あるテーブルに新しくカラムが追加されたら、そのテーブルを利用しているすべてのユーザーに通知が届くといったものです。

Column　データカタログがない場合

データカタログがないと、どのような状況になるでしょうか？ 例えばマーケティング部署の人が商品カテゴリごとの売り上げ推移を可視化したいと考えたとします。当該データを管理しているのが経理部であるとしたら、そもそもデータがどこにあるかが分りません。そこで経理部の人に聞いて、データの置き場所を明らかにしました。しかし、そのデータの中身を見てみると、見慣れない商品カテゴリが見つかります。このカテゴリについて経理部の人に聞いても「よく分からない」という回答が返ってきました。そこで社内のあちこちに聞きまわって、商品管理部が商品カテゴリを作成していることが明らかになりました。そこで商品管理部の人に話をしにいくと、もうすでに辞めてしまった人が作ったもので、この商品カテゴリが何を意味しているのかは誰も把握していない、という回答が返ってきてしまいました。

序章で登場した、データウェアハウスの提唱者であるBill Inmonは、2016年のデータレイクアーキテクチャについて書いた本の中で、「どのようにデータが使われるかについて考慮せずに、単純にデータを突っ込んでしまうと、データレイクがゴミ溜め（garbage dump）になってしまう可能性が高い」と警告しています[a]。またデータカタログに付加情報をまとめることで「データレイクが情報の金山（gold mine）になる」とも述べています。つまりデータカタログは、データレイクに貯まったデータを活用するうえでの道しるべであり、必要不可欠なものといえるでしょう。

[a] “Data Lake Architecture: Designing the Data Lake and Avoiding the Garbage Dump” 2016 (Technics Publications)

1.4.4 データカタログに関連した AWS のサービス

データカタログを管理する AWS のサービスは、AWS Glue および AWS Lake Formation の 2 つですが、ベース部分を担当するものが Glue になりますので、まずはそちらについての説明をします。

AWS Glue

Glue は大きく分けて、Data Catalog と ETL という 2 つのコンポーネントから構成されているサービスで、前者がその名前のとおりデータカタログを受け持ちます。この Data Catalog に、データが置かれている S3 上の場所やデータの中身を表すテーブル定義などの情報を保存するだけでなく、キーバリューのかたちでさまざまな付加情報を入れられます。例えば図 1.9 に示すように、「Description」にテーブルの情報を格納して中身を理解しやすくしたり、「部署」というキーに対応する「第一営業部」という値を入れるようなことが可能です。

図 1.9　Glue Data Catalog に含まれる付加情報

Glue は S3 上のデータだけでなく、データベースのテーブルスキーマを管理したり、追加情報を付与することも可能です。具体的には AWS 上のデータベースやオンプレミスにあるデータベースのスキーマ情報を読み取って、Glue Data Catalog に登録できます。Data Catalog 上で、データベースのスキーマ情報を管理するだけでなく、S3 と同様にさまざまな付加情報を追加できます。

また Glue Data Catalog では、スキーマの変更管理が行えます。S3 上のデータやデータベースのスキーマ情報は、時間とともに変化しうるものです。例えば最初は首都圏の店舗だけを対象として、1 つの製品を取り扱うはずだったシステムが、ビジネスの成長とともに全国で販売を行い、複数の製品を取り扱うようになったとします。そうすると既存のテーブルに「地域」カラムや「製品カテゴリ」カラム、また「製品サブカテゴリ」カラムのようなものを追加する必要が出てくるでしょう。そうした際に、スキーマがいつからどう変化したかを管理しておかないと、正しい分析が行えなくなってしまいます。Data Catalog は、スキーマの変更情報を保持し、複数のバージョン間での比較を行う機能を持ちます（図 1.10）。

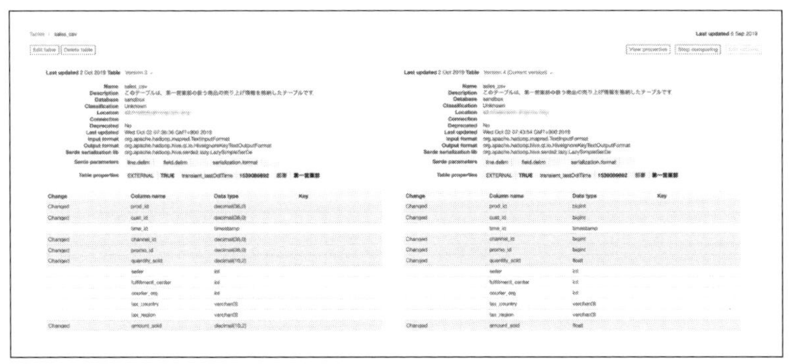

図 1.10　Glue Data Catalog の複数バージョン比較

ここまで Glue Data Catalog の紹介をしてきましたが、既存の OSS との互換性についても軽く触れておきたいと思います。ファイルシステムに溜まった大量のデータを処理する際には、Apache Hadoop[13] に始まる一連の OSS 群がよく使われています。Hadoop では HDFS（Hadoop Distributed File System）と呼ばれる Hadoop 独自のファイルシステム上にデータを置きます。HDFS 上のデータを SQL ライクな構文で処理するためのフレームワークとして、Apache Hive[14] という OSS があります。その際に HDFS 上のファイル群をテーブルとして管理するために、Apache Hive Metastore というソフトウェアが使われています。この Hive Metastore は Hive のみならず、Apache Spark[15] や Presto[16] などほかの OSS からも参照できるようになっており、Hadoop エコシステムで幅広く使われています。Glue Data Catalog は、この Hive Metastore と互換性を持つかたちで設計されているため、さまざまな Hadoop 関連のオープンソース製品と連携して利用できます。第 2 章で説明する AWS の分析サービスも基本的にオープンソースソフトウェアとの互換性を持つ設計になっているため、Glue Data Catalog と連携して動作します。

[13] https://hadoop.apache.org/
[14] https://hive.apache.org/
[15] https://spark.apache.org/
[16] https://prestodb.io/

AWS Lake Formation

次にLake Formationについてですが、こちらはGlueのData Catalogおよび ETL機能をベースに、使いやすいさまざまな機能を付加したサービスになります。Lake FormationはデータカタログをGlueと共有しており、そのうえで権限管理部分の機能をより使いやすくしています。

Lake Formationが登場するまでは、Glue Data Catalogの権限管理をするのと併せて、物理データが置かれているS3の権限管理を別に記述するかたちを取っていました。ところがデータの種類や利用ユーザーが増えるにつれ、S3側の権限管理が特に煩雑になり運用が大変になるケースがでてきました。Lake Formationを利用することで、この権限管理をデータベースで一般的に使われているGRANT文の記法で一元的に行えるようになりました。

Lake Formationでは図1.11に示すように、このデータベースのこのテーブルに対して、SELECTクエリを投げる権限だけを付与するといった、直感的に理解しやすいかたちでの権限管理が可能です。

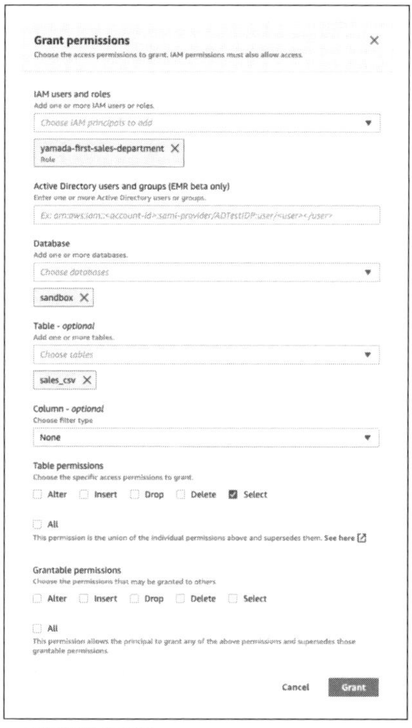

図1.11　Lake Formationの権限管理画面

データレイクの継続的な運用

最後に、データレイクの継続的な運用といった観点についても軽く触れておきます。データレイクは一度作って終わりではなく、長期間に渡って活用されるものです。そのため組織全体で、データレイクに貯めたデータの保存方法や保存期間の管理ポリシーを定めたり、暗号化や権限管理に関するセキュリティガイドラインを策定したり、といったプロセスも必要となってくるでしょう。また、適切にガイドラインが運用されているかを確認するための監査プロセスも定義する必要があります。こうした運用に関する内容については、第3章で詳しく述べています。

1.5 データ変換

1.5.1 データ活用のための変換処理

これまでの説明により、データレイクに大量のデータが蓄積されるところまでご理解いただけたかと思います。しかしデータ活用を進める際に、このデータをそのまま扱うのは賢明ではありません。データの発生源から収集したままのデータ（一般的に生データと呼ばれます）は、必ずしも分析するのに適した形になってはいないためです。

例えば、購買履歴データがデータレイクに溜まっており、商品ごとの購入者数と平均購入回数を集計したいとします。入力データが生データのJSONファイルであった場合、この集計クエリが実行されるたびにJSONファイルをフルスキャンしたうえで、パースして必要なカラムを取り出してからでないと集計ができません。別の集計をする場合にも、同様のフルスキャンとパースを毎回行う必要があり、あまり効率的な分析のやり方とはいえないでしょう。データ量が少なければそのやり方でもいいかもしれませんが、データレイクに貯まっている大量のデータでこれを行うのは、実用的とはいえません。分析に適したファイルフォーマットにあらかじめ変換しておくほうが、はるかに賢いやりかたです。また、複数のデータソースから得られたデータを結合して分析する場合、データソース間で日付や商品名の記述フォーマットをそろえる必要があります。これも分析の前にあらかじめ処理を行なって、きれない状態にしておくのが賢明です。

これらの例から、データ変換を行うことの重要性が理解いただけたかと思います。例えば、テキストデータに対する典型的な変換処理をいくつか挙げてみます。

日付に関わる処理：西暦／和暦などの表の示形式の変更や、JSTからUTC

へのタイムゾーンの変換など

不正な値の処理：Null 値や空っぽの値の変換など

文字列や値の統一：大文字小文字の統一、整数／小数の統一、表記の揺れの統一など

テーブルの結合処理：取引ログテーブルと取引先テーブルを取引先 ID で結合など

ファイルサイズの変換：大量の細かい数 KB 程度のファイルを、数百 MB のファイルに集約など

ファイルフォーマットの変換：Parquet/ORC への変換（次項で詳しく説明します）

こうしたデータ変換を、一般的に ETL（Extract/Transform/Load）処理と呼びます。ETL については序章でも解説しましたが、データレイクの場合はデータソースとターゲットがどちらもデータレイクであるストレージになるケースが多くあります。その際に図 1.12 に示すように、生データを置く場所と変換後データを置く場所は、明示的に分けるのが一般的です。大半のユーザーは変換後データのみを扱い、生データを触るのは一部のユーザーに限られるため、両者の権限管理ポリシーは必然的に異なります。そのため、データ置き場を明示的に分離することで権限管理がやりやすくなります。権限管理については、第 4 章で詳しく述べます。

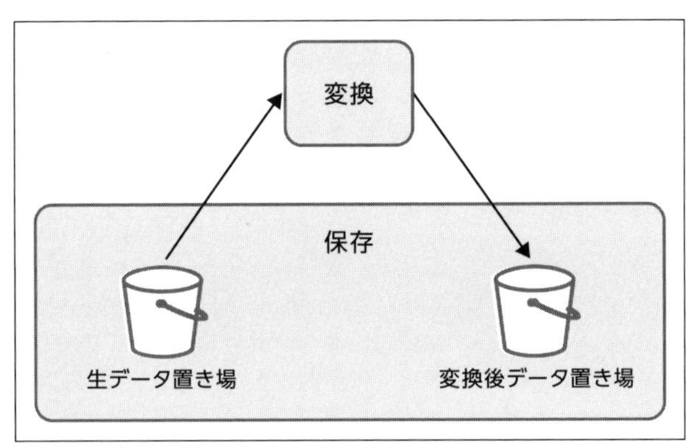

図 1.12　データ変換とストレージ上でのデータ格納場所

1.5.2 データ活用に適したファイルフォーマット

データを活用する際には、それに適したフォーマットにファイルを変換することが求められます。データカタログのところで触れたように、ファイルシステムに溜まった大量のデータを処理する際には、Hadoop エコシステムに関するテクノロジーがよく使われます。ファイルフォーマットに関しては、Apache Parquet[17] や Apache ORC[18] といったフォーマットが標準的に使用されています。なぜこれらのフォーマットがよく使われるのか見ていきましょう。

ファイルフォーマットには、大きく分けて行指向と列指向の 2 種類があります。行指向フォーマットは、行ごとにデータをまとめて保持しており、CSV や TSV といった一般的な形式のファイルがこれに含まれます。それ以外に Apache Avro[19] と呼ばれるフォーマットもあります。これに対して列指向フォーマットではその名前のとおりに、テーブルの列（＝カラム）ごとにまとめたかたちでデータを持ちます。先ほど挙げた Parquet や ORC が列指向フォーマットに含まれます。

データ活用の際には、SQL という言語を使った集計がよく行われます（詳細は第 2 章で述べます）。SQL による処理をクエリといいますが、集計クエリでは大量のデータを読み込む一方で、テーブルに含まれるすべてのカラムを使うことは稀です[20]。こうした場合、集計クエリで必要なカラムのデータだけを読み込むことができれば、非常に効率よく処理が行えます。そこで列指向フォーマットでデータを持つのが一般的なやり方となります。

また大規模なデータを処理する場合、処理対象のファイルの一覧を取得して、順番に読み出すことになります。その際に小さなファイルがたくさんあると、ファイル一覧を取得するのに非常に時間がかかってしまうため、ある程度大きなファイルにまとめる変換処理もあわせて行うのが一般的です。Parquet や ORC の場合、1 ファイルあたり 128MB から 512MB 程度の大きさにまとめると効率的に処理できることが知られています。

それではすべての場合に列指向フォーマットが優れているかといえば、決してそうではありません。列指向フォーマットは、一度書かれたデータが基本的には変更されず、何度も集計で読み込まれるようなユースケースに向いています（write once, read many と呼ばれるようなワークロードです）。その一方でデータに含

[17] https://parquet.apache.org/
[18] https://orc.apache.org/
[19] https://avro.apache.org/
[20] 集計クエリのような処理を一般に OLAP（Online Analytical Processing）と呼びます。これに対して少量のレコードを追加／更新／削除するような処理を OLTP（Online Transaction Processing）といいます。

まれるレコードが頻繁に更新されるような場合には、非常に効率が悪くなります.1レコードを更新するために、列ごとに分かれたファイルをすべて開いてデータを書き換える必要があるためです。そのような場合には、行指向フォーマットのほうが効率的に処理を行えます。

1.5.3 データ変換において求められること

データを利用可能な形にするためのETLは、たんに処理を行えばいいものではなく、その際にいくつもの点を考慮する必要があります。これらは大別すると、データ活用のための最適化の観点と、データ変換自体の運用容易性の観点に分けられます。

データ活用のための最適化

前者のデータ活用のための最適化については、次の2点が挙げられます。

- 分析時のビジネス的な最適化
  生データにはさまざまなカラムが含まれており、また個々のカラムの形式も必ずしもわかりやすいものとはいえません。そこで分析に不要なカラムを削除したり、人間が理解しやすい形式に中身を変換する必要があります。また分析上必要なカラムに個人情報が含まれている場合には、適切な形にマスキングしなければなりません。複数の国にまたがったビジネスをしている場合、国ごとにタイムゾーンが異なっているため、これを統一する必要もあります。さらに元がJSONフォーマットのような入れ子の形式を持つものの場合、これをフラットにして分析しやすくする必要もあります。

- 分析パフォーマンスの最適化
  こちらは高速に集計クエリを投げられるようにするための処理です。前項で書いたように、CSVやJSONからParquetに変換したり、その際にファイルサイズを適切な大きさに整えるなどすることで、高速な集計が行えるようになります。またデータを適切なフォルダの階層構造に分けるパーティショニングと呼ばれる処理もあります。これによって集計クエリを投げる際に、対象となるパーティションのみにアクセスすることで読み込みデータ量を減らせます。

データ変換の運用容易性

続いてデータ変換自体の運用容易性の観点では、次の3点がポイントとして挙げられます。

- スケーラビリティ
  ストレージのところでも触れましたが、データレイクで扱うデータ量はどんどん増えていくでしょう。多くの場合データ量が増加しても、変換処理にかけていい時間は一定です。データが増えたからといって、日次の変換処理を行うのに24時間以上かけることは通常許容されません。そのため計算リソースを追加投入することで、所定の時間内に変換処理を終える必要があります。計算リソースの追加を行う際には、大きく分けて2通りのやり方があります。スケールアップとスケールアウトです。
  前者は1台のマシンのスペックを上げていくやり方で、後者は1台あたりのマシンスペックはそのままに、処理を行う台数を増やす方法です。ETLにおいては通常、後者のスケールアウトが用いられます。その理由は、スケールアップできる範囲には限度があるためです。大きなデータレイクだと、1日に100TB以上のデータを処理するケースもあります。スケールアップの場合、100TB以上のメモリを積んだ単一マシンは一般に市販されていないため、うまく処理を行えません。これに対してスケールアウトであれば、100GBのメモリを積んだマシンを1000台以上横に並べることで100TBのデータを処理できます。

- 冪等性
  これは「ある操作を何回繰り返しても、まったく同じ結果が得られる」ことを指します。データ変換においては、さまざまな問題が生じることがあります。例えば、Webサーバーのトラブルによって一部のログの到着が遅れていたことが翌日判明した場合、遅れてきたデータを含めて、もう一度同じ変換処理を行う必要があります。ほかにも変換処理の途中でアプリケーションが異常終了してしまい、中途半端な処理結果が出力されてしまっている場合もあるでしょう。このような場合には、もう一度同じ変換処理を実行して、改めて正しい結果となるようにしなければいけません。こうした変換処理のやり直しは、ETLのワークロードでは非常にありふれたものであるため、冪等性を持った処理を設計することは極めて重要です。

- 保守性
  一度作った変換処理が、あとから修正を行うことなくずっと使い続けられるケースはそれほど多くありません。データの種類が増えたり、既存のデータソースでも新しいカラムが追加されたり、といったことが頻繁に起こるためです。そこでこうした仕様変更に対応して、変換処理の中身をアップデートできる必要があります。それだけではなく、アップデートはいつ行われたか、その中身はどのようなものかを管理したり、新しい変換処理に問題が起こった場合に元のバージョンに切り戻しができなければいけません。

ETLを行うためのツールやり方は、上記のような点を考慮したうえで決める必要があります。それでは、これをAWS上で実現するための方法について、見ていきましょう。

1.5.4 ETLに関連したAWSのサービス

AWSでETL処理を行う際には、データカタログのところでも触れたAWS GlueかAWS Lake Formationを使うのが基本になります。

処理の実行エンジン

GlueのETL処理の実行エンジンとしては、おもにApache Sparkを使います。

Sparkは Hive Metastoreに対応しているため、Glueのデータカタログのテーブル情報も利用可能です。例えばGlueデータカタログで管理しているデータソースからデータを抜き出して（Extract)、Sparkスクリプトで変換処理を行い（Transform)、同じくデータカタログで管理しているターゲットにデータをロードする（Load）といったかたちの処理になります。

Glueの処理エンジンとしてSparkを採用する背景として、Sparkが並列分散処理アーキテクチャを採用している点があります。つまり、処理を複数のマシンに分割して並列化できるため、取り扱うデータ量が増えてもスケールアウトが可能になります。一度開発したSparkの変換スクリプトを一切変更することなく、下で動かすマシンの数を増やすだけでデータ量の増加に対応することが可能です。これによってGlueでは処理のスケーラビリティを担保しています。

保守性の観点からも、Sparkで処理を記述する利点があります。簡単な変換処理であれば、GUIベースのツールを使って処理を行うのもありでしょう。しかし処理の内容が一定以上複雑になった場合、これをGUIだけで保守するのには大きな困難を伴います。これに対してSparkの処理はプログラムコードとして書かれるため、Git[21]のようなバージョン管理システムで管理できます。複数のバージョン間での処理の差異を確認したり、複雑な処理を記述することも容易です。

さらにGlueのETL処理は、Pythonスクリプトの実行にも対応しています。前の項で述べたように、ETL処理でスケーラビリティを担保することは非常に重要ですが、その一方ですべてのETL処理にスケーラビリティが求められるわけではありません。例えばあるディレクトリ内の20ファイルをすべてリネームするとか、ファイルを別の場所にコピーするといった処理は、ETL処理の一部としてよくある一方、とくにスケーラビリティを求められません。こうした場合にPythonスクリプトでの処理が向いています。

---

[21] https://git-scm.com/

ワークフロー管理

Glue では複数の Spark または Python スクリプトの処理をつなげたものを、ワークフローとして管理できます（図 1.13）。これにより複雑な処理もひとかたまりで扱え、かつ可視化して確認することもできるようになります。

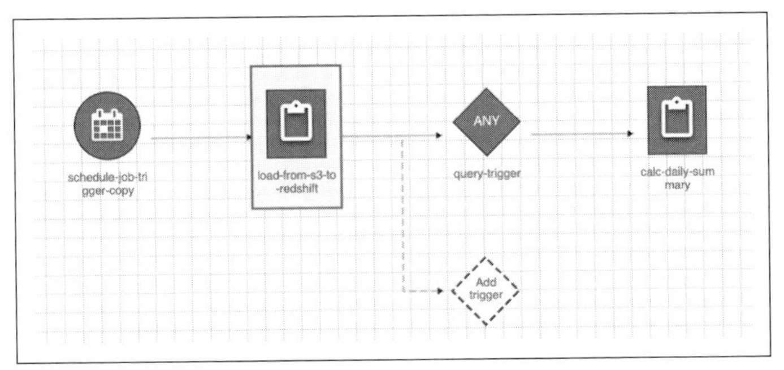

図 1.13　Glue のワークフロー画面

いくつかの典型的な処理に関しては、Lake Formation を利用できます。Lake Formation には Blueprint という機能があり、これは典型的な ETL 処理のテンプレート集になっています。テンプレートの中身は Glue のワークフローで構成されています。例えば Blueprint にはデータベースの S3 への取り込みを行うメニューがあります。こちらを使うと、データベースのデータを読み出して、Parquet フォーマットに変換して、適切なファイルサイズで吐き出すところまでを自動でやってくれます。図 1.14 のように必要な項目を埋めると、裏側では Glue のワークフローが作られて実行されるというものです。こうしたかたちで、やりたい内容に合うツールを選択して処理を行えます。

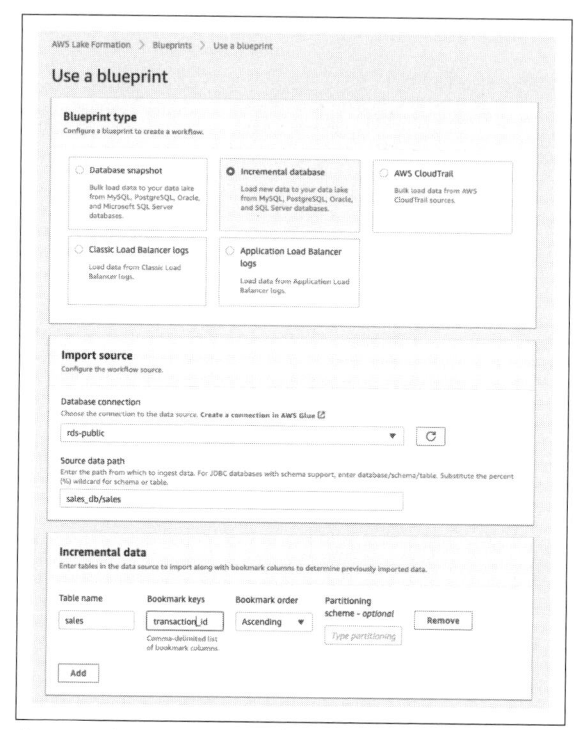

図 1.14　LakeFormation の Blueprint による自動ジョブ作成

その他の ETL 処理の選択肢

最後に、Glue と Lake Formation 以外の ETL の選択肢についても、軽く触れておきたいと思います。まず大規模なデータを処理する場合、Amazon EMR というサービスを利用できます。EMR は Elastic Mapreduce の略で、Apache Hadoop および関連 OSS を数クリックで立ち上げることのできるマネージドフレームワークです。Glue では Spark か Python スクリプトのみがジョブ実行エンジンとして利用できましたが、EMR ではそれ以外のさまざまな OSS を利用可能です。バッチ処理であれば Apache Hive や Apache Pig[22]、ストリーム処理であれば Spark Streaming や Apache Flink[23] などを利用可能です。データが小規模な場合は、AWS Lambda というイベントベースのコード実行サービスも利用可能です。また SQL ベースの加工整形であれば、次章で詳しく紹介する

[22] https://pig.apache.org/
[23] https://flink.apache.org/

サーバーレスクエリサービスのAmazon Athenaを使ってETLを行ってしまうこともできます[24]。本書では、これらサービスの使い分けについては紙面の都合上述べられませんが、興味のある方はAWSが公開しているWeb上のリソースをご参照ください[25]。

1.6 まとめ

本章では、データレイクを構成するコンポーネントに焦点を当てて、そこで求められる技術的な要件、そして各コンポーネントにあたるAWSサービスについて紹介してきました。またそれに先立って、AWSに関する簡単な説明も行いました。データレイクには「収集」「保存」「変換」「分析」の4つのコンポーネントがあります。さらにラムダアーキテクチャの部分で触れたように、ストリームデータに対して処理を行うコンポーネントも存在します。

データ収集については、ファイル／ログ／データベースの3つについて、おもな特徴と処理を行う際の注意点、実際に利用できるAWSサービスについて触れました。続いてデータを保存するストレージについてですが、ここがまさにデータレイクの中心であり、可用性や耐久性、スケーラビリティ、データの種類、コスト、セキュリティや権限管理といったさまざまなポイントを満たす必要があります。AWSのオブジェクトストレージであるS3は、データレイクに求められる諸条件を満たしたサービスです。

データを貯めているだけでは、どこに何があるかが分からなくなってしまうため、データに関する情報をまとめたデータカタログが重要な役割を果たす点についても触れました。データ変換については、各種データソースから取得したデータをデータ活用に適したかたちに変換するためのものです。データカタログおよびデータ変換においては、GlueやLake Formationといったサービスを AWSで活用できます。

次の章では、いよいよ実際にデータを「分析」するところについて、詳しく見ていきます。

[24] AthenaはGlue Data Catalogと連携して、S3上のデータに標準SQLを実行できるサービスです。SQLを実行した結果から新しいテーブルをS3上に作るCTAS（Create Table As Select）という機能を利用することで、簡単なETL処理をAthenaで実行できます。

[25] AWSクラウド活用資料集に、AWSのサービス紹介やさまざまな活用法についてのスライドがまとまっています：`https://aws.amazon.com/jp/aws-jp-introduction/`

第2章 データレイクの活用

2.1 活用の全体像

ここまでの説明で、データレイクとはどのようなものか、またデータレイクをどのように構築していくかについて理解できたかと思います。本章ではいよいよ、作り上げたデータレイクをどう活用するかについて説明していきます。データの活用と一口にいっても、さまざまな人たちが、いろいろな用途で利用します。代表的な利用者のタイプをまとめました。

- ビジネスユーザー
  組織内で働くあらゆる人々が蓄積されたデータを利用します。ここでいうビジネスユーザーとは、データを扱うこと自体が職務ではなく、データハンドリングに関する突出したスキルを持たない人たちを指します。こうしたユーザーは、定型的な分析の結果を確認し、自分の仕事に活かします。具体例としては、営業部署の人が自分の担当している地域や製品の売り上げトレンドを確認して、次のアクションを決める参考にする、といったものです。基本的にはGUI（Graphical User Interface）ベースのアプリケーションで、表やグラフを見るといったかたちでの利用になります。

- 開発者
  開発者は、おもに自分の開発／運用しているプロダクトのためにデータレイクを活用するでしょう。蓄積されたWebサーバーやアプリケーションサーバーのログを探索して、システム障害の原因を究明したり、新しく追加した機能がどのように使われているかを分析したりといった使い方が考えられます。こうした処理は複雑になりがちなため、GUIベースの処理だけではなく、

CUI（Character-based User Interface）のツールがよく用いられます。

- データアナリスト
  データ活用といった場合に、まっ先に思い浮かぶのがこの人たちではないでしょうか。マーケティング施策の効果を売り上げデータを元に検証する、既存の全製品の売り上げ推移を比較して大きなトレンドを把握する、また在庫管理が適切になされているかデータを元に検証する、といったかたちでデータによる意思決定の支援を行うのが役割になります。こちらの人たちはGUIとCUIを両方使うことが多いといえます。

- データサイエンティスト
  こちらはデータアナリストと似ていますが、より高度な手法を使って複雑な意思決定の支援をしたり、業務システムに組み込んで使用するための機械学習モデルの開発をしたり、といったものがおもな役割となります。例えばオンラインショッピングのレコメンデーションのアルゴリズムの開発、オンライン広告の高精度な効果測定、といったユースケースが考えられます。こうした高度な分析を行う場合はプログラミング言語を使うのが一般的です。

こうした人たちがさまざまな形態で分析を行います。データレイクにおける分析はさまざまですが、ストレージに蓄積されたデータに対して行うものとストリームデータに対するものに大別できます。両者では分析の形態もツールも異なってきます。図2.1にデータレイクの分析の全体像をまとめました。

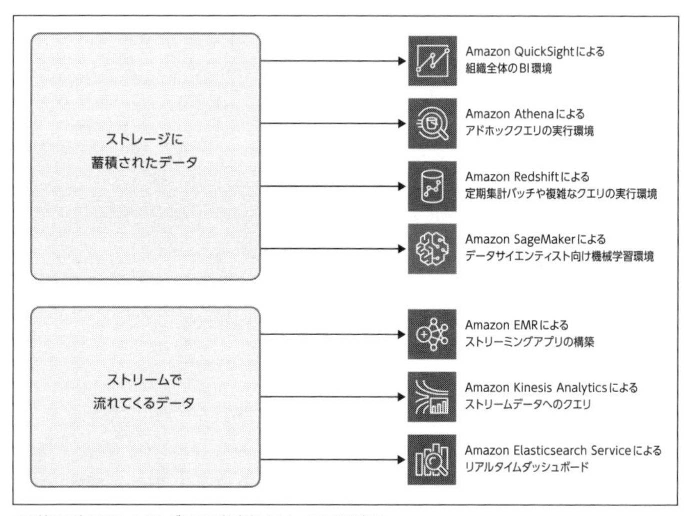

図2.1　目的に応じたさまざまな分析リソースの利用

次節以降、ストレージに蓄積されたデータ、ストリームで流れてくるデータの順番で分析の詳細について述べていきたいと思います。

2.2 蓄積されたデータに対する分析

データレイクに蓄積されたデータに対する分析方法はいくつもありますが、ここでは利用するツール別の分類をしてみます。組織内でデータを活用する人の属性は多岐に渡りますが、それぞれ異なるスキルセットを持っているため、それに応じて適したツールを選択できる必要があります。よく使われるツールには次のようなものがあります。

- BI ツール
  BI は Business Intelligence の略で、データを集計／分析するための取り組みを指します。こうした分析を行うための専用ツールを BI ツールと呼びます。GUI ベースで扱え、結果を簡単にグラフに表現できるものが主流です。おもにビジネスユーザーやデータアナリストがこちらを利用します。

- SQL
  データベースに対して操作や問い合わせを行うための言語で、非常に広く使われています。SQL で書かれたひとつひとつの処理をクエリと呼ぶことが多いです。データベース以外のさまざまなプログラミング言語やデータ処理フレームワークでも SQL を利用できるようになっています。開発者／データアナリスト／データサイエンティストが使うことが多いでしょう。

- Python / R
  上記の 3 つよりも複雑な分析を行ったり、入り組んだデータ加工をする際には、Python や R といったプログラミング言語がよく使われます。これらの言語は、統計解析や機械学習に関するライブラリが充実しているため、分析用途で使われることが多くあります。これはおもにデータサイエンティストが使用しますが、データアナリストの中にもこういったツールを使いこなす人がいます。

また、データを活用するのは人間にとどまりません。システム間連携というかたちでデータレイクを利用する仕組みもあります。例えば、蓄積したデータを集計して結果ファイルを外部システムに連携させたり、ほかのシステムからデータレイクの中身を検索するようなかたちでデータを利活用する仕組みが作られます。この場合はデータレイクの処理結果をファイルに書き出して他システムが読み込んだり、API 経由でデータを処理して結果を取得したりすることになります。

ここからの数節は人間によって行われる分析に注目して、上記の3つのツールの詳細および分析用途について述べていきます。特にSQLについては、アドホック／探索的な分析と定常的／複雑な分析の2用途に節を分けて詳しく見ていきたいと思います。

2.3 BI

2.3.1 BIの活用におけるポイント

データを活用するときの入り口は、データの簡単な集計と可視化、およびその共有になるでしょう。こうしたベーシックな処理を行うツールとして、一般的にBIツールがよく使われます。オープンソースソフトウェアでいうとRedash[1]、Apache Superset[2]、Metabase[3]などがよく使われていますし、数多くの商用製品も存在します。多くのBIツールはGUIで扱えるため、ITスキルの高くないビジネスユーザーでも使いやすいのが長所です。

より詳しく見てみると、BIツールの用途は次の3つに大別できます。

- 測定
  KPI（Key Performance Indicator：ビジネス目標を達成するために、継続的に追いかけるべき値）を集計／測定し続ける用途です。多くの場合、部署やビジネスゴールごとに異なるKPIを測定するダッシュボードを用意して、そのKPIに関わる人が定期的にチェックするといった利用法をとります。場合によっては、項目のフィルタをしたり、集計期間を絞ったりといったかたちで、簡単な分析を行うこともあります。

- 分析
  蓄積したデータに対して、さまざまな軸で集計することで仮説を検証したり、新しい施策の切り口を探すために探索的にデータを眺めるといった使い方です。この用途では、さまざまなデータセットを用いてインタラクティブにデータ処理を行います。データをグルーピングする項目を切り替える（ダイシング）、グループ化する粒度を変化させる（ドリルアップ／ドリルダウン）といったアプローチがよく使われます。

[1] https://redash.io/
[2] https://superset.incubator.apache.org/
[3] https://www.metabase.com/

- レポーティング
  これは単独で存在するものではなく、上の測定／分析と組み合わせて使われます。つまり測定／分析した結果を組織内のほかの人に共有する用途ということです。多くの場合、たんに測定や分析をするだけではとくに効果はなく、それをほかの人と共有して具体的なアクションにつなげていくことが重要です。アクションを起こすために、関係する人に情報を簡単に共有できる仕組みが求められます。そこでBIツールは社内のデータ可視化／共有基盤として、よく使われます。

これら3つの用途を満たすために、BIツールにおいてはいくつかの性能要件が求められます。まず測定＆レポーティングについては、図2.2のような構成をとるのが一般的です。

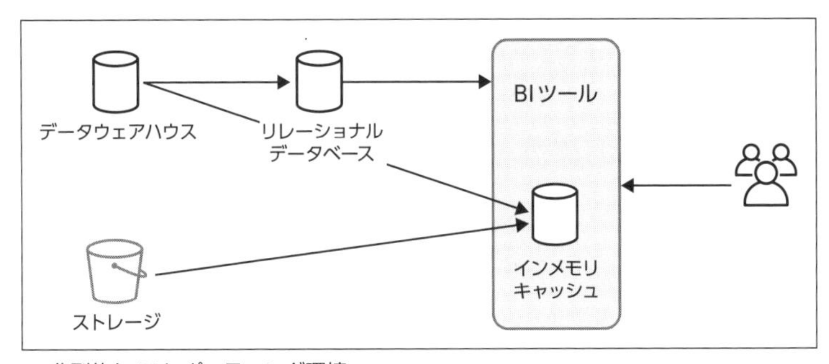

図2.2　典型的なBIレポーティング環境

この用途の場合は、多くのユーザーが同時に閲覧することが想定されるため、データソースへの同時アクセス数が多くなっても動作が遅くならないようにできる必要があります。そのためバックエンドに一般的なリレーショナルデータベースを置くか、BIツール側のメモリにキャッシュするかの対応をとります。また分析用途で用いる場合は、対象のデータを事前に絞ることが難しいことも多く、テラバイトクラスのデータに繰り返し集計処理を行うことがあります。そのためバックエンドにデータウェアハウスを置く構成をとるのが主流です（図2.3）。

また最後のレポーティング機能については、従来のデータ分析における課題の解決という観点からも大きな意味を持ちます。上記の測定／分析について、デスクトップの表計算ツールでも似たようなことができるのではと思う方がいるかもしれません。しかし、デスクトップツールの場合、扱えるデータサイズが限られることが多く、テラバイトクラスのデータを扱うのは事実上困難です。そのため、あくまで一部のデータを取り出して分析することしかできず、必ずしも適切な結果が得られない可能性があります。また、従来の分析環境の大きな問題として「サ

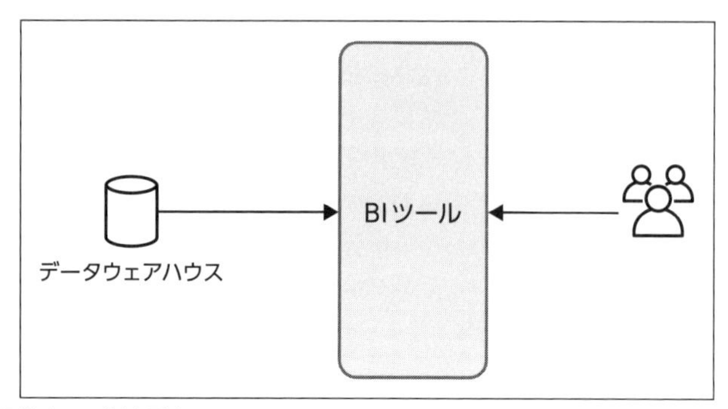

図 2.3 典型的な BI 分析環境

イロ化」がありました。デスクトップツールで分析した場合、その結果を組織全体に共有するのは困難なため、序章でも述べたシステムが個別化／孤立化する状況を作ってしまいます。そこで、初めから共有を前提としたツールを使うことが重要となってきます。

2.3.2 AWS の提供する BI サービス

AWS では、Amazon QuickSight という BI サービスを提供しています。QuickSight は Web アプリケーションのかたちをとっており、すべてのリソースはクラウド上に置かれます。デスクトップアプリケーションのインストールを行う必要がないため、多くのユーザーに利用しやすくなっています。

QuickSight の BI ツールとしての大きな特徴は次の 3 つになります。

- 運用の手間が非常に少ない
  大きな組織だと、ピークタイムには数千人が同時に BI サーバーにアクセスしたりするため、その管理運用に人的リソースが必要になりがちです。また BI 製品のソフトウェアアップデートにも多くの作業を要します。QuickSight は AWS 側で BI 基盤を完全に管理したサービスのため、BI サーバーの運用の手間を一切かけずに利用できます。

- 多くのデータソースへの対応
  上で述べたように、BI ツールを使う際には裏側でデータベースに接続することがよくあります。QuickSight は、Amazon Redshift や Amazon Athena のような AWS の分析用データベースだけではなく、MySQL や PostgreSQL といった一般的なオープンソースのデータベースにも対応しています。さらに S3 上のデータや手元のテキストファイルを読み込ませるようなことも可能です。

- **豊富な分析機能**

  QuickSight は 20 以上のグラフに対応しており、また 20 以上の集計関数を活用して複雑な計算をさせることができます。集計対象とする機関や項目を制限するフィルタ機能を持っており、テーブルやピボットテーブルも利用可能です。さらに機械学習を用いた機能も備えており、画面上で簡単に時系列予測、分析結果の文章での表示、そして異常検知を実施できます（図 2.4）。

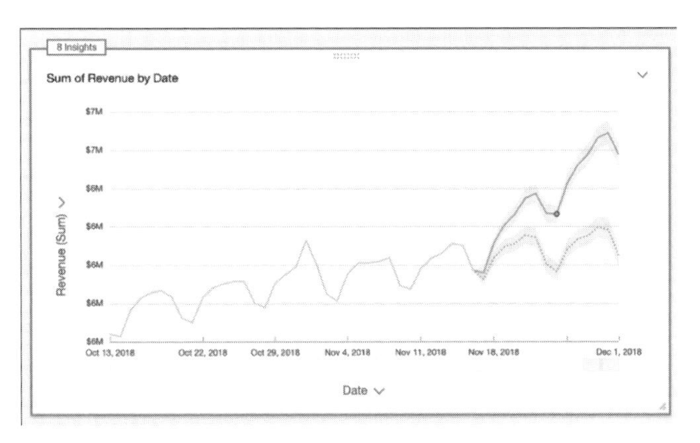

図 2.4 Amazon QuickSight の機械学習による時系列予測機能

また QuickSight はとてもユニークなライセンス体系を持つサービスです。QuickSight にはオーサー（ダッシュボードを作成できる権限を持つ）とリーダー（ダッシュボードを見る権限しか持たない）の 2 種類のライセンスがありますが、後者のリーダーライセンスはキャップ付き従量課金制となっています。つまりひとりのリーダーがその月に一度も QuickSight にアクセスしなければ、そのリーダーに対してかかる金銭コストはゼロで、かついくら使っても上限の月 5US ドル以上にはなりません。これにより組織全体にライセンスを導入し、分析のサイロ化を防ぐのに有効というものです。

2.4 SQL によるアドホック／探索的な分析

続いて、2 つめのツールである SQL について見ていきます。SQL は非常に幅広い用途で使用されますが、分析用途で SQL を使用する場合、大きく 2 種類のワークロードに分けられます。本節ではまずアドホック／探索的な分析における SQL について見ていくことにしましょう。

2.4.1 分析のユースケースと特徴

アドホック／探索的な分析といったときに、具体的な例としては次のようなものが考えられます。カスタマーサポートの部署の人が蓄積したアクセスログに対して、ユーザーからの問い合わせに応じて過去の行動履歴を確認する、開発者がアプリケーションサーバー障害の原因をログから分析する、また新しく取得し始めたデータについて、ざっくり中身を確認してみる、などです。こうした用途でデータを分析する際には、多くの場合次のようなポイントが当てはまります。

- 対象が半構造化／非構造化データである

  上で挙げたような用途の場合、その多くはデータレイクに置かれているログが集計対象になります。アクセスログをはじめとしたログは、CSV のようなシンプルなフォーマットとは限らず、図 2.5 に例を示すような形式のものもあります。

```
{
        "name": "Susan Smith",
        "org": "engineering",
        "projects": [
                {"name":"project1", "completed":false},
                {"name":"project2", "completed":true}
        ]
}
```

図 2.5　半構造化データの例

  こうした形式のフォーマットは規則性はあるものの、単純な行と列からなるテーブル形式よりは複雑な構成をとるため、半構造化データと呼ばれます。また音声や画像、さらにはテキストデータのような、そもそも形式を定義できないようなデータを指して非構造化データと呼びます。こうしたデータを変換して、分析に適したフォーマットをするのは大切ですが、めったに使わないアクセスログをすべて変換するのは大変です。そこで用途によっては、半構造化データに対して直接 SQL クエリを投げるほうが効率的です。

- ワークロードに波がある

  アドホック／探索的な分析においては、クエリが実際に投げられる頻度は一定ではありません。例えば、なにか大きな障害が起こったら多くのクエリが投げられるかもしれませんが、システムが通常稼働している限りにおいては分析はほとんど行われなかったりします。また新機能の評価をするために一時的に集計を行うようなケースでも、あくまで集計がなされるのは新機能が出たときだけですので、それ以外の場合はほとんど利用されないことになります。

- **処理内容は比較的シンプル**
  こうしたユースケースにおいては、多くの場合やりたいことが比較的シンプルなため、そこまで複雑なクエリを書く必要がありません。それよりも、できるだけクエリを投げるまでの前準備が少なく、簡単に使えることが求められがちです。次節で説明するデータウェアハウスは実際にクエリを投げる前にデータをロードしないといけませんが、データ量が多い場合このロードに数時間かかるようなこともあります。そのため、はじめからログデータがすべてロードされているのであれば良いのですが、そうでなければデータウェアハウスを活用するのは難しいといえます。

2.4.2　Amazon Athena

AWSには、こうしたワークロードに対応するサービスとしてAmazon Athenaがあります。AthenaはS3上の複数オブジェクトに対して、直接クエリを投入できるサービスです。S3上のデータに対して直接集計できるため、データをロードする必要はありません。前の章で紹介したGlueのデータカタログに、S3上のデータをテーブルとしてすでに登録していたら、AWSの管理画面からすぐにクエリを実行できます（図2.6）。Athenaは内部的にOSSのPrestoというクエリエンジンを使用しており、並列分散処理による高速なクエリ実行が可能です。

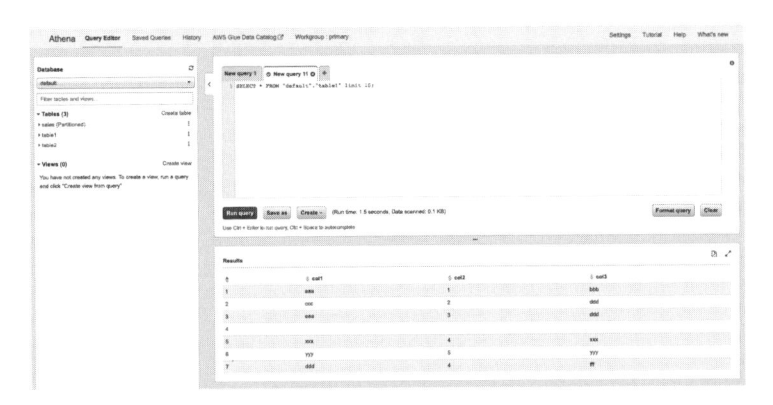

図2.6　Amazon Athenaコンソールからのクエリ実行

Athenaの課金体系は非常にシンプルで、クエリごとにスキャンされたデータ量に応じた金額がかかります。そのためクエリを投げなければ、一切課金が発生しません。2020年現在で1TBスキャンするごとに5USドルがかかるかたちですが、実際にはさまざまな工夫によってスキャン量を減らせます。例えばデータをS3に圧縮しておくと、それだけでスキャン量が減ります。Athenaのスキャン量は、S3に置かれているデータのサイズを元に計算されるので、500MBのCSVファイルをgzip圧縮して100MBのファイルにした場合、ファイルをフルスキャンした場合の料金は5分の1になります。また、第1章でも述べたように、Apache ParquetやApache ORCというデータフォーマットを使うと、クエリで使用する列のデータだけを選択的にスキャンできるようになるため、そのぶんスキャン量が削減されます。

さらにクエリ対象となるデータを、フィルタとして頻繁に使われる列を元にパーティションと呼ばれる塊に分けることで、より一層スキャン量を減らせます。SQLクエリ内で対象を絞るカラムをフォルダ名に入れるかたちでファイルを置くことで、ファイルを物理的に切り分けておくことが可能です[4]。そのため図2.7に示すように、パーティションとして使われるカラムを条件に入れてクエリを実行すると、条件に当てはまるファイルのみがスキャンされます。

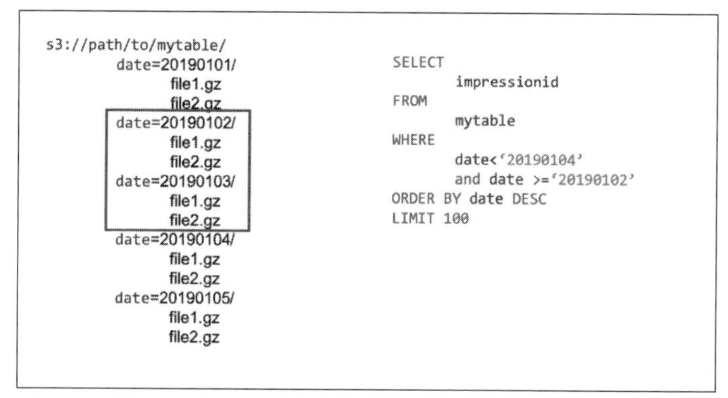

図2.7 パーティション分けされたテーブルに対するクエリ

このようにスキャン量を減らすことで、たんに料金を削減するだけでなく、クエリを高速に実行できるようになります。実際のベンチマークや、そのほかの細かいパフォーマンスチューニングの方法については、「Amazon Athenaのパフォー

[4] 厳密にいうと、S3はオブジェクトストレージと呼ばれるタイプのストレージのため、通常のファイルシステムと違ってフォルダの階層構造を持ちません。S3では仮想的にこの階層的なフォルダを再現しており、通常のファイルシステムと同様にパーティションを取り扱えます。

マンスチューニング Tips トップ 10」というブログ記事[5] にまとまっていますのでご参照ください。

2.5 データウェアハウスによる複雑／定常的な SQL

前節では、アドホック／探索的な用途での SQL 利用について説明しましたが、SQL での分析にはそれだけではありません。例えば日次で業務 KPI を計算する、複雑な集計処理を行うといったかたちで、定期的に重たい複雑な処置を行うものもあります。こういった用途に一般的に用いられるのが、データウェアハウスと呼ばれる分析用のデータベースです。

2.5.1 データウェアハウスによる処理の特徴

データウェアハウスに求められる要素は、アドホック／探索的なものとは大きく異なっており、次のようなものになります。

- 同一クエリの定期実行
  データウェアハウスの典型的な使い方は、日次／週次／月次で業務的な KPI を算出し、ダッシュボードから多くの人々が眺めるといったものになります。こうした業務 KPI を集計する際には、多くの複雑な集計クエリを投げる必要があります。しかしそれらのクエリは概ね初めから分かっており、クエリチューニングを行いパフォーマンスの最適化が図れます。

- 高いパフォーマンスおよび SLA の要件
  上で挙げたように、データウェアハウスの主要な使い方が KPI 算出であることから、当然求められる SLA（Service Level Agreement：サービスの提供品質についての合意）も高めになります。きちんとリソースを確保したうえで、定期実行するクエリが指定時間までに確実に終わるようにする仕組み作りが求められます。通常データウェアハウス内では、複数のクエリが同時に実行されます。これらのクエリに計算リソースをきちんと割り当て、優先度の高いものを SLA を満たせるようにする必要があります。

- スケーラビリティ
  第 1 章でも述べたように、データレイクで扱うデータ量は時間の経過とともに増え続けます。そのデータ量は通常、1 台のマシンに収まる量をはるかに

[5] https://aws.amazon.com/jp/blogs/news/top-10-performance-tuning-tips-for-amazon-athena/

超えるため、複数のマシンを横に並べてスケールアウトするのが一般的です。それにより、何十テラバイト、何百テラバイトという巨大なデータであっても、マシンを追加することでSLAを守るかたちで処理が行えます。

- きめ細かい権限管理
  また、業務上機密性の高い情報を扱いがちなことから、データウェアハウスでは詳細なレベルでの権限管理が求められます。例えば部署ごとの売り上げ情報をまとめたテーブルが複数あった場合に、それぞれのテーブルには各部署の人しかアクセスできないようにする必要がありますし、監査ログを含んだテーブルは、監査権限を持ったユーザー以外は一切アクセスできてはいけません。データウェアハウスには複数の部署のデータが集約されて入れられることが多いため、こうした権限管理の必要性も高まります。

データウェアハウスは分析に必要な多くのデータを自身にロードして保持します。しかし、実際には、部署ごとに必要なデータはその中の一部であるため、その部署用に分析用テーブルを作成することがよくあります。これをデータマートと呼びます。先ほど述べたBIツールも、特に測定 & レポーティングの用途の場合、データウェアハウスから切り出したデータマートを対象にするのが一般的です（図2.8）。データウェアハウスとデータマートの違いをまとめたのが、表2.1になります。

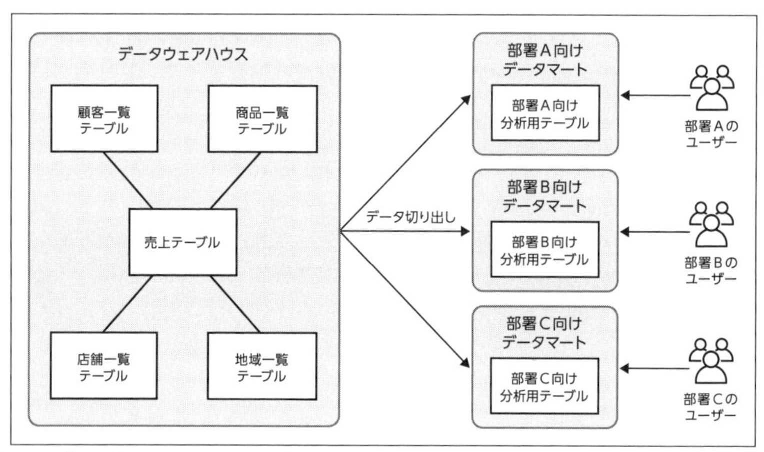

図2.8　データウェアハウスからのデータマート作成

表 2.1 データウェアハウスとデータマートの比較

特徴	データウェアハウス	データマート
スコープ	集中化されており、複数のサブジェクト領域が統合されている	集中化されていない、特定のサブジェクト領域
ユーザー	組織全体	単一のコミュニティや部署
データソース	多数のソース	1 つまたは少数のソース。あるいは、データウェアハウスにすでに収集されているデータの一部
サイズ	大規模。数百ギガバイトから数百ペタバイトが可能	小規模。通常は最大数十ギガバイト
設計	トップダウン	ボトムアップ
データの詳細	完全で詳細なデータ	要約されたデータを保存可能

2.5.2 Amazon Redshift による処理

それでは、こういったデータウェアハウスのワークロードを AWS 上で実現するにはどうしたらよいでしょうか。AWS には、Amazon Redshift というデータウェアハウスサービスがあります。1 台から使い始められ[6]、データ量や必要な計算リソースに応じて、最大 125 台までスケールします。その際には、最大 8PB までのデータをロードできます[7]。

Redshift のアーキテクチャを図 2.9 に示します。

クラスターを統括するリーダーノードが、ユーザーからのクエリを受けて、複数のコンピュートノードに処理を分割して送ります。各コンピュートノードは並列分散処理により高速な計算を行って、結果をリーダーノードに送ります。送られた結果はリーダーノードで集約され、ユーザーに返されます。このコンピュートノードを増やすことで、より多くのデータをロードし、また高速に計算を行えるようになります。

[6] プロダクション環境での利用は、2 台以上のマシンでの利用を推奨しています。1 台の場合は、リーダーノードとコンピューティングノードが同じマシンの中に同居するかたちになってしまい、効率的ではないためです。なお 2 台以上を利用する場合、リーダーノードについては課金対象外となります。つまり 2 台の場合、リーダーノード + コンピュートノード 2 台の構成が自動的に取られ、かかる料金も 2 台ぶんだけです。

[7] 8PB のデータを格納できるのは、2019 年 12 月に新しくリリースされた RA3 というインスタンスタイプを使用した場合です。RA3 インスタンスはこれまでの Redshift のインスタンスと違い、内部的に S3 をストレージとして用いて、内部 SSD によく使うデータをキャッシュするという構成をとります。RA3 で使われる S3 はマネージドストレージと呼ばれ、更新や追加があるデータに使用します。これらの使い分けは自動で行われユーザーはとくに意識する必要はありません。これにより、ストレージ容量とコンピュート能力を必要に応じて別々にスケールできる、とてもクラウドらしいデザインになっています。

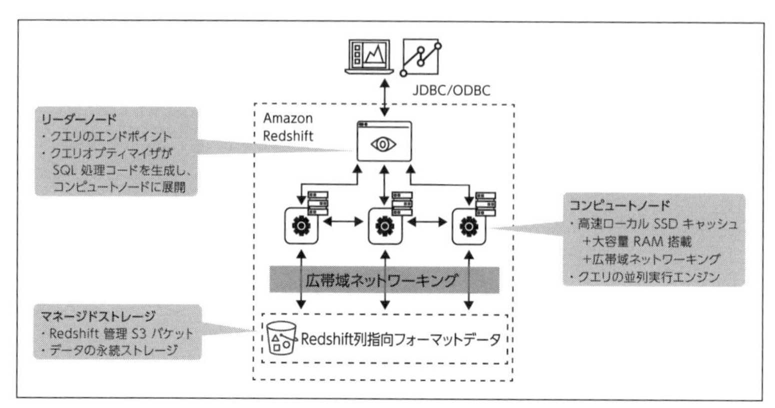

図 2.9　Amazon Redshift のアーキテクチャ

Redshift のパフォーマンスを向上させるためには、さまざまなチューニング手段が存在します。例えばテーブル内のデータをディスクに配置する際にどのように配置するかという方式や、テーブルの中身をソートする列の指定、ディスクのどのブロックにどのようなデータが入っているかという統計情報の定期的な更新、不要なデータの削除といったものです。こうしたデータに関わる機能のほかに、ユーザーごとにクエリの優先度を付けて優先度の高いクエリに十分なリソースを割り与える、過去に実施したクエリの結果をキャッシュするといったものまであります。これらのさまざまな機能については、実際には Redshift 側でおおむね自動制御してくれます。もちろん細かく制御することで自分たちのデータや運用形態に合わせたチューニングも可能です。

データウェアハウスは多くのデータを保持しており、複数の部署の人が同時にアクセスすることがよくあります。そのためクエリの同時実行性能が高いことも求められます。Redshift にはコンカレンシースケーリングという機能があり、多くのクエリが投げられた際に、裏側で追加のクラスターが複数立ち上がってそのクエリを処理します（図 2.10）。これにより何百ものクエリが投げられても、それらを並行して処理できます。また一部の非常に重たい集計クエリに時間がかかっており、そのときだけ計算リソースを追加したい場合もあるかもしれません。そのような場合にも、Redshift は一時的にクラスターサイズを大きくすることが可能です。それにより、必要以上の計算リソースを確保して余分な費用を払うことなく必要なぶんだけのリソースで処理が可能です。

また、拡張機能として Spectrum と呼ばれる機能があります。これは、S3 上のデータに対して直接クエリを投げられる機能で、最近のよく使われるデータのみを Redshift に残し、Parquet 形式で S3 上にエクスポートしておき、必要なときだけ Spectrum 経由でクエリを投げるといった形で利用できます。また S3 に置かれた最新のデータに対して、Redshift にロードする前にすぐにクエリを投げ

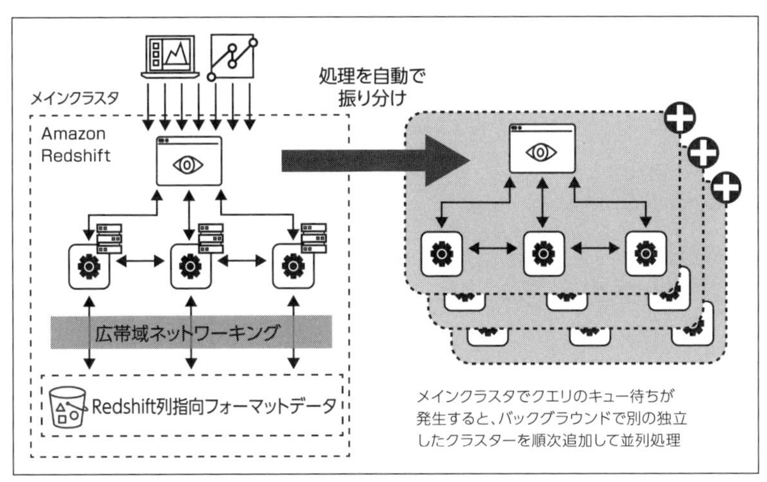

図 2.10 コンカレンシースケーリングのアーキテクチャ

たい、といったときにも役に立ちます。Spectrum は通常の Redshift の利用料金とは別に、スキャンしたデータ量に応じて料金がかかります（図 2.11）。

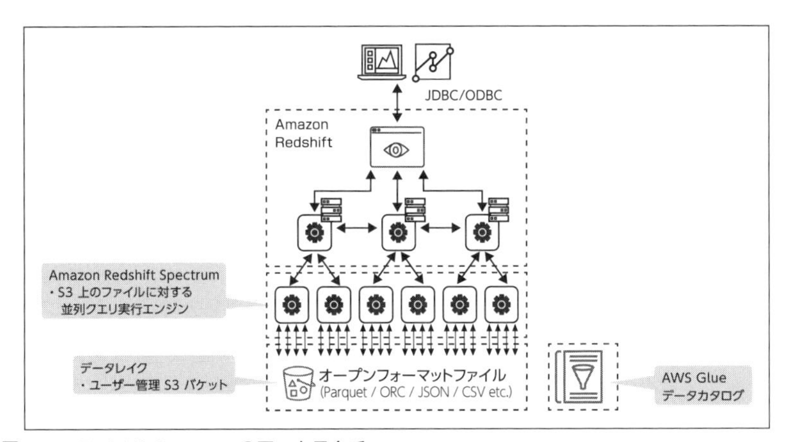

図 2.11 Redshift Spectrum のアーキテクチャ

これらの機能は、さきのアドホック／探索的な分析と重なってくる部分があるかもしれません。両者の区別は大枠ではあるものの厳密ではなく、必要に応じて Redshift でアドホックな分析ワークロードを扱うこともできます。また逆に、データ量がそれほど多くなかったり、クエリの同時実行数が多くないような場合には、Athena ですべての分析ワークロードを処理することも可能です。

2.6 Python / R による応用的な分析

ここまでリアルタイムダッシュボード、BI、SQL と分析の方法やユースケースについて紹介してきました。本節では、より応用的な分析ユースケースについて述べたいと思います。

2.6.1 分析のユースケース

ここで応用的な分析としているのは、プログラミングベースの複雑な前処理や計算処理を指します。またそうした複雑な前処理が、後続の統計解析や機械学習処理の準備として必要になる場合もあります。こうした場合の典型的な構成を図 2.12 にまとめました。

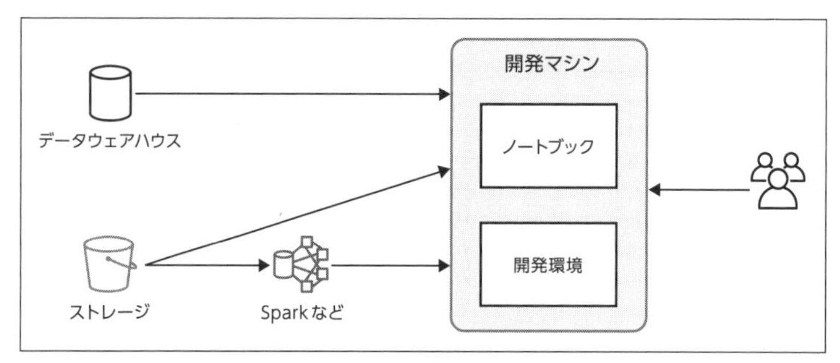

図 2.12 応用的な分析や機械学習のアーキテクチャ

よくあるパターンとしては、データベースやストレージからデータを読み込んで、処理をするマシンのメモリに載せ、Python や R のフレームワークを使ってさまざまな処理をするというものです。また、元のデータが 1 台のマシンで処理するには大きすぎる場合には、Hadoop や Spark を使って処理を行うことが多くあります。さらに、こうした処理を行う際の環境として、Jupyter[8] や R Studio[9] といったインタラクティブなスクリプト実行環境を使うのが主流です。

このようなユースケースでは、基本的にデータサイエンティストが必要なデータソースに対してアクセスでき、それを処理できる自由度の高い環境が求められます。また、アドホックにいろいろな処理を行うことが多くあるため、柔軟な計算リソースの割り当てができる必要もあります。ETL ツールを使って前処理を

[8] https://jupyter.org/
[9] https://rstudio.com/

行ったり、SQL によるストレージやデータウェアハウス上のデータの分析／データ抽出などを行います。また、機械学習それ自体も、大量の計算リソースを必要とします。特にディープラーニングと総称されるような手法を用いる場合、CPU だけでなく GPU も求められます。

2.6.2　応用的な分析のための AWS のサービス

それでは、AWS 上でこうした応用的な分析や機械学習を行うためには、どのようなサービスを利用できるでしょうか。

Amazon EMR

複数マシン上で、Apache Hadoop や Apache Spark をベースとした処理を行う場合には、Amazon EMR を活用できます。EMR では大規模データを読み込んで機械学習用のデータセットを作ったり、Spark MLlib という機械学習用ライブラリを利用することも可能です[10]。また、立ち上げたクラスターは S3 からデータを直接読み込んで処理を行い、結果を S3 に書き出してクラスター自体を終了できます。これによって必要なときに必要なだけの計算リソースを、データサイエンティスト個々人に割り当てられます。データサイエンティストがその価値を発揮するためには、必要なツールやリソースを自由度の高いかたちで提供する必要があります。AWS の分析サービスを用いることで、そうした環境を容易に構築できます。

Amazon SageMaker

機械学習に関しては、Amazon SageMaker というマネージド機械学習サービスが利用可能です。SageMaker にはさまざまなコンポーネントがありますが、その中にノートブックインスタンスと呼ばれる、Jupyter ベースのインタラクティブな開発環境を提供するコンポーネントがあります。Web ブラウザ経由で開発環境にアクセスし、ノートブックと呼ばれる分析シートを作成して、その中でインタラクティブに開発と処理の実行が行えます（図 2.13）。

このノートブックから直接 EMR の Spark クラスターにアクセスして処理を実行したり、Redshift や Athena に接続して SQL クエリの実行結果を読み込んだり、S3 上のデータをロードしたり、といったことが行えます。このように Jupyter から AWS 上の分析サービスと連携する方法については、「AWS Data

[10] EMR では現状 CPU マシンのみならず、GPU を積んだマシンも計算リソースとして利用可能です。そのため GPU が必要な重たい機械学習アルゴリズムを分散処理で実行することができます。

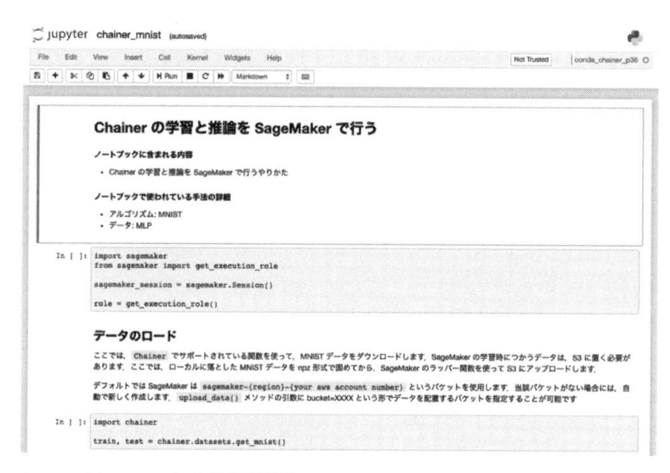

図 2.13　Jupyter Notebook による分析環境

Wrangler を使って、簡単に ETL 処理を実現する」というブログ記事[11] がありますので、ぜひご覧ください。

2.6.3 AWS のサービスによる機械学習の実現

また、SageMaker においては、たんにノートブックでデータの処理を行うだけではなく、機械学習の部分の処理も行えます。機械学習の活用においては大きく分けて、「開発」「学習」「推論」の 3 つのプロセスがあります。最初の開発というのは、Tensorflow[12] や scikit-learn[13] といった OSS のライブラリなどを用いて機械学習の処理を行うためのコードを書くことを指します。また、後続の学習フェーズで使うためのデータセットを準備する作業もこの中で行います。こちらはおもに SageMaker のノートブック上で実施することになります。これが終わると、書きあがったコードと準備したデータセットを使って、学習と呼ばれる計算処理を行います。

一般的な機械学習の利用形態は、大量のデータを元に計算処理を行って、「モデル」と呼ばれる予測器を作成することにより、今後やってくる新しいデータに対して適切な予測を行えるようにする、というものです。その前者のプロセスを「学習」、後者を「推論」と呼びます。SageMaker を使うことで、ノートブック上からコードを書いて実行することで、必要なリソースを立ち上げて（もちろん GPU

[11] https://aws.amazon.com/jp/blogs/news/how-to-use-aws-data-wrangler/
[12] https://www.tensorflow.org/
[13] https://scikit-learn.org/

を搭載したマシンの利用も可能です）学習や推論を実行できるようになります。

また、機械学習を行いたいけれども、組織内にデータサイエンティストがいないといった場合もあるでしょう。そうした場合でも、いくつかの典型的なユースケースについては、より簡単に使えるサービスをAWSで提供しています。

AWSにはレコメンデーション機能を提供するサービスであるAmazon Personalizeがあります。レコメンデーションとは、いわゆる「おすすめ」を提供する機能を指し、典型的には「この商品を買った人はこんな商品も買っています」のようにオンラインショッピングサイトで使われます。あらかじめ定められた形式でデータセットをS3に準備すればあとはPersonalizeがデータからレコメンドの機械学習モデルを作成して、推論できる環境まで用意してくれます。

機械学習の細かい部分をAWS側に任せることで、自分たちのサービスを良くすることに注力できるようになります。また同様に、時系列のデータセットを用意することで、将来の値を予測できるAmazon Forecastというサービスもあります。こちらも基本的な使い方はPersonalizeと同様で、機械学習のアルゴリズム部分を気にせずに商品の売上予測や在庫数の予測ができるようになります。

2.7 ストリームデータに対する分析

ここからは、ストリームデータに対する分析について見ていきたいと思います。

2.7.1 リアルタイム分析

従来の分析は蓄積に対するもの、つまり一定期間（数時間、1日等）に蓄積されたデータに対して処理する、これを定期的に繰り返す、といったバッチスタイルが一般的でした。しかし、ストリーム処理の技術の発展により、以前は実現が難しかったリアルタイムの分析が可能となりました[14]。こうした分析によく使われるツールは次のとおりです。

- リアルタイムダッシュボード
  流れてくるストリームデータを、取得したらすぐにダッシュボードとして可視化するような用途に使われます。またこのダッシュボード上で、簡単な集計や分析も可能です。おもにGUIベースでの分析を行いますが、GUI上で集

[14] 厳密にいうと、ここで述べているような分析は、本当の意味でのリアルタイムではありません。データの発生源から分析アプリケーションにデータが届くまで、ネットワークの状況にもよりますが一般に数秒から数十秒程度の時間がかかります。このタイムラグを考えると、本当はニアリアルタイムという呼び方がよいのですが、ここでは一般的な言い回しに合わせてリアルタイムという言葉で統一します。

計クエリを書いて実行することもできます。おもにビジネスユーザーやデータアナリスト、開発者に利用されますが、用途に応じてほかの人々も使うことがあります。

- ストリーム分析アプリケーション
  ストリームデータに対して、流れてくる途中に分析アプリケーションを配置して、そのまま分析を行うようなものを指します。これらはJavaやScala、Pythonといったプログラミング言語で記述されることが多く、おもにビジネスユーザーの要望に応じて開発者およびデータサイエンティストによって構築されます。

これらのツールが使われる際のシステム全体像を、図2.14に示します。

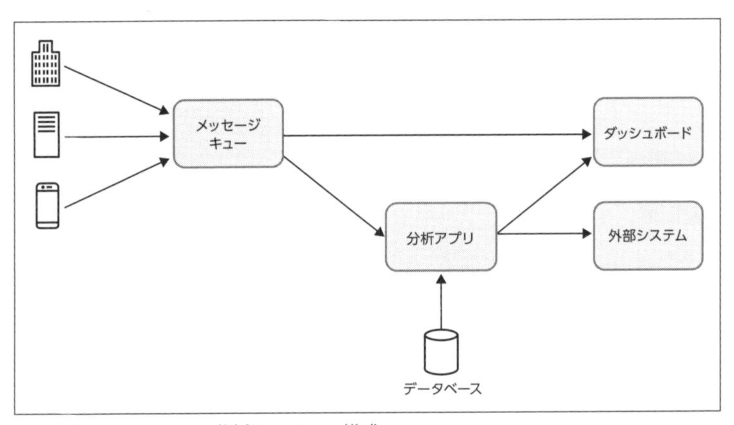

図2.14 典型的なストリーム分析のシステム構成

蓄積データのところでも述べましたが、ストリームデータの分析でも外部システムとの連携といったものが存在します。例えばオンラインゲームの課金トランザクションに対して、分析アプリケーション内で異常検知を行い、不正な課金と判定されたら当該ユーザーのアカウントを停止する、といったものが考えられるでしょう。次節以降、上記2つのツールについてより詳しく見ていきましょう。

2.7.2 リアルタイムダッシュボード

この用途は、じつは2.3節で述べたBIのユースケースと大きく重なっています。基本的にはビジネスユーザーやデータアナリストが測定や分析を行うといった用途になります。ただし、ストリームデータの即座に処理することが求められるため、複雑な分析よりは測定に重きが置かれることが多くあります。リアルタイムダッシュボードとしてよく使われるツールは、OSSのElasticssearch[15]という検索ソフトウェアにKibana[16]と呼ばれる可視化ツールを組み合わせたものです。図2.15にKibanaのダッシュボード例を示します。

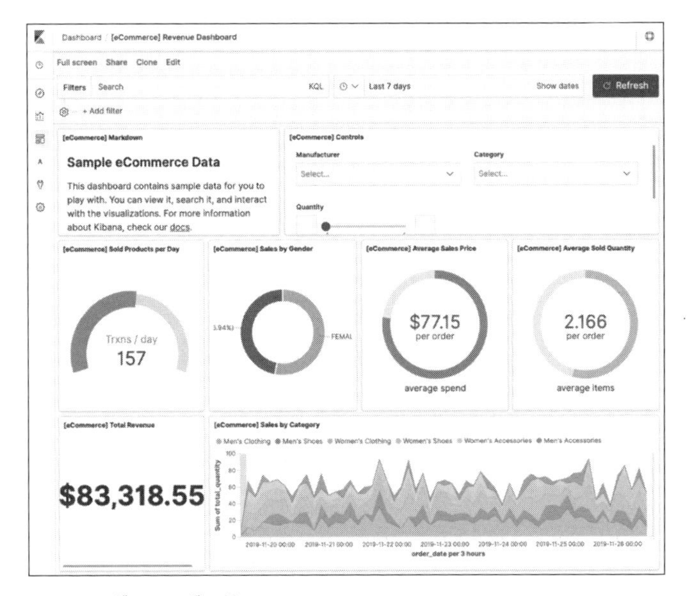

図2.15　Kibanaのダッシュボード

- 測定
  ダッシュボードに時系列でのグラフを表示させたり、現在までの累積値を出したりすることで、KPIのトラッキングをよりリアルタイムに行えるようにするのがおもな用途です。リアルタイム性を高めることにより、例えばスマートフォンゲームにおいて現在のアクティブユーザー数を確認しながら開催するイベントの内容を微調整するなど、測定結果をアクションに活かすサイクルを早められるようになります。

- 分析
  こちらはBIツールとのときと同様、ストリームでやってくるデータを、さまざまな軸で集計することで仮説を検証したり、新しい施策の切り口を探すために探索的にデータを眺めるといった使い方ができます。ただし、リアルタ

[15]https://github.com/elastic/elasticsearch
[16]https://github.com/elastic/kibana

イム性に重きをおいているため、BI ツールと比較すると分析できる内容がシンプルなことが多いです。

こうしたものを AWS で実現するには、どのようなサービスが利用できるでしょうか。AWS には、先ほど説明した OSS の Elasticsearch をマネージドサービスとして提供している、Amazon ES（Elasticsearch Service）があります。そのため、通常複数のサーバーを使ってクラスターを作り、運用に手間がかかる Elasticsearch を簡単に利用できるようになっています。また Amazon ES には Kibana も初めから含まれているため、Amazon Kinesis からストリームデータを得ることで、Kibana によるリアルタイムダッシュボードの構築が簡単にできます。

Kibana 以外にも、Amazon ES の API に直接アクセスして集計を行うといった使い方もよくされます。Elasticsearch はもともと検索エンジンのため、いわゆる検索クエリを投げてマッチする結果を取得する、といったかたちの分析も可能です。

2.7.3 ストリーム分析アプリケーション

最後に、ストリームで流れてくる一件一件のレコード、またはこれらを複数まとめたものに対して、直接さまざまな処理を行う分析について紹介します。典型的なユースケースとして、オンラインショッピングサイトでログインリクエストを集計して、不正ログインの疑いがあるリクエストを抽出し、1 分ごとの不正ログインリクエスト数が一定の閾値を超えたらアラートを上げる、といったものが考えられます。こうした処理を行う際には、流れてくるリクエストデータを加工整形して適切なフォーマットに変換し、不正スコアを算出し、最後にスコアが一定以上のレコードを 1 分ごとに集計する、といった 3 つの処理を行います。これら 3 つは、それぞれ単独で使われる場合も、複数組み合わせて使われる場合もあります。

- **加工整形**
  第 1 章で説明した ETL と同様の変換処理を行います。第 1 章との違いは、1 件ずつや数十件程度の少量データを対象として、短いサイクルで何度も変換を行うということです。これはストリームで流れてくるデータに対して、できるだけ短い時間で処理を行い、後続プロセスに流すためです。

- **集計**
  一定の時間内に溜まったデータを対象として、平均値や合計値、最大値や最小値といった計算を行います。集計を行うためには、コンピュータのメモリ上に一定時間内にやってくるデータをすべて保持する必要があります。そのため集計対象となる時間幅は、あくまでデータをメモリに保持できる範囲に限られます。集計したい内容やデータの流量にもよりますが、この時間幅は通常数十秒から数十分の範囲に収まることが多いです。

- 異常検知／予測
  より複雑な分析として、ストリームデータに対する予測や異常検知といったものが挙げられます。これらを行うために、ルールベースの判断ロジックを使用することもあれば、機械学習を用いることもあります。特に異常検知は、問題を把握したらすぐにアクションに繋げられるという意味でストリームデータとの相性がよいため、幅広い分野で使われています。

これらのストリーム分析アプリケーションをAWSで構築するためには、どのようなサービスが使えるでしょうか。ストリーム分析を行うためのサービスとして、Amazon KDA（Kinesis Data Analytics）が挙げられます。KDSはAmazon KDS（Kinesis Data Streams）やAmazon KDF（Kinesis Data Firehose）で取得したデータを入力として、SQLベースでの分析ができます。分析結果をKDSやKDFに書き戻したり、AWS Lambdaという軽量なコンピューティングサービスに引き渡すこともできます。またKDAにはRandom cut forest[17]という異常検知のアルゴリズムも実装されており、こちらを利用することも可能です。

またそれ以外にも、2.6節で紹介したEMRを利用してストリーム分析を行うことができます。EMRではストリーム分析に対応したOSSとして、Sparkのストリーミング分析機能であるSpark StreamingやApache Flink[18]をサポートしています。Spark StreamingとFlinkはともにJava、Scala、Pythonといったプログラム言語でアプリケーションを開発して動かすため、複雑な処理を記述しやすいという利点があります。機械学習についても、それぞれSpark MLlibとFlinkMLというライブラリを持っており、さまざまなアルゴリズムを活用できます。

2.8 まとめ

本章では、データレイクに溜まったデータ、およびストリームデータの活用について、活用方法ごとにユースケースやポイント、そして最適なAWSサービス

[17] https://docs.aws.amazon.com/kinesisanalytics/latest/sqlref/sqlrf-random-cut-forest.html
[18] https://flink.apache.org/

を紹介してきました。蓄積されたデータの活用には、大きく分けてBI、アドホック／探索的なSQL、データウェアハウスによる複雑／定常的なSQL、そして応用的な分析といった4つの方法があります。またストリームデータの活用方法として、リアルタイムダッシュボードとストリーム分析アプリケーションの2種類があることも説明しました。

データを利用する人たちの区分として、ビジネスユーザー、開発者、データアナリスト、データサイエンティストといった分類ができます。それぞれのユーザー区分において、適した活用方法は異なってきます。蓄積データの活用を例にとると、ビジネスユーザーはおもにリアルタイムダッシュボードやBIツールを使いますし、データサイエンティストはアドホックなSQLと機械学習を使うことが多いでしょう。BIはQuickSight、アドホックなSQLはAthena、定常的なSQLはRedshift、そして応用的な分析や機械学習はEMRとSageMakerが適しています。これらをうまく使い分けることで、データレイクに蓄積されたデータの効率的な活用ができるようになります。いずれのツールも、データを蓄積しているS3と連携できますので、AWS上のデータレイクにおいては常にS3が中心となります。

ここまでデータレイクの構築と活用について見てきました。しかし一度作ったデータレイクはそれで終わりではなく、継続的に運用を続けていくことが求められます。そこで次章では、構築したデータレイクや活用環境について、どのように運用していくとよいか解説していきます。

第3章 データレイクの運用

ここまでの章で、データレイクの概要、データレイクを構成するコンポーネント、そしてそれを使った活用までの流れを説明しました。具体的な活用方法については第2部で説明していきますが、その前に本章と次章で運用とセキュリティについての検討ポイントを確認しましょう。本章では、クラウド上にデータレイクを構築する際の運用で検討すべきポイントを説明します。

データレイクの運用とは、正常な状態を維持する作業にほかなりませんが、そもそも「正常」とはデータレイクのどのような状態を指すのでしょうか？

本章ではまずデータレイクというサービスを運用する際のSLAの考え方から説明します。そのうえでSLAを満たせなかった場合の対応方法を確認していきます。例えば、異常終了への対応にはデータレイクを構成している各サービスを監視したうえで、障害時の対応方法を検討する必要がありますし、パフォーマンスの不足や費用のオーバーが課題であれば、クラウドの特性を活かして構成を変えることで対応していくことになります。

3.1 データレイクにおける運用

ここまでに説明したように、データレイクとそれを利用する分析／応用層はビジネスニーズの多様化に迅速に対応し続ける必要があります。

これは、データレイクの運用は「システム構成を変えずに同じ状態を維持する」ことではないことを意味しています。データレイクが正常に動き続けるようにすることが運用の目的ですが、データレイクにとっての「正常」は、データの量や種類が増えたとしても意図した動作をし続けることです。意図した動作をSLA (Service Level Agreement：規定されたサービス基準) として定義し、そのSLAを満たしているかを監視し、SLAを満たしていないことを発見したらそれを満たすようにデータレイクサービスを改善していく活動になります。

異常とその対応にも種類があり、例えば周辺システムが止まる等の場合はその原因調査を行うことになりますが、データサイズ増加によってETL処理が想定の時刻までに終わらなかったということであれば、パフォーマンスを向上させるための対策を検討することになります。

またデータの破損や災害時の対応のためにデータをバックアップしたり、データレイクを構成するソフトウェアに更新が必要なもの（バグフィックス）があれば、タイムリーに更新していくのも予防の観点での運用の一部です。

データレイクは、データを活用した新しい試み／ニーズの基盤であるため、新しいニーズへの対応や、そのためのルール作り、利用の促進も広い意味での運用に入るでしょう。

3.1.1 データレイクの「正常」を定義する

システムを安定して運用する際に重要なのが監視（モニタリング）ですが、データレイクの監視を行うには、まず自分たちのデータレイクはどういう状態が正常なのかを定義する必要があります。正常な状態を具体的に定義することで、異常が検知できるようになるからです。

データレイクにおける正常の定義（SLA）は、例えば次のような項目が考えられます。

- 分析クエリの応答時間が平均値／中央値／最大値で規定値におさまっている
- 分析クエリのエラーレートが規定値におさまっている
- 業務システム上で生成されたデータが、生成からxx時間以内にデータレイク上に保存されている
- あるデータの前処理は午前xx時までに完了している
- ルールに従ったかたちで（ファイル形式、サイズ、名前）でデータが配置されている
- データの転送量は想定した範囲内である
- ストレージコストは毎月xx円以内、ETLサービスのコストはxx円以内に収まっている

これらを定義したあとに、そのSLAを守れているかを定期的に監視し、対応していくことになります。

例えばETL処理が規定時刻までに終わっていないというSLA違反を発見したときは、なぜそうなったのかをより詳細なレベルで調査し対応していきます。エラーが出て止まっていたのであれば、エラーが発生した理由を確認するためにログデータを確認したり、各種AWSサービスで異常が起きていないか、ストレー

ジ枯渇が起きていないか等の詳細レベルの確認を行います。

もしくは、エラーは出ていないが規定時間内に完了できなかったことを発見した場合は、パフォーマンスを調査するために動作基盤となっているサービスのパフォーマンスメトリクスを確認したり、リソース（CPUやメモリ）の利用状況を確認することで性能不足部ぶんを把握し、対応方法を検討します。

詳細レベルでの異常の発見には、通常時から状況を記録し続けることが重要です。異常であることを理解するためには、通常がどれぐらいかを把握している必要があるからです。例えばCPU利用率が90%を超えたとして、これは異常でしょうか？ 適切なCPU利用率はアプリケーションやシステムによって異なります。CPUを高い比率で使用し続けるようなシステムであれば平常値でしょうし、普段ほとんどCPUを使わないようなシステムであれば異常の確認をすべきサインになります。

次にサービスレベルでの詳細監視について説明します。

3.1.2 サービスレベルでの監視

AWSにおいて、データレイクのコア（保存領域）となるのはAmazon S3ですが、S3だけあればデータレイクが完成するというわけではありません。データ収集層やETLも広い意味でデータレイクの一部です。そういった部分を実現するほかのAWSのサービスを利用することも多いですし、例えば運用の自動化などを目的にソフトウェアを仮想サーバー（Amazon EC2上）に入れて利用する場合もあるでしょう。データレイクのSLA違反を発見した場合は、そういったAWSサービス単位での詳細データの確認が必要になります。

OSより上位層の監視

Amazon EC2を利用し、そこにソフトウェアを入れている場合の監視は「OSより上（OS含む）」と「OSより下（ハイパーバイザー層以下）」で分けて考える必要がありますが、OSより上については一般的にはモニタリングエージェントを入れるなどしてデータを取得します。この方法では各プロセスの状況／メモリ使用量／ストレージの残容量等を取得します。これらはAWS側では管理していないため、AWS側の機能では取得できません。

OSより下となるハイパーバイザーやハードウェア層の情報については、Amazon CloudWatchを使用します。これはオンプレミスでの監視とは異なる部分です。CloudWatchはAWSの各種サービスの状態を取得するためのサービス（モニタリングインフラ）であり、APIを呼び出すことでサービスの各種状態の値（メトリクス）の取得が可能です。CloudWatchでは、インスタンス全体でのCPU利用率、ネットワーク転送量を得られます。これらに加え、サービスのステータスチェック（例：EC2が正しく起動できているか）も取得してください。これにより OS より下の監視を行います。

CloudWatch で CPU の利用率が取得できても、OS 上からの監視は必要になる点に注意してください。CloudWatch からは EC2 インスタンス全体での CPU 利用率は把握できても、どのプロセスが CPU を消費しているかは把握できないためです。

マネージドサービスに対する監視

一方で AWS のマネージドサービスを活用する場合、OS にログインしたりモニタリングエージェントを導入することはできませんので、すべて CloudWatch からデータを取得することになります。これはエージェントの導入や管理をしなくてよいというメリットである一方、用意されたメトリクスしか取得できないということでもあります。

また、クラウドのサービスは自動的に復旧するような仕組みを内蔵しているケースが多くあります。こういった場合、例えば API の呼び出しエラーは即時に障害と判定すべきではない点に留意が必要です。AWS のマネージドサービスは一時的なエラーからは自動的に復旧するように構築されているものが多く、すこし待ってから API を呼び出せば正常に完了する可能性を期待できるからです。つまりサービスの API を呼び出すアプリケーション側は必ずリトライ処理を実行するように構築すべきですし、監視の観点ではエラー単体の発見だけはなく、一定期間でのエラーレート（エラー率）が上昇していないかも確認すべきです。

収集したモニタリングデータ（メトリクス）は、一カ所に集約するのが一般的です。統合監視サーバーが（オンプレミスであれクラウド上であれ）すでに存在する環境であれば、そこにデータを集約するのがよいでしょう。

もしくは AWS のモニタリングインフラである CloudWatch に集約するという方法もあります。OS より上のデータであっても CloudWatch のカスタムメトリクス[1] を作成して、CloudWatch インフラにデータを渡し、CloudWatch のダッシュボード機能で統合監視を行えます。この方法は監視環境を用意しなくてよいため、運用すべきコンポーネントが減るというメリットがあります。既存の統合監視サーバーがない（もしくはそれを使わなくてよい）環境であれば、CloudWatch に集約する方法も検討に加えてください。

[1] https://aws.amazon.com/jp/premiumsupport/knowledge-center/cloudwatch-custom-metrics/

サードパーティの監視ツールの検討

CloudWatchの機能がニーズにマッチしない場合は、新規に統合監視環境、例えばZabbix[2]のような環境をEC2上、もしくはオンプレミス環境に構築し、各種エージェントからの情報を転送して集約します。ZabbixはCloudWatchメトリクスを収集できる監視テンプレートが用意されています。ただしこの場合はEC2やその上に構築したソフトウェアのメンテナンスの手間がかかります。

昨今は監視サービスを提供するSaaSが増えてきていますので、そこにデータを集約することでメンテナンスの手間を省くという選択も可能です。もちろんSaaS利用ぶんの費用はかかりますので、発生する費用と得られるメリットを比較検討することになります。

3.1.3 障害対応の考え方

異常を検知したらどのコンポーネント（サービス）に異常があるのかを切り分けて対処していくことになりますが、クラウドサービス内部の障害であった場合はクラウド側での復旧を待つしかできないため、運用担当者では直接的な修復ができない場合があります。

これはクラウドサービスを活用することで運用の負担が減ったということでもあるのですが、そのぶん、自分ではどこまで対応できるのかの把握と、クラウド側での障害対応が長引いた場合にどうするかという「自分ではどうにもならない部分への対応案」の作成が重要です。

AWSであればまずはデータレイク周辺のシステムをマルチアベイラビリティゾーン（マルチAZ）構成にすることから検討すべきでしょう。AWSのリージョン（例えば東京リージョン）は複数のAZから構成されます。各AZは物理的に離れており、独立した電源やネットワーク機器を有しています。つまり1つのAZに障害が発生してもほかのAZに影響が発生し難い構成を提供しています。この特性を生かして1つのシステムを複数のAZにまたがるように構成したシステムをマルチAZ構成と呼びます。マルチAZによる冗長化は、多くの障害に対応できるという点で優れています。例えばEC2上にアプリケーションを乗せた場合、EC2サービスそのものか、もしくはOSやアプリケーション等、いろいろな層で障害が発生する可能性がありますし、AZ内のネットワーク機器の障害の可能性もあります。AZ内の機器は冗長化されていますが、それでもAZ全体の障害が発生する可能性はゼロにはなりません。しかしこうしたタイプの障害があるAZ内で起こっても、別AZでの稼働には影響がありません。このようにマルチAZ構成には1つの手法で多様な障害に対応できるというメリットがあります。

[2] https://www.zabbix.com/jp

これはすべてのシステムを必ずマルチAZにすべきということではありません。システムにより定義されているサービス稼働目標（SLA）は異なりますので、必要に応じて構成を検討します。シングルAZ上のEC2であっても、異常を検知したらそのEC2インスタンスを切り離し（停止させ）、最新のバックアップから新しいEC2インスタンスを起動する方法も有効な対応のひとつと言えるでしょう。

AWSが提供している「信頼性の柱 — AWS Well-Architected フレームワーク —」ホワイトペーパー[3]では、ユーザーが定義したSLAに応じてどういった構成を考えるべきかという点がまとめられていますので、SLAを元にしたシステム構成の考え方についてはこちらを参照してください。

3.1.4 パフォーマンス不足への対応とコストコントロール

ここまでは障害への対応について見てきましたが、ここではSLAの違反理由がパフォーマンス（性能）不足であった場合とコスト超過をした場合について考えます。これも運用で対応すべき課題のひとつです。こういったパフォーマンス不足への対応やコストの調整はクラウドのメリットが発揮できる部分でもあります。

クラウドを使わずに機器を購入して使用する場合、機器をあとから変更することはできません。新たにリソースを追加する場合は、予算を確保し、発注、設置といった作業が必要になるため、長い時間がかかります。逆に、追加が必要ないぐらい大きめのリソースをあらかじめ購入しておくと、今度は無駄なコストが発生してしまいます。

クラウドであれば必要なリソースを迅速に追加／変更できますし、減らしたり、別の安価な方法に変更してコストを削減するという方法も取れます。設計／運用ともにこのようなクラウドの特性を活かした方法を取り入れることを検討してください。一般的には性能とコストはトレードオフの関係にありますが、クラウドではスループット性能（時間あたりの処理性能）を上げつつ、利用費用を抑える構成も可能です。

性能が不足した場合の対応は、S3のデータそのものへの改善と、それを扱う（前処理やETL等の）周辺システムで分けて考えるのがよいでしょう。

S3上のデータ配置による性能改善

処理に必要なS3上のデータ（ファイル）のI/Oが大きすぎる場合、その削減も一般的なパフォーマンス改善方法ですが、データレイクの場合はパーティション／ファイルサイズ／圧縮アルゴリズム／ファイルフォーマット等が検討の対象になります。

[3] https://aws.amazon.com/jp/blogs/news/wa-reliability2019/

データレイク上のファイルは、元はデータベース等にあった大きなデータを取り出したものです。その際、取り出したデータベースのサイズそのまま（例えば1TB）で保存されているということはあまりありません。大きすぎると取り回しが困難なため、通常は分割して保存します。

しかし、ネットワーク経由でAPIでアクセスするデータレイクは、1つのファイル（オブジェクト）を取得しはじめるまでのオーバーヘッドが大きな傾向にあります。そのため、小さな（細切れの）ファイルをたくさん読むのはあまり得意ではなく、ある程度適当な大きさを持つほうが性能が出ます。一般的には1ファイルあたり128MB以上の大きさになるようにデータを分割するのが望ましいと言われています。

「パーティション」というのは、何らかの次元で巨大データを区切ることです。例えばデータレイク上に保存されるデータは日時単位でデータを区切ることが多く、その場合は次のようなディレクトリでパーティションを実現できます。


```
/mydata/year=2020/month=11/day=23/data.gz
```

これは、2020年11月23日に生成されたデータの保存例で、`year=2020`や`month=11`、`day=23`というのはディレクトリの名前です。これはApache Hiveでの一般的なパーティション表現の方法ですが、ほかのソフトウェアでも広く使われています。このようなパーティションでデータを分割保存することで、データアクセスを最適化できます。例えばAmazon AthenaからS3上のデータにアクセスする際、`SELECT * ...FROM mydata WHRERE year=2020`と書いてあった場合は`/mydata/yaer=2020/`以下だけをスキャンすればよいことになり、`/mydata/year=2019/`以下等はスキップできます。

ファイルの圧縮アルゴリズムが検討のポイントになるのは、圧縮アルゴリズムによって圧縮サイズだけでなく、圧縮／展開の処理速度も異なるからです。例えばlzoやSnappyという圧縮アルゴリズムの場合は、gzipほどの高い圧縮率は達成できませんが、圧縮や展開にかかるCPU負荷がgzipより低く、高速にアクセスできるというメリットがあります。圧縮率をより高くしたい場合はbzip2アルゴリズムを使うという方法もありますが、こちらは圧縮／展開にかかる時間がgzipよりもかかる傾向にあります。

また、データレイクのファイルは、決められたファイルフォーマット（例えばCSVとかJSON等）で保存されていますが、このファイルフォーマットを変更する、例えば行単位でデータを保存するCSVファイルから、カラムナフォーマットのParquetに事前に変換するようにすることで性能向上が図れる場合もあります。

このようなデータレイク上のデータ配置によるパフォーマンス最適化は、「Amazon Athenaのパフォーマンスチューニング Tipsトップ10」[4]が参考になります。

周辺システムの性能チューニング

周辺システムの性能についてはスケールアップ（仮想CPUやメモリ搭載量の多いタイプに切り替える）や、スケールアウト（台数を増やして並列度を上げる）で対応可能です。

本書の序章で説明したように、クラウドにおいてはスケールアウトが一般的には効果的な方法です（P. 25を参照）。スケールアウトで処理ノード（サーバー）数を4倍にしてスループットを4倍にした場合、処理にかかる時間も1/4になることが期待できるため（処理ノードの数が増えるほど、通信等のオーバーヘッドが増えますので1/4までは短縮しないかもしれませんが）、支払い費用はほとんど変わらない場合もあるからです。

また、新しい世代のインスタンスに変えるという方法も検討可能な場合があります。例えばRedshiftであれば、DS2というインスタンスがリリースされた際、旧来のDS1と比較して性能は最大2倍程度出るにも関わらず、費用は据え置きでした。つまりDS2に入れ換えるだけで性能向上を実現ができました。これはEMRを構成するEC2でも同様で、利用するEC2を新しい世代に入れ替える、例えばC4インスタンスをC5に切り替えることで、費用はほぼそのままで性能を向上させられます。

こういったCPUの性能向上やソフトウェア技術による性能向上の準備はAWS側で準備されるため、利用者はそれをいつ、どのように使うかの検討に集中できるようになります。

ストレージについても同様で、例えばAmazon EBSのgp2ボリュームではサイズに応じてIOPS（I/O毎秒）性能が向上するため、任意のタイミングでサイズを大きくすることで性能を向上させられます。逆に性能を低下させることも容易です。ただし利用するリソースを増強すると、そのぶん追加のコストが発生します。1ボリュームの性能を向上させる代わりに、複数のボリュームを束ねてRAID構成にし、性能を上げるという方法も利用可能です。

システム縮小に対する考え方

コストがオーバーした場合の削減方法は、不必要に大きな構成になっているサービスから縮小を検討していきます。その際に必要になるのが各サービスでのリソースの利用状況で、CPU／メモリ／ストレージ等の利用状況を確認したうえで削

[4] https://aws.amazon.com/jp/blogs/news/top-10-performance-tuning-tips-for-amazon-athena/

減プランを立てます。

CPUやメモリはより小さなものへ変更を検討します。AWSには、リソースの無駄な部分をチェックするサービスもあり、例えばAWS Compute Optimizerを使うことで適切なEC2サイズを推奨させることが可能ですので、こちらを参考に削減量を検討するのも良い方法です。

EBSはサイズを小さくすることで対応できる場合もありますが、性能は下げてもよいがサイズはこれ以上小さくできないという場合もあるでしょう。その場合はEBSに保存するデータサイズを小さくすることを検討するか、より安価なEBSストレージへ変更することを検討します。例えばスループット最適化HDDであるst1であれば、gp2（SSD）よりもサイズあたりの単価は安価に利用できます。しかしHDDの性能特性は大きく変わり、スループット性能は出ますが、ランダムI/O性能はSSDと比較すると低くなってしまいます。

S3上のデータについては、より安価なストレージクラスに変更する、安価な別サービス（Amazon S3 Glacier）にアーカイブする、もしくはデータを削除するという方法が考えられます。こういったS3上のデータ削減については、3.3.4「アーカイブと削除」（P. 103）を確認してください。

また、リソースの増加とは異なり、削減することでコストが減る代わりに性能が低下し、決められた時刻までに処理が終わらなくなるなど別のSLAに違反してしまう可能性に注意が必要です。リソース増強時には逆にコストのSLAをオーバーする可能性がありますが、コストは性能と違って事前に予測が立てやすい側面があります。

つまり、削減はより慎重に行う必要があります。増強の場合も実施しますが、まずはテスト環境で性能測定や動作確認を十分に行ってから本番環境にリリースし、監視で性能面のSLAを満たしているかどうかを確認します。もし性能面で問題が出たら元の構成に戻せるよう、戻す手段も確立しておく必要もあります。

無駄遣いをなくす、つまり必要ない場合に適切に止める／縮小するという考え方もコスト削減に重要です。例えば、月末月初だけ業務量が多いが、それ以外の日は負荷が低い業務では、月末／月初だけリソースを増強し、その後は元に戻すことで性能を担保しつつコストを抑えられるようになります。また、AWS Trusted Advisorは稼働率が低いEC2を発見し、レポートする機能がありますので、これで稼働が不要なEC2を発見するのもコスト削減に有効でしょう。

3.1.5 環境の更新

システムの定期的な更新は運用の一部として必要な作業です。ただし、データレイクのコアとなるAmazon S3自体については、更新（ユーザーが個別にバージョンアップ作業をする）という概念がありません。つまり、更新が必要になるのはデータレイクを構成してる周辺サービスについてです。

また、更新といっても利用しているソフトウェアのマイナーパッチ適用から、メジャーバージョンアップ、もしくは異なるソフトウェアやサービスへの乗り換えなど、レベルはさまざまです。

データレイクを中心として分析環境を構築するメリットは、分析や応用の環境間の依存が少なくなることにあり、ある環境をアップデートしたことでほかの環境に悪影響が出るリスクが低くなります。

一方で、アップデートすべき環境の総数は増える傾向にあります。古い環境を長期間維持すると、新しいニーズには対応できなくなっていきますので、データレイクもしくは周辺環境の更新については、できるだけ自動化を行うことが鍵になります。人間が実施すると一定の確率でミスが発生しますし、規模の増加に対応が難しくなってしまいます。自動化によって量の増加に効率的に対応し続けることが重要です。

AWSでは、マネージドサービス（例：Amazon Redshift、Amazon RDS）を使うことにより、バージョンアップ作業は簡略化／自動化できますし、バージョンアップ作業自体が存在しないサービス（例：Amazon Athena、Amazon S3等）を利用するという選択肢もあります。

Amazon EMRはHadoopやSparkの環境を容易にセットアップできるサービスです。HadoopやSparkやその周辺ソフトウェアは新しいバージョンが継続的にリリースされますので、EMRクラスターもバージョンアップは必要ですが、それはOSS環境を自分で新バージョンに更新するという意味ではありません。新しいEMRクラスターを起動する際に新バージョンを指定するだけで、新しいOSS環境で構成されたクラスターが起動しますので、それを使って検証をしたり、本番クラスターと入れ替えるといった対応が可能です。

EC2上に環境を構築する場合であっても、各種ソフトウェアをセットアップした状態でAMI（Amazon Machine Image）で保存しておくことができ、このAMIから金太郎飴のように同じ環境を複製できます。また、いったんテスト環境に新バージョンの環境を作成し、本番データを元にテストすることも可能です。

このように「古いバージョンを数年使い続けて、ビッグバン的に大規模更新」するのではなく、クラウドの特性を活かして「定期的に小さく更新し、サービスを活用できる環境に移行し続ける」ことがデータレイクの維持には重要です。

3.2 データ自体の運用管理

データレイクの概念の登場以前は各システムがデータを所有していたため、システムが保有するデータの運用管理はそのシステムが決めていました。しかしデータレイクは各システムの責任とは個別に管理されることになるため、データそのものの運用管理をどうするかという課題が生まれます。

3.2.1 データの重要度の定義と分類

データ自体の運用管理は、データを分類することから始めるとよいでしょう。その分類にしたがって、保存する期間やアクセス可能な範囲の基本ルールを決めていきます。分類方法としては、まずは重要度で大きな括り（グループ）を作る手法が一般的です。グループ分けの考え方としては、データがもし漏洩したり消失したりした場合に、企業やグループにどのようなインパクトがあるかを検討していきます。S→A→B→Cといった段階を付けて分類する方法が分かりやすいでしょう。例えば、図3.1のようなかたちです。

S：秘匿性が高い機密情報（社内でも特定グループ内でしか使用できない）
A：機密情報（社内に限定して利用）
B：準機密情報（社内および契約を結んだパートナー企業が利用可能）
C：パブリック情報（外部に公開可能、もしくは最初から社外に存在する情報）

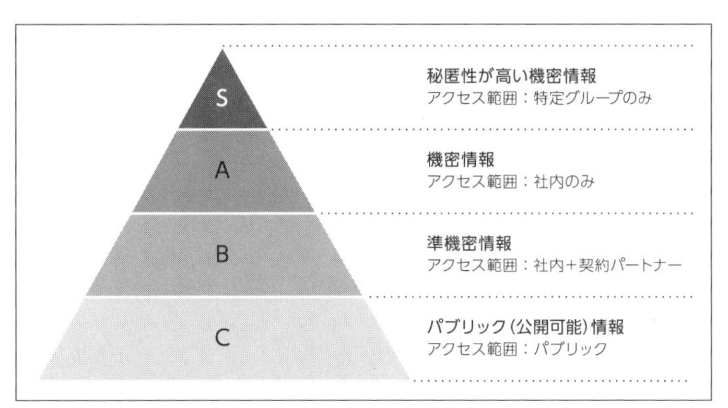

図3.1　データ重要度のピラミッド

こういうグループ分けを行うには、大まかでも社内のシステムにはどういうデータが格納されているかを把握している必要があります。そのような情報が事前に得られていない場合は、先に調査（棚卸し）の期間を取るのもよいでしょう。大きなグループ分けができたら、それぞれに対して運用ルールを決めていきます。これも企業やグループによって必要となる項目が異なる部分ですが、次のような項目が考えられます。

1. （自社にとって）機密情報とは何か？

2. どういうデータがそのグループに入るか（データ分類のルール）
3. データのアクセス範囲（誰がそのデータにアクセスできるのか）
4. データ保存のルール（バックアップの手法／保存する世代数／暗号化の要否／遠隔地保存の要否）

上記のうち、1. と 2. は、先述の S/A/B 分類をどうするかというルールに直結した要素です。会社にどういう社内ルール（内規）があるかを確認しながら検討すべき部分ですので、こちらも事前の棚卸しで調査しておくとよいでしょう。内規が存在しない場合は、データレイク構築を良いきっかけと捉え、自分たちがどういったデータをもっており、どうコントロールすべきなのかをルール化していくよう考えてみてください。

また 2. の検討時はどうすればデータを下位グループに移動させられるかの明確なルール化も重要です。例えば個人の機微な情報を含むデータは S グループに置かれるとして、それをどうすれば A にコピーできるかは事前に検討しておく価値があります（例：氏名を削除し、生年月日を「40 代」、住所を「東海地方」等の代表値に集約した場合は A に置いてよい）。

一方で、3. や 4. はすべてを最初に決めることを目標にせず、運用しながら改善していくことを推奨します。例えば最初は A と C にあたる分類だけルールを決めて A&C だけで運用を開始するのでもよいでしょうし、データ保存のルールについては、最初は一律のルールを作るのでもよいでしょう。特にバックアップとリストアについては利用が進むうちにさまざまなニーズが出てくるのが一般的で、それに応じて上記のグループ分けも変化していく可能性があります（例えば東京リージョンだけに保存する A-2 と、他リージョンへのコピーまで行う A-1 といった分類追加）。そのため、最初に全部決めてしまうよりも、ニーズに合わせてルールを改善していくことが重要です。

Column データ分類のための調査手法

データの分類や重要度を決めるための調査について、どこから手を付けたらよいか分からないと思われる方は、情報処理推進機能（IPA）が提供する情報セキュリティ啓蒙資料等が参考になるでしょう。一例として、「情報セキュリティセミナー 2007」のマネジメントコースでの公開資料（そこにある情報資産－情報資産の洗い出し）を紹介しておきます。

https://www.ipa.go.jp/security/event/2007/isec-semi/kaisai.html

3.3 データのバックアップとアーカイブ

データ保存ルールに沿ったバックアップはデータレイク運用管理の重要な部分です。システムが壊れても再構築は可能ですが、データを失ったら戻す術はないからです。ここからは、データのバックアップと、それに付随する管理やアーカイブ、データリネージ（データの追跡）について検討ポイントを確認していきます。

3.3.1 バックアップ

データレイク上にあるデータは、唯一「真」となるデータ置き場（Single Souce of Truth）であるため、そのバックアップは重要です。

一般的にバックアップというと、バックアップソフトを導入したり、独自のプログラムを作成して外部メディアにコピーするといった手法が取られます。しかし、データレイクはその性質上、データが集中し、サイズが巨大になりがちであり、一般的なコピー方法は現実的ではないケースが多くなります。

そのため、データレイクのバックアップをどのように実現するかは、データレイクを構成するテクノロジーごとに検討する必要があります。AWS 上でデータレイクを構築する場合は Amazon S3 上に構築することになりますが、S3 にはバックアップを支援する機能として「バージョニング」と「リージョン間レプリケーション」が用意されています。

3

3.3.2 ヒューマンエラー対策としてのバックアップ

S3 は自動的に 3 カ所以上のアベイラビリティーゾーン（AZ）にデータを保存するため、高い耐久性がサービスとして提供されています。しかし、ユーザーの操作ミス（ヒューマンエラー）や設定ミス、プログラム作成のミスにより、消失したり間違った値で上書きされてしまうような場合には耐久性だけでは対応できません。

こういったヒューマンエラーに対応するためには、定期的にバックアップを取得して一定の期間保存し、以前の状態（以前の世代）に戻せるようにする必要があります。

前述のようにデータレイクのデータ規模は大きく、定期的に全データをほかのサービスやメディアにコピーして維持することは困難です。ファイル（オブジェクト）単位で複数の世代を維持する機能、つまりファイルが更新された場合、旧ファイルは消さずに旧世代として残しておくような仕組みが必要になります。

S3 にはファイルの旧世代（バージョン）を指定世代数ぶん維持するバージョニング機能が用意されており、ヒューマンエラーへの対応にはこのバージョニング機能を第一に考えるとよいでしょう。設定するだけで利用できますし、定期的なタイミング（例えば1日1回）でデータをコピーするより、確実に前世代のファイルを保存できるという点でメリットがあります。

S3ではバケット（データを入れる器のようなもの）単位でバージョニングの設定が可能です。バージョニングを有効にするとファイルが削除されても旧世代は残り続けます。

一方、保存量が増えていくにしたがって利用料金も増えるため、適切に管理していく必要があります。これはS3では古いデータはより安価な保存方法に変更（アーカイブ）して費用を抑えるという対応が可能です。詳しくは3.3.4「アーカイブと削除」（P. 103）で説明します。

また、次項で説明するリージョン間レプリケーションも、レプリケーション実施のタイミングによっては旧世代のファイルを確保する用途に利用できます。

3.3.3 ディザスタリカバリとしてのバックアップ

データレイクのデータ保護について、広域の災害対策（ディザスタリカバリ）を検討する場合を考えます。

ディザスタリカバリの検討

例えば、AWSの東京リージョンにシステム構築をしている状態で、関東広域全体にもおよぶ大規模災害が発生した際にも必要となるデータがあるとします。この場合、東京リージョンの複数のAZにデータが複製されていてもすべてが使えなくなる可能性も考え、関東地方以外の（物理的に離れた）場所に保存する必要があります。

遠隔地保存の検討時には、どういうリカバリシチュエーションになるかを明確に想定することが大切です。例えば関東地方広域に甚大な被害が発生するケースというのは、そもそもシステムオペレーションする人が関東に存在しないことを前提にしないといけませんし、物流やライフラインも正常には機能していないことも前提にする必要があります。そこまでの状況でも必要なデータは本当に存在するのか、そういった緊急時にだれがどう対応するのか等、具体的なシチュエーションを想定した検討が重要です。

リージョン間レプリケーション機能

こういった広域災害対策要件でのデータ保護にはS3のリージョン間レプリケーション機能が利用できます。これは例えば東京リージョンのあるS3バケットのデータを非同期に米国リージョン上のバケットに保存する機能です。リージョン間レプリケーションはS3のバケット単位に設定可能で、指定されたディザスタリカバリ用バケットに非同期にデータが自動的にコピーされるようになります。コピー先にはコピー元と同一リージョンを指定することも可能ですが、関東全体の被災を想定するような要件であれば同時に被災しないことが想定できる別リージョンを指定すべきでしょう。ディザスタリカバリ用リージョンでの費用面についてはこのあとの「アーカイブと削除」の項を参照してください。

ただし、データを遠隔地（他リージョン）にコピーできていたとしても、データを使う周辺システムも他リージョン上で稼働していないとシステムは再稼働できません。こうした場合は、RTO（Recovery Time Objective：どれぐらいの時間でシステムが再稼働できるか）から準備方法を検討します。一般的には広域災害のようなケースでは、数分や1時間以内といった短いRTOは設定されないため、ディザスタリカバリが発動する事態になってから、遠隔地リージョン内で各種システムを起動するような設計が一般的です。こうすることで、平常時はディザスタリカバリ用のリージョンでは、ほぼS3のみの利用費用になり、コストを抑えつつデータの保護が可能になります。

3.3.4 アーカイブと削除

アーカイブとは、利用されなくなったデータをより安価な方法で保存することです。例えば、業務上はほぼ利用しなくなったデータであっても、なんらかのレギュレーション対応のために10年間は保存する必要のあるデータであるとか、データレイクに維持することはコスト上難しいものの、今後参照される可能性のために安価に保管したいというようなケースに検討します。

S3を前提に考える場合、よほど巨大なケースでないと維持費用は大きくなりません。一般的にはS3そのものの費用よりもそれを活用しているシステムの費用のほうが支配的であるため、ある程度の規模になるまではアーカイブを考える必要がないケースが多く、まずは本当にアーカイビングを検討する必要があるのかを費用試算してみるとよいでしょう。

S3に保存したデータのアーカイブ

アーカイブが必要な場合は、S3のストレージクラス変更を最初に検討するとよいでしょう。S3にはデータ（オブジェクト）の保存方法として標準（Stadard）以外に、標準 - 低頻度アクセス（Standard-IA）が用意されています。Standard-IAはStandardと機能や耐久性は同じですが、単位サイズあたりの保存費用が安価であり、一方でアクセス費用は高くなるという特徴があります。つまり保存はするが滅多にアクセスしないというデータの保存に適しています。

Standard から Standard-IA への変更はコマンドラインや API で可能です

し、ライフサイクル管理機能[5]により「XXX 日以上経過したら Standard-IA に変更」といった自動化も可能です。またその変更自体を自動化する Intelligent Tiering[6]も利用できます。これは S3 側でアクセス頻度を自動的にモニタリングし、連続 30 日間アクセスされていないデータは自動的に Standard-IA に変更、アクセスされたデータは自動的に Standard に変更するというクラスです。

Standard-IA よりもさらに費用を抑えたい場合は Glacier DeepAchive というアーカイブ用のサービスにデータ（オブジェクト）を移動することも可能です。ただし Glacier は S3 のようにリアルタイムアクセスはできず、一度取り出し作業が必要であり、それには所定の時間がかかるという点に注意してください。Glacier はリアルタイムアクセス用ではありませんので、通常の業務ではアクセスされることがないデータに利用してください。

削除

また、アーカイブで保存し続けるのではなく、削除が必要になる場合もあります。これは、維持し続ける意味がなくなった（全く参照されなくなった）データはコスト管理の面から削除したほうが良いという場合と、GDPR に代表されるような、削除を含んだデータの取り扱いレギュレーションに対応するための両方が考えられます。

前述のライフサイクル管理機能で削除のルールを追加可能です。例えば「(バージョニングされた) 旧世代のファイルは XXX 日経過したら削除する」というルールを作成して自動化できます。また、要求ごとに個別にファイルを削除する必要がある場合は、コマンドラインや GUI からファイルの現世代と旧世代の両方を削除することで対応が可能です。

3.4 使われていないデータを認識する

データレイク上のデータ管理の難しい点は、「どのデータが誰にどう使われるかをデータを保存する時点では想定していない」ことにあります。これはデータレイクが作られた目的そのものの要件ですが、管理する観点からすると新しい課題に繋がります。例えば、使われていないデータをアーカイブする、もしくは重複しているので完全に不要と判断してデータレイクから削除したい場合、どのようにして「使われていない」ことを保証するのでしょうか。万一あるシステムが

[5] https://docs.aws.amazon.com/AmazonS3/latest/dev/object-lifecycle-mgmt.html

[6] https://aws.amazon.com/jp/blogs/news/new-automatic-cost-optimization-for-amazon-s3-via-intelligent-tiering/

使っていたらどうなるでしょうか？ 複数世代でバックアップを取得していれば消したあとにも対応できますが、それでもリカバリ可能な期間には限度があります。

3.4.1 データアクセス履歴の取得

そのため、データレイクへのアクセス履歴を取得しておくことがデータ管理の基本になります。アクセス履歴を取ることで、利用されていないデータの確認もできますし、逆に頻繁に参照されている人気データにも気づくことが可能になります。S3 にはアクセスログを記録する機能があります[7]。

また、アクセス履歴の取得方法については、序章のコラム「Amazon.com のデータレイク“ANDES”」(P. 29) も参考になります。ANDES では「購読 (Subscribe)」により、データレイク上のデータがユーザー環境に自動的に連携されるようになっていましたが (図 3.2)、これはユーザー側だけにメリットがあるわけではなく、管理者側にもメリットがあります。

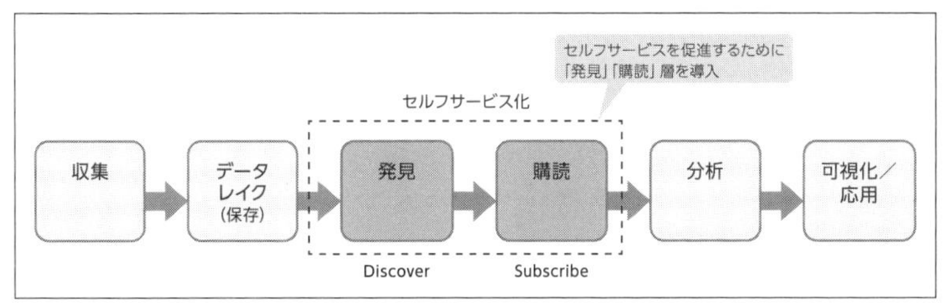

図 3.2 ANDES におけるセルフサービスを実現するための仕組（再掲）

データレイク上のデータを活用する際は必ず「購読」をしているので、例えば「どのデータが最も人気があるか」とか、「このデータは使われていない（購読されていない）か」が明確に把握できるからです。この購読データを元に管理者は不要なデータを発見し、必要に応じてアーカイブや重複の削除を行うことができます。詳細は序章のコラムを参照してください。

3.4.2 データリネージ（データ経路の追跡）

さらに進んだデータの管理のひとつとして、データリネージについてすこし触れておきましょう。

データリネージ（Data lineage）はデータがどこから発生し（出自）、どのよう

[7] https://docs.aws.amazon.com/ja_jp/AmazonS3/latest/user-guide/server-access-logging.html

な変換や加工を経て、現在の形になったかという流れを追跡可能にすることです。バックトラックと呼ばれる場合もあります。この追跡により、例えば分析の根拠となっているデータを確認したり、異常時（不整合や改ざん）を発見した際の原因追跡、監査（途中で不正な変換をされていない完全性の証明）を実現します。

データリネージの基本はデータ処理の流れを記録することにあります。データレイクにあるこのデータは、データ収集層がどこのデータソースからいつ取得してきたデータなのか、もしくはいつ、どの ETL 処理が、どのデータソースを元に変形したものなのか、そのデータがいつデータウェアハウスのどの表にロードされたのか、といったことを記録していきます。

これを実現するには、例えば、データを操作するためのワークフロー環境を統制し（限定し）、そのワークフローの中で実行したジョブプログラム、ETL プログラム等とアクセスされたデータについて記録するという方法が考えられます。ただし、この方法はこのワークフローの外で行われた操作についてはリネージできないことになります。

「完全な」データリネージ環境を作るということは、その操作方法を統制する（限定する）ことに繋がり、自由度を下げる部分があるという点には注意が必要です。そのため、リネージが本当に必要なのか、もしくはどこの部分だけ確実に記録するかを考えたうえで、データリネージの実現方法を検討すべきでしょう。

3.5 まとめ

本章ではデータレイクにおける運用管理についてまとめました。データレイクをひとつのサービスと捉え、サービス基準（SLA）を守るために監視や、パフォーマンス改善を行うことを説明しました。

データレイクの運用管理は、ニーズやデータの変化に合わせてデータレイク自体を進化させていくことに他なりません。決めたルールをずっと守るのではなく、ルール自体も合わせて変えていく必要があり、それがこれまでの IT システムでの運用と大きく異る部分です。

定期的に環境を見直し、新しい技術を取り込みながら漸近的に改善し続ける運用チーム作りを目指してください。

第4章 データレイクのセキュリティ

本章ではデータレイクでのセキュリティについて考えます。

セキュリティというと、「どういった対策があるか」ということから考えがちですが、そうではなく、「どういった状況で誰から何を守りたいのか」という脅威の想定を最初に考えるべきです。その脅威はどういった場合に起こるもので、どの程度ありうるでしょうか？ それが発生すると自分たちやお客様にどういったインパクトがあるのでしょうか？

例えば、データ漏洩の脅威を考えるにしても、そのデータの機密性によってインパクトは異なるはずです。

つまりセキュリティ対策に「常にこうすれば良い」という解はなく、データレイクの活用される方法と、それから発生しうる脅威を想定し、それに合わせたセキュリティルールの策定が必要になります。セキュリティを緩く考えてしまい、重要なデータの漏洩が起こるようではいけませんし、一方で厳しすぎて活用されないようではデータレイクの存在意義がなくなってしまいます。

まずは、脅威を想定して必要な対策を考える方法を例を通して見ていきましょう。

4.1 セキュリティの検討手法

セキュリティという単語はいろいろな要素を含んでいますが、本章ではデータレイクを運用するという観点から重要になる、「通信経路」「暗号化」「権限管理と統制の手法」を中心に検討ポイントを説明します。これらはどれかが最も重要ということではなく、セキュリティは多層で考えるべきものだという点に注意してください。つまり複数の手法を組み合わせて防御をしていくのがセキュリティ対策の考え方の基本です。

4.1.1 シチュエーションを想定したセキュリティ対策

ここでは例として、データを盗聴から守りたいというシチュエーションを考えてみましょう。

まずはシチュエーションを具体的にすることから始めましょう。例えば誰からデータを守りたいのでしょうか？ 完全な第三者なのか、社内の別グループの人なのか。また、どの時点での保護でしょうか？ ストレージサービスに保存されたデータなのか、もしくはインターネットを経由して社外との通信を行う際の経路での保護でしょうか。

例えば、インターネット経路でのデータ保護という点で考えると暗号化が一般的な手法です。一方、ストレージサービスに保存されたデータであれば、暗号化もそのひとつですが、操作のパーミッション（権限）管理を厳密にすることで対応する場合もあるでしょう。

暗号化手法の検討

また暗号化を実施する場合、「安全になりそうだから」というだけの理由ですべての通信や保存データを１つの手法で暗号化するのはお勧めできません。後述するように暗号化には複数の手法があるため、ニーズに合わせて適切なものを選択する必要がありますし、処理にオーバーヘッドも発生するためです。ここで言うオーバーヘッドとは暗号化／復号のために追加で必要になる演算処理のことで、それにより全体的なパフォーマンスがすこし低下します。また、暗号化のためになんらかの追加ソフトウェアを導入するのであれば、そのメンテナンスが必要になりますし、商用ソフトウェアの場合はライセンス費用が必要になります。

通信経路の途中でデータを盗聴されないよう保護したいという場合でも、利用する通信経路や誰から防御したいかによって対策が変わります。インターネットを経由する場合は、第三者がパケットを盗聴する可能性は常に考える必要がありますので、エンドツーエンドの経路全体を暗号化する、例えばInternet VPNで暗号化された仮想ネットワークを作成したり、HTTPSを利用してAPI通信をするといった対処が必要になります。

暗号化を必要としないケースの検討

一方、シチュエーションによっては通信経路側で安全性を担保する方法が取れる場合もあるでしょう。例えばオフィスとクラウドサービスのあいだであれば閉域網（専用線）で結ぶことも可能です。この場合はインターネットを一切経由せずにオフィスとクラウド環境が（構内イントラネット内のように）通信可能になります。クラウドが「構内の延伸」とみなせるようになりますが、この場合でもオフィス — クラウド間の通信は暗号化が必要でしょうか？ 回線業者の信頼が担保できることが前提ですが、イントラネットと同じプライベートネットワークとみなし、それ以上の対応は考えないという考え方も可能です。

逆に必要だとしたら、それはどういったシチュエーションでの脅威に対応するためなのかを考える必要があります。この場合は企業内部のリスクを想定していることになりますが、それはどれぐらいの確率で発生し、発生した場合にどういった被害が発生するでしょうか？ 想定範囲を専用線だけでなく、AWS 内に構築したプライベートネットワーク内にも広げて考える必要があるかもしれません。

また、暗号化／復号処理には「鍵」が必要になりますが、鍵は誰がどう管理するべきでしょうか？ これもどういった脅威からデータを守るかという視点がないと正しいソリューションが選択できない例のひとつです。例えば、内部犯行を防ぐためであれば不用意に内部の人間が鍵にアクセスできない仕組みが必要となります。

このように、誰からどの場所で、どういった種類のデータを守るのかを考えることで適切な対策（管理策）が選択可能になります。

レギュレーションへの対応としての暗号化

また、業界団体等で定められたレギュレーションへの対応のために暗号化を検討する場合もあります。ある程度の規模や歴史がある業界では、データの安全性を高めるために必要な対策が先行して議論されている場合が多く、広く必要と考えられる対策はレギュレーション、つまり従うべきルールとして定められている場合があります。

例えば、クレジットカード業界のセキュリティ基準である PCI DSS[1] では、カード会員情報等のセンシティブなデータは「安全な方法で保存」する必要があると定められています。「安全な方法」を実現する手法も具体的な案が複数提示されており、そのひとつが暗号化です（ほかには一方向ハッシュ化やトークン化があります）。暗号化時の鍵の管理プロセス等も定められており、これに従うことで信頼できる水準のセキュリティが担保できるようになっています。こういった場合は、そのレギュレーション項目が存在する理由を把握し、必要とされている対応案を AWS で実装する方法を検討していくことになります。

[1] Payment Card Indutry Data Security Standard：クレジットカード業界の情報セキュリティ基準

4.1.2 通信経路の範囲に応じてセキュリティを考える

ここからは、データが必要な人にのみアクセスできないようにする際の検討ポイントとして、通信経路（アクセスされうる経路）を考えます。

あらゆる通信経路から来るデータレイクへのアクセスを、どういったかたちで制限できるでしょうか？

ソースIPによるアクセス制御

例えば、通信経路のソース（リクエストを出す側）で限定するという方法はどうでしょうか。アクセス元のIPアドレス（ソースIPアドレス）の取りうる範囲を限定し、そこから以外の通信はすべてブロックする方法です。ファイアーウォールで限定的なIPアドレスレンジからのみアクセス可能にすることで実現できます。

この手法の実現は比較的容易ですし、第三者からの不要なアクセスの可能性を簡単に絞り込めるというメリットがあります。AWSには、セキュリティグループというホワイトリスト式（定義した送信元やポートのみ通信を許可する）のファイアーウォール機能が含まれており、VPC内のリソースに設定できます。S3には、バケットポリシーという概念があり、バケットにアクセス可能なIPアドレスを指定することが可能です。

VPC（Virtual Private Cloud）は、AWSの中にプライベートネットワーク空間（ほかのAWSユーザーから隔離された空間）を作成する機能です。VPCの中はプライベートIPアドレスで構成されており、VPCから外部への通信はインターネットゲートウェイを通じて行われます。

一方で、このソースIPアドレスで絞る方法は柔軟性に欠ける部分もあります。例えば、仕事を家や外出先からモバイル回線経由で行う場合は、IPアドレスで絞ること自体が困難です。またクラウド上の各種サービスからデータレイクへのアクセスを考えた場合、サービスのほうが固定的なIPアドレスレンジを持っていないケースも存在します。

つまりソースIPの絞り込みによる経路の限定は数ある手法のひとつでしかなく、想定するシチュエーションに対応できるものなのか、その場合のメリットとデメリットを考えたうえで選択する必要があります。

権限設定によるアクセス制御

ソースIPアドレスを限定する以外の方法としては、権限設定によってリソースへのアクセスを限定する方法が考えられます。

AWSではAWS IAM（Identity and Access Management）の機能を利用

することでリソースへのアクセス権限を設定できます。IAMは、AWSの各アカウント内でユーザーやロールといった単位で権限を管理する機能で、各ユーザーやロールがどのAWSリソースにどういった操作（アクション）が可能かをポリシーで限定することが可能です。

利用者、もしくはアプリケーションプログラムがIAMのユーザーやロールといった権限を持っていることを証明するには、クレデンシャル（認証情報）を使用します。AWSのクレデンシャルとは、例えばログインに使用するIDとパスワードの組み合わせや、AWSのAPIを呼び出すためのアクセスクレデンシャル（APIキー）等です。APIキーをソースコード内に埋め込むと、それが漏洩した際に危険ですので、IAMロールを直接EC2に割り当てる仕組みも用意されています。これにより、EC2は割り当てられたロールの権限を利用可能になり、APIキーが漏洩することはなくなります。

S3へのアクセス制御は、上記のIAMでの制御かS3バケット単位のアクセスルールであるバケットポリシーのどちらか、もしくは組み合わせで実現します。一般的にはバケットポリシーでそのバケット全体の大まかなルールを定義しておき、詳細なコントロールはIAMを使って制御します。

例えば、Amazon RedshiftからS3の特定のデータにアクセスを許す場合は、そのS3にアクセスできるIAMロールを作成し、それをRedshiftに割り当てることでアクセスを許可するのが一般的です。このようにIAMロールでアクセス許可をAWSサービスに与えるというのは、ほかのAWSサービスであっても利用可能な方法です。

複数のAWSアカウントにまたがった権限の制御

IAMでは1つのアカウント内に閉じた統制しか行なえない点には注意が必要です。データレイクの場合は異なるAWSアカウントに帰属する利用者がデータにアクセスするようなケースも多く考えられます。これは、部門やプロジェクトごとに別のAWSアカウントを払い出して利用しているようなケースもあれば、ホールディングス内のグループ会社間でデータレイクを共有しているような場合も考えられます。

こういった場合は、AWSアカウントをまたがって一元管理するAWS Organizationsを利用し、サービスコントロールポリシー（SCP）を定義することで対応が可能です。SCPは一種の「ガードレール」で、ここまで利用してよいというアクセス許可のルールです。これを複数のAWSアカウントにまたがって適用可能です。また、グループ全体で利用している認証の仕組みとの連携を構築する必要があるかもしれません。そのような場合はIAMユーザーではなくIAM IDプロバイダーの機能を利用することで、外部ユーザーIDにAWSリソースへのアクセス権限を与えられます（IAM Federation機能）。

S3独自の注意点としてはバケット作成時に、容易に外部に（権限なしのアクセスが可能なかたちで）公開（パブリックアクセス）できるという点があります。不必要なパブリックアクセスは防ぎたいと考えるのが一般的でしょう。これについてはAWSアカウント全体にS3のパブリックアクセス設定を禁止するオプション（Amazon S3 Block Public Access）があります。こちらを適用することで、インターネットに向けて、制限無しにデータを公開することを防ぐことができます（ただしそのAWSアカウントではパブリックなS3バケットを作成できなくなります）。また、S3のアクセス設定に問題がないかを検知するサービス（Access Analyzer for S3）が用意されていますので、こういった周辺機能を使ってアクセス権限を統制するのもよいでしょう。

4.2 通信経路によるセキュリティの検討

このようにデータレイクへのアクセス制御は複数の方法が考えられますし、アクセスするシチュエーションによっても対応方法を変える必要があります。以降では、データレイクへの経路を「社内からのアクセス」、「クラウド内の通信」、「外部への公開」の3つのシチュエーションに分け、それぞれにおけるセキュリティ対策の考え方を見ていきます（図4.1）。

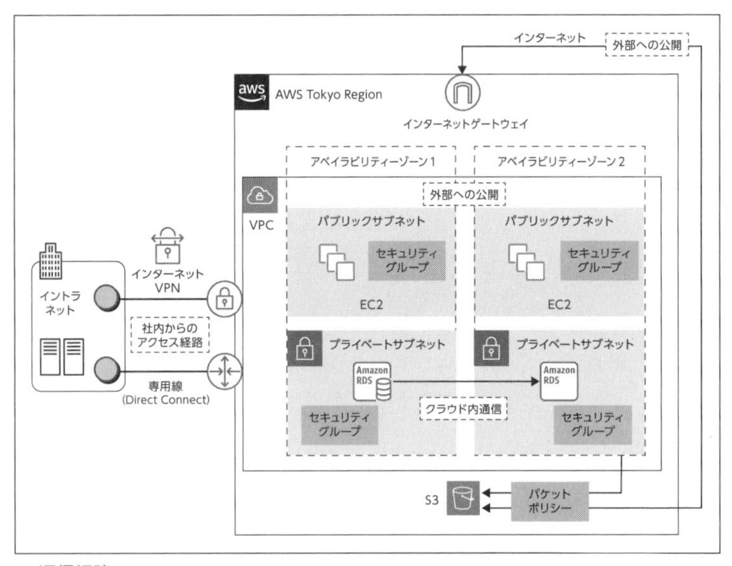

図4.1 通信経路

4.2.1 社内利用者からデータレイクまでの経路

社内利用者からデータレイクに関するアクセスでは、社員が、「既存の」社内システムにログインし、そのシステムがデータレイクにアクセスするという点が特徴です。既存の社内システムはAWSへのアクセスを前提に設計されていない可能性があるため、前述のIAMを使った制御を行うためには、社内システム側にAWS IAMを使ったアクセスをするよう改修が必要になります。社内からデータレイクにアクセスするシステムの数が少ない場合はこの方法は検討する価値があるでしょう。この方法ではアプリケーションの改修が必要ですが、IPアドレスレンジ等で絞るよりもシステム配置の柔軟性を確保することができます。

繋ぐべき社内のシステムの数は限定できるので、IPアドレスでアクセス元を限定することも可能です（ソースIPアドレスとして会社のインターネットルーターを指定して限定する）。ただしインターネットを経由するため、通信の暗号化が必要になります。AWSのサービスをAPI呼び出しする場合は、すべてHTTPSにより暗号化されていますが、VPC内に独自に作成したリソースにアクセスする場合は、別途暗号化の実現方法を検討する必要があります。

経路暗号化の方法としてサイト間接続をするという方法も考えられます。これはインターネットVPNを使って仮想のプライベートな経路を作成する、もしくは専用線（閉域網）を会社とクラウド間に敷設して、イントラネットをVPCに「延伸」する形式です。AWSにはインターネットVPNを実現するAWS Site to Site VPNが提供されていますし、専用線サービス（AWS Direct Connect）のサービスもありますので、どちらかで延伸が可能です。インターネットVPNはインターネットを通る通信を暗号化することで仮想的な専用線接続を実現します。

手法を選択する際は、社内に存在するシステムの使われ方や通信量といった、利用シチュエーションを想定する必要がありますが、既存システムの量が大きな場合は、一般的にはサイト間接続を利用することが多いでしょう。なぜなら、サイト間接続は既存のシステムにあまり影響を与えずクラウドへのアクセスを実現できる方法だからです。社内（オンプレミス側）システムが増えても、基本的にはサイト間接続の構成には影響がありません。専用線であれば、安定した帯域が確保しやすいというメリットがあります。

ただし、サイト間接続を実現する場合、AWS側の仕組みはマネージドサービスですので運用負荷を低く抑えられますが、対向となる接続機器（ルーター）の冗長化や運用は必要という点に注意が必要です。また、専用線がメンテナンスやトラブルで通信できなくなる可能性に備えて冗長化する、もしくは専用線の予備にインターネットVPNを用意するといった構成も検討が必要でしょう。特にデータレイクへのアクセスが止まると多くの関係システムが動かなくなる可能性があるため、なんらかの冗長化は必須になるでしょう。このように、専用線の帯域にかかるコストに加えて、総コストがどれぐらいになるかの試算が必要です。

通信経路に限らず言えることですが、手法を 1 つに限定する必要はありません。既存システムはサイト間接続で通信しつつ、新規のシステムは AWS の仕組み（IAM とサービスの API 呼び出し）を使ってインターネット経由でアクセスするという方法も考えられます。

4.2.2 クラウド内の通信経路

クラウド内の通信については、利用するクラウドサービスによって考えるべきポイントが大きく異なります。AWS では VPC 内に配置するサービスと、VPC の外に存在するサービスの 2 種類に分けて経路を考えるとよいでしょう（図 4.2）。

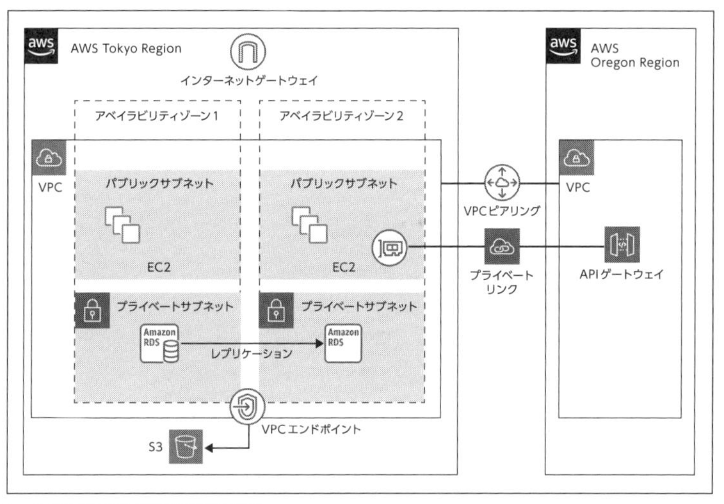

図 4.2　AWS クラウド内の通信経路

VPC 内にあるサービス同士の通信

例えば Amazon EC2 や Amazon RDS、Amazon Redshift といったサービスはユーザーの VPC 内に起動します。AWS Glue は、VPC の外にあるサービスですが、仮想ネットワークカード（ENI）を VPC 内に構築することで、VPC 内にサービスが存在するように見せられます。これらサービスの同一 VPC 内の通信については、経路はすべて同 VPC 内に閉じ、セキュリティグループや NACL（Network Access Control List）で通信対象を制御できるため、経路について追加投資が必要になることは少なく、多くの場合は VPC の機能で制御が可能です。

VPC 外にあるサービスとの通信

一方で VPC 内部から VPC の外にある AWS サービスへの通信はどう考えるべきでしょうか。例えば S3 は VPC の外にあるため、VPC にインターネットゲートウェイがないと通信できません。しかし、多くのケースでは API を呼び出すだけですので、EC2 それぞれにグローバル IP アドレスは付与する必要はなく、NAT ゲートウェイ経由でアクセスが可能です。グローバル IP アドレスを付与しないことで、インターネット（外部）から VPC 内部の EC2 へ向かう経路をなくせます。API の通信であれば、すべて HTTPS で暗号化されています。

つまりインターネットゲートウェイを経由して VPC の外に出る部分については、通信を暗号化すること（HTTPS）を前提に考えるのがよいでしょう。

ただし、レギュレーション対応等なんらかの理由でインターネットゲートウェイ自体を VPC に設置できない場合もあります。こういった場合のために、AWS では VPC エンドポイントという機能が提供されており、インターネットゲートウェイを経由せず、VPC 内部から AWS の各種サービスへの経路を確立できます。この場合は VPC エンドポイントがサポートするサービスかどうかの確認が必要になり[2]、利用するサービスによっては VPC エンドポイント経由でアクセスできないという点に留意が必要です。

利用できる AWS サービスを強く限定してしまうと、構築や運用の負担が増えることに繋がります。本当にインターネットゲートウェイをなくすべきかは、セキュリティレベルだけでなく、サービス利用の利便性や運用コストも併せて検討すべきです。

VPC 間の通信

企業内に複数の VPC がある場合は、VPC 間の通信を確立したいというニーズも考えられます。VPC はそれぞれが独立した空間のため、VPC をどう繋ぐかという検討が必要です。いくつか方法が考えられますがひとつは VPC ピアリング[3] や Transit Gateway のピアリング機能[4] を利用して、VPC 同士をネットワーク的に接続することです。それぞれの VPC のネットワークアドレスが被っていなければ容易に接続が可能ですが、VPC 内にあるリソース間でいろいろな通信が自由に可能になることについては、事前の検討が必要です。VPC ピアリングは異なるリージョン間でも利用可能で、この場合、リージョン間の通信は AWS が管理する専用回線経由になり、通信は暗号化されます。このためインターネッ

[2] https://docs.aws.amazon.com/ja_jp/vpc/latest/userguide/vpc-endpoints.html

[3] https://docs.aws.amazon.com/ja_jp/vpc/latest/userguide/vpc-peering.html

[4] https://docs.aws.amazon.com/ja_jp/vpc/latest/tgw/tgw-peering.html

トに出ることが許されないセキュリティ基準に対応しながら、別リージョンとの通信を実現するために利用できます。

ほかにはAWS PrivateLink[5]を利用する方法もあります。これは一部のサービスのみ、別のVPCに公開するための仕組みです。こちらの場合はサービスごとに設定が必要になりますが、そのぶん、通信する先を限定できます。

4.2.3 外部への公開

データレイクのデータを社外に公開するようなケースでは、通信経路はインターネットとほぼ決まっているので（連携先がAWSを使っているなら前述のPrivateLinkも検討してください）、基本的にはどのようなサービスプロトコルで公開するかの検討になるでしょう。インターネットの経路を通る以上暗号化は必須であり、一般的には外部公開用のREST形式のAPIサービス構築し、HTTPS（TLS）で通信することが多いと考えられます。

こういった不特定多数に隣接する部分においては、外部からの不正侵入をどう防ぎつつ正当なユーザーに通信経路を提供するかが課題になります。AWS上で外部公開部分を構築する場合は、まずはAWSのマネージドサービスがユースケースに適しているかを確認し、可能ならマネージドサービスの利用を検討してください。例えばREST形式のAPIを公開するなら、Amazon API GatewayとAWS Lambdaの組み合わせを検討するのがよいでしょう。API GatewayはREST形式のAPIを公開するためのサービスで、各APIから呼び出されるビジネスロジックはLambdaを使って記述できます。

AWSマネージドサービスの利用のメリットは、運用面をAWSにオフロードできることにあります。特に外部に露出するサービスの場合はセキュリティ対応を迅速に行う必要があるため（例えばAPIのサーバーソフトウェアに脆弱性が見つかった場合の対応）、管理をオフロードできることはより重要になります。

また、外部からのアクセスの規模が大きな場合は、可用性や性能のスケールを求められることも多くなります。この場合においても可用性やスケールアウトを機能として持っているマネージドサービスを選択することで、設計や運用の負荷を下げることができます。

一方でマネージドサービスを採用すればセキュリティや可用性をまったく考えないでよいということではありません。例えばAPI Gateway + Lambdaの構成であってもLambda上で稼働するアプリケーションはユーザーが作成するものであり、ここに脆弱性がある可能性は残るからです。そのため、アプリケーションコードの精査や侵入検査等が必要になる場合もあるでしょう。セキュリティリスクを抑えるために、WAF（Web Application Firewall）サービス等の導入を

[5] https://aws.amazon.com/jp/privatelink/

検討する必要があるかもしれません。

また。どのようなサービスを利用して外部に API を公開するにせよ、公開用ネットワークと社内用ネットワークをどう分離するかの検討が重要です（図 4.3）。

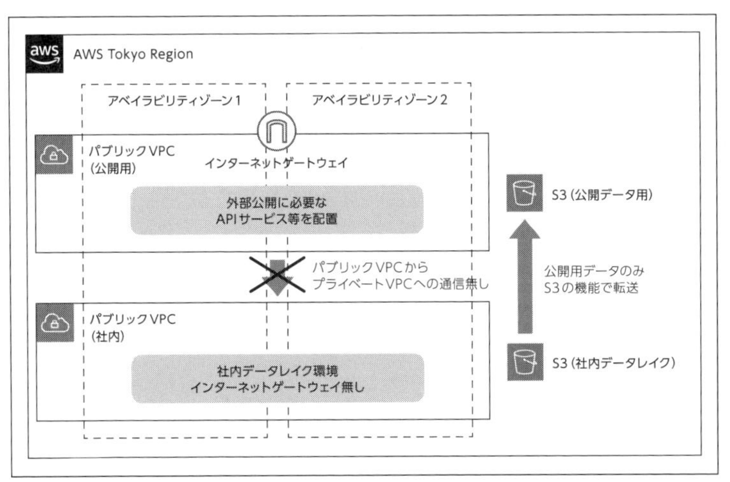

図 4.3 公開領域と非公開領域の分離

小さな規模であれば 1 つの VPC 内でサブネット単位で分けて NACL やセキュリティグループの設定で制御する方法もありますし、公開用の環境を別にすることも考えられます。公開用の VPC を作成し、データレイクからコピーしたデータを専用の S3 バケットやデータベースに置いて公開することで、侵入された際のリスクを抑えることが可能です。

4.3 暗号化

暗号化も、必要な人にしかアクセスをさせないという要望に対応するためのセキュリティソリューションの重要なパーツです。

暗号化について検討する際は通信経路の暗号化（encryption in transit）とストレージに保存する際の暗号化（encryption at rest）の 2 つに分けて見ていくのがよいでしょう。

4.3.1 通信の暗号化（encryption in transit）

まず、通信の暗号化について考えます。通信経路の途中で他者に盗聴されないようにする、もしくは改ざんされないようにするのが通信の暗号化です。

暗号化を考える際に重要なのは「どういった脅威から保護したいのか？」という点の考慮です。通信の暗号化であれば、どこからどこまでの経路を、なぜ暗号化する必要があるか、という点を明確にする必要があります。特にプライベートネットワーク（VPC）の外に出る部分については、原則、通信の暗号化を検討すべきでしょう。

では、専用線（AWS Direct Connect）を経由したオンプレミスデータセンターとVPC内のサービス間の通信では暗号化が必要でしょうか。これは利用するインフラをどこまで信用するかを考える必要があります。専用線であれば、基盤となっている物理回線（もしくは仮想回線）やその提供業者の運営の信頼度を考えたうえで暗号化の要否を検討することになります。信頼に確証がないなら、通信の暗号化を考える必要があるでしょう。

同様にAWSの内部の通信、例えばVPCの中に配置されたEC2間の通信は暗号化すべきでしょうか？ これもAWSのVPCという仕組み（インフラ）をどこまで信頼するかによって、暗号化の要否が決まります。

インフラの信用性が必要となる基準を満たさない場合は、ネットワークの上に仮想のネットワーク層を被せる（オーバーレイネットワーク）が検討可能です。しかし、一般的には基準を満たせるインフラを選択することが多く、オーバーレイネットワークの利用が必要になるケースは多くはないでしょう。

また、信頼はできると考えるが「その確証が欲しい」ということであれば、その確証をどう担保するかが検討ポイントになります。

例えばAWSでは、「AWSコンプライアンス」のページで、AWSがどういうオペレーションをし、それの（外部機関からの）監査をうけているか、どういった運営でセキュリティ事故が起こりにくい体制をとっているか等の情報を得られます[6]。ほかにもSOC（System & Organization Control）の監査レポート（SOC2）も取得可能ですので[7]、保証型の外部監査を元にクラウドサービスプロバイダーの安全性を評価可能です。こういった資料を元に必要な信頼を得られるかどうかを判断するとよいでしょう。

一般的な考え方としては、インターネットを経由する通信は原則すべて暗号化し、プライベートネットワーク（VPC）内の通信は暗号化しないというのが多くのユースケースで共通するパターンです。

---

[6] https://aws.amazon.com/jp/compliance/

[7] https://aws.amazon.com/jp/compliance/soc-faqs/

4.3.2 データ保存時の暗号化（encryption at rest）

もうひとつの暗号化である、保存時の暗号化（encryption at rest）について考えましょう。永続層（ストレージ装置や、Amazon S3、リレーショナルデータベース等の保存の仕組み）にデータを保存する際の暗号化をここで取り上げます。ストレージにデータを書き込む際に暗号化を施し、鍵無しでは読み取れないようにする仕組みです。

前述のように暗号化にはオーバーヘッドがかかりますが、これによってどれぐらいの性能ペナルティが発生するかを一概に規定するのは困難です。処理全体における暗号化／復号処理の比率によってオーバーヘッドの量が決まりますが、それはシステムに求められる内容や暗号化手法によって大きく異なるからです。

ただし一般的には暗号化処理の中で追加の負荷がかかるのは CPU ですので、CPU に余力がある環境においてはペナルティが問題になりづらいとは言えるでしょう。昨今は暗号化で必要な演算処理は CPU 側のハードウェア支援機能を利用できるケースも多く、この場合はオーバーヘッドを少なく抑えられます。

保存における暗号化の手法は「どこで（誰が）暗号化処理を実行するのか」、「鍵の管理方式」、「暗号化される範囲」の 3 つの軸で考える必要があります。「暗号化される範囲」とは、その暗号化が単一のファイルだけに行われるのか、それとも永続層全体（例えばディスクボリューム全体）に対して行われるのかの区別です。ほか 2 つの軸を元に利用する暗号化ソリューションが決まったあとで検討する部分なので、ここではこれ以上取り上げません。

どこで暗号化処理を実行するのか

これは、クライアント側で暗号化／復号処理を実施するのか、永続層（サーバー側）で実現するのかの違いです。クラウド上で提供されるサービスは暗号化機能を持っているものも多く、そういったサービスを利用する場合はサーバー側の暗号化が利用可能になります。OS のファイルシステム側に暗号化機能を付与するようなソフトウェア（ドライバ）を利用するようなケースもこのサーバー側に分類できます。一般的に、サーバー側で行われる暗号化処理はアプリケーション側への負担がなく、透過的に利用できる（追加のコーディングが不要）というケースがほとんどです。

サーバー側に暗号化機能がない場合、もしくはそれでは要件を満たさない場合はクライアント側での実装が必要です。これはアプリケーション自身が、なんらかのプログラムやライブラリを自分自身で呼び出して、暗号化処理を行ってから永続層に書き込み、読み出し時に復号を行ってからデータ処理を行う必要があり、サーバー側での実施と比較してアプリケーション側の負担は増えます。しかし、暗号化処理のタイミングやアルゴリズム等、ビジネスのニーズに合った処理が実現可能になります。

鍵の管理方式

データレイクにおいて鍵の管理は重要な検討事項です。クラウドに暗号化の仕組みがある場合は、鍵管理の仕組みも提供されていることが多いでしょう。AWSの基本的な鍵管理サービスはAWS KMS（Key Management Service）です。

AWS KMSではKMS上で自分用の鍵を作成するか、もしくは別の場所で作られた鍵を持ち込むことが可能です。KMSにはアクセス権限の管理機能があり、どのIAMユーザー、もしくはIAMロール（権限）がKMSにアクセス可能かを制御できます。アプリケーションやサービスはKMSから鍵を取り出して、暗号化／復号を実施します[8]。

AWSではKMSを利用する以外に、「ユーザー独自の鍵管理システムの利用」と「サービスにビルトインされた鍵での管理」という方法が用意されており、この3種類から選択します。

「ユーザー独自の鍵管理システムの利用」とは、KMSと同等の機能を持つ鍵管理システムを自社で運用する方式です。AWS KMSの利用と比較すると運用管理の負担が増加しますし、初期構築費用も高くなります。

もうひとつの「サービスにビルトインされた鍵での管理」とは鍵の管理を利用者がほぼ考える必要がない鍵管理の仕組みです。例えばEBSにビルトインで含まれる鍵を使った暗号化を利用する場合、ユーザーはEBS作成時に「ビルトインの鍵を使う」をクリックするだけで利用可能になります。これだけでEBSボリューム全体が暗号化され、追加の管理は発生しません。アプリケーションはEBSが暗号化されているかどうかを気にする必要もありません。EC2をEBSに接続すると、EC2からのアクセス時にEBSの中で自動的に暗号化／復号が行われます。

この状態はEBSに接続したEC2からは追加の手間も権限もなく（例えばKMSへのアクセス権限は不要で）データを取り出せます。このユースケースはどういった脅威からデータを守っているのでしょうか？

鍵管理とユースケース

あまり考えづらいことですが、「サービスにビルトインされた鍵での管理」は、データセンターの強固なセキュリティが突破され、ハードディスクが窃盗された場合の防御と言えます。物理ハードディスクだけ抜き出してきて別のコンピュー

[8] 厳密にはKMSに保存されているのはカスタマーマスターキー（Customer Master Key：CMK）であり、CMKを元に新しい鍵を生成してそれで暗号化／復号するのですが、ここでは詳細は省きます。

タに差し込んでも、暗号化されているため読み出すことはできません。鍵はストレージサービスとして別の場所で権限管理されているためです。

しかし、そういった「データセンターの運営（警備）が信頼できないクラウドサービスプロバイダー」を利用することは実際にありえるのでしょうか？ 運営は信頼はできそうだが、その確証が必要になるということであれば、暗号化で対応するのではなく前述の「通信の暗号化」で説明したようにクラウドベンダーの運用体制への監査情報や各種コンプライアンスへの準拠情報を確認することで代替できないかを検討してください。

上記のような物理的な窃盗リスクが（十分に）小さいと判断できた場合は、そのシステムにとっては「サービスにビルトインされた鍵での管理」を利用しても効果がないことが分かります。このように「セキュリティを高めるよう言われたので、何でもよいから暗号化しておこう」ではセキュリティレベルは向上しません。

では、逆に「ユーザー独自の鍵管理システムの利用」を常に選択すれば、よりセキュアになるかというと、そうとは限りません。自社の鍵管理はクラウドサービスプロバイダーより安全なのかという評価から考える必要がありますし、運用面の負担増も総合したうえで、価値がある対策かを検討する必要があります。

4.3.3　データレイクでの鍵管理と暗号化処理

ではここで、データレイクへの保存時の暗号化について考えてみましょう。AWSのデータレイクの保存層であるS3にファイルを置く場合はどのように考えるべきでしょうか？ 3種類の「鍵の管理方式」と2種類の「どこで（誰が）暗号化処理を実行するのか」で、計6つの組み合わせが考えられます（図4.4）。ただし「クライアント側」で「サービスビルトイン」という組み合わせは存在しえないので、計5種類です。

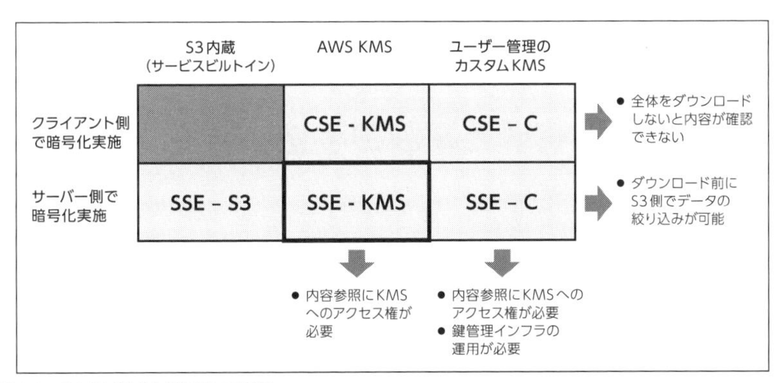

図4.4　S3における暗号化の手法

まず、クライアント側かサーバー側での違いに着目すると、AWSではサーバー側での鍵管理に性能面でのメリットがあることが分かります。Amazon S3にはデータの中身を条件にマッチしたオブジェクト（ファイル）だけ取り出すS3 SELECTという機能があるのですが、このS3 SELECTはS3サービス内で実行されるため、サーバー側で鍵を管理していなければ実行できません。クライアント鍵管理の場合はクライアント側にデータが取り出されるまでデータの中身を確認できないからです。

また、クライアント側での暗号化／復号は、クライアント側の負担を増やすことになります。データレイクで活用する場合はそれをラップするような共通の仕組みやライブラリを用意する必要があるでしょうが、多様なクライアントからアクセスされる可能性があるデータレイクで使うには、やや大きな制約になります。

鍵の管理方針に目を向けると、KMSを使う場合と、ユーザー独自の鍵管理システムの利用の場合だけ、2つの要素でデータが守られていることが分かります。つまりデータそのものであるS3へのアクセスに加え、鍵管理システムに保存されたCMK鍵にアクセスできる必要があります。このようにアクセスに必要な要素を多重化することがセキュリティレベルの向上に繋がります。

図4.4のマトリックスから、AWS上のデータレイクで暗号化が必要な場合、サーバー側の暗号化＋KMSという組み合わせを選択するとKMSとS3それぞれでアクセスコントロールが効くうえに性能面でのメリットもあるため、応用範囲が広いことが分かります。S3上のデータの暗号化を検討する場合は、まずは「サーバー側の暗号化＋KMS」で必要な基準が満たせないかを考えるとよいでしょう。

まとめると、まだデータレイクでの暗号化要件が固まっていない場合であれば、

1. そもそも暗号化しない（S3のアクセス制御機能があるので、それで保護する）
2. サーバー側暗号化＋KMSでの運用

をスタート点にして検討を進めるとよいでしょう。

4.4 権限管理と統制の手法

最後にデータレイクの権限（IDとパーミッション）管理と統制（監査、内部統制）の手法について考えます。権限、つまりどのIDを持つ個人／グループがどのリソースにアクセス可能かというコントロールの手法は、統制の手法（予防的統制、発見的統制）と共に考えることが重要です。

4.4.1 アクセス権限管理の考え方

アクセス権限の管理の基本は、アクセス権限を不要な人に付与しないことです。つまり、不要なアクセスを発生させない環境を構築できれば安全性は高くなります。しかし、一方で100%絶対に違反がおこらない環境を構築することは「できない」と想定する必要があります。

もし「絶対に違反が起こらない環境」が存在するとすれば、それは「なにもできない環境」です。利便性とリスクは比例関係にあるため、リスクばかり考えるだけでなく利便性とのバランスが大切になります。データレイクは活用されることが存在理由なので、ガチガチすぎる運用ポリシーを適用したあまり、使われないサービスになってしまっては意味がありません。

データレイクは利用ケースが多岐にわたるため、どれぐらい自由度が必要かは使ってみないと分かりずらいという特性があり、用途を構築前に完全に整理するのは困難です。また現時点で良いと思われた管理方法も将来的には最適ではなくなる可能性もあります。

そのための考え方として「ガードレール」を意識していただくのがよいでしょう。ガードレールは普段走行している際にはさほど意識しませんが、重大な事故を防ぐ効果があります。このように、ある程度の自由度は許容しつつも、被害を低減する仕組みを用意します。できることを絞り込む代わりに、異常を発見できる仕組みを持つことで統制していく（発見的統制）という考え方と言うこともできるでしょう。

権限の管理と統制（特に発見的統制）をセットで考える必要があるのはこういった背景によるものです。良くない活動やその徴候を発見し、重大事態にならないようなガードレールを作ることで安心してデータを活用できる環境を作っていくことを目指してください。

4.4.2 データレイクの権限管理

データレイクを含んだシステムで、権限管理（IDとパーミッションの管理）をする場合、どの層で管理をするかという点が検討ポイントになります。この領域は「こうすれば多くのケースで大丈夫」という手法が固まっておらず、企業内のニーズ、利用形態に合わせて検討する必要があります。

例えば、AWSの場合はデータレイクのデータ保存層はS3ですから、権限管理としてS3の権限管理機能を使うというのもひとつの案です。しかしS3の権限管理「だけ」で運用を完結させることは難しいでしょう。例えばS3のデータをRedshiftに取り込んで、RedshiftにBIサービスから接続してデータを閲覧するようなケースを考えると、S3へのアクセス権限だけでなく、分析層にあたるRedshiftへのアクセス権限、可視化／応用層にあたるBIサービスのアクセス権限の管理も必要になります。

このようにデータレイクの権限管理は、保存されたデータが活用する時点まで考える必要があり、検討範囲が多数のサービスにまたがる場合が多くあります。そのため、権限管理の負荷をどのようにして減らすか（シンプルにする、自動化する）がデータレイクの権限管理における鍵になります。

データレイクの権限管理の手法としては、大きく分けて次のような2つが考えられます。

1. 可視化／応用層の単位で権限の管理をする。複数の可視化／応用層間で権限範囲を同期させる
2. データレイクへの権限管理を一括で行う新たな層を構築し、各サービスはその新しい層に問い合わせをする

1. は、データレイクの概念ができる前からある考え方です。データレイクからのデータ取得やRedshiftへのログイン等はすべてデータレイク（インフラ）管理者側で用意してユーザーには権利を渡さず、BIサービス用のログインIDだけユーザーに渡します。この場合は可視化／応用層であるBIサービスでユーザーがどのデータにアクセスできるかといった権限設定を行うことになります。

旧来よりデータウェアハウス＋BIのシステムを構築する場合はBIサーバー自体にデータウェアハウスへの広い権限を与え、ユーザーへの権限はBIサービスのID管理機能でコントロールするといったことがよく行われてきました。それと同じ考え方です。

ただし、データレイクはデータの応用範囲がどんどん変わっていくことを前提にしていますので、BI以外の活用サービスも増えていきます。その場合は可視化／応用サービス間で各IDの権限範囲を同じにし続ける作業が必要になります。サービスが少ない、もしくは利用ユーザー数が少ないうちは手作業の管理も可能でしょうが、多くなっていくと運用を自動化する仕組み（活用サービス間での権限同期）が必要になります。自動化する仕組みをどう構築、維持するかがこの手法の課題になります。

2. は、データレイクと活用する層のあいだに新しくID管理層を作る案です。新しい権限管理の考え方であり、一般的にはクラウドサービスプロバイダー側で提供されるサービスです。AWSではAWS Lake Formationがこの案を実装しています。新しい案というとこちらのほうが良いような印象を与えるかもしれませんが、1. と2. のどちらが良いかは、環境やニーズによって異なります。

2. の場合データレイクへのアクセスは図4.5のようになります。この手法はデータレイクに新設されたID管理層で一括管理できるメリットがあります。その一

方でユーザーが利用するサービスが ID 管理層と連携することが前提になっています。必ず ID 管理層に問い合わせたうえで、発行された権限を受け取って利用する必要があるためです。Lake Formation を例にすると、Redshift や Athena、EMR は Lake Formation に対応しているため、Lake Formation との連携が可能です。

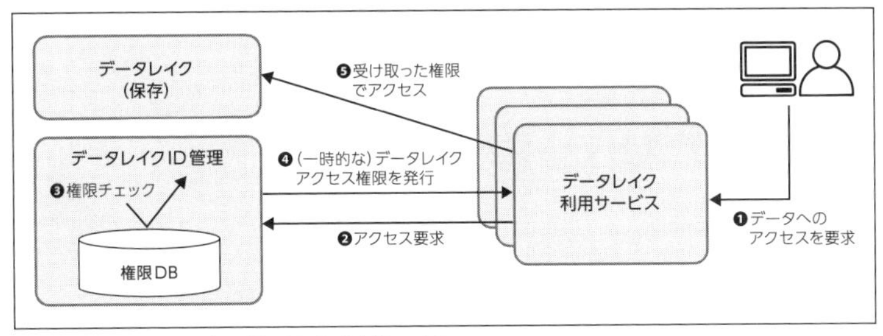

図 4.5　データレイクの権限管理を行う新しい層

つまり、この 2. の手法として Lake Formation を採用するメリットは、そういったサービス間インテグレーションの開発／運用をプラットフォーム側（AWS）の進化に任せられる（自分たちの負担を減らすことができる）という点にあります。AWS プラットフォームに次々と増えていくサービスに各利用ユーザーが対応するよりもプラットフォーム側が対応するというのは合理的です。

一方で Lake Formation に対応していないサービスについては、個別の検討が必要になります。こちらは従来どおり IAM ポリシーを適切に調整／管理する対応に加えて、利用するサービス独自で設定できる権限管理の機能を利用する形になります。なお、Lake Formation を利用した場合でも、先に IAM による認可（権限）チェックが行われますので、IAM で最低限必要な権限の絞り込みを行っておくことは重要です。

AWS 上でのデータレイク活用を考えると、Lake Formation に対応するサービスは今後増えることが期待できるため、2. を主軸に据えつつも不足部分を IAM 側や 1. で補うという方法が、検討のスタート点としてよいでしょう。

4.4.3　異動への対応

ID 管理にはもうひとつ検討すべき項目があります。それが部門異動や退職への対応です。異動することでその人がアクセスできるデータの範囲は変わりますので、異動と ID 管理は連動している必要あります。また退職した人の権限管理を怠ると社外へのデータ漏洩の危険性が高まりますので、検討しておくべき項目のひとつです。

幸いにも、こういった異動への対応は一般的な手法が確立されている分野です。ユーザーの異動管理を手作業で権限の変更を行うのではなく、ID管理サービスと企業のディレクトリを連動させることが一般的であり、多くのID管理ソリューションは、企業で一般的に使用されているActive Directoryとの連携、もしくはSAML（2.0）を使ったフェデレーションに対応しています。Active Directoryで構築されている環境でもADFSを使うことでSAMLフェデレーションが可能です。前述のLake FormationはSAML連携および、AWS IAM連携できるようになっています。

4.4.4 クラウドでの発見的統制

ここまでに説明してきたように、データレイクにおいては、活用は日々変わっていくものであり、誰にどう利用されるかを事前にすべて規定することは困難です。つまり、事前にすべてやれることを規定する（予防的統制）だけで制御するのは困難であり、より発見的統制を重視する必要があります。

発見的統制を行うには、確実に記録（監査記録）が取れることが重要になりますが、クラウドは記録が取りやすいのがメリットのひとつです。クラウドはすべてが仮想化されており、どんなインフラ作業もAPI呼び出しになっています（例えばネットワークの作成もすべてAPI操作）。そのため、ユーザーが手作業で物理的な変更を行ったのに記録に残っていないという事態が原理的に起こりづらくなっています[9]。

AWSでは、API呼び出しはAWS CloudTrailで記録できます。API操作の記録はファイルとして管理者（Administrator）のS3バケットに保存され、ほかのユーザーがアクセスすることはできません。デフォルトでONになっており、90日間ぶんの記録が検索可能になっています。また、S3に蓄積されたデータは本書で説明している各種AWSサービスで分析が可能になります。例えばCloudTrailのログをAmazon Athenaで検索する環境を簡単に構築可能です[10]。また、AWS Configを利用するとAWS内リソースの設定が継続的に記録され、変更を認識すると管理者に通知するような仕組みを作れます。AWS Configは、企業のルールを定義しておき、そのルールに即していない環境を検知する機能があり、発見的統制を支援できます。

なお、上記AWSサービスでも記録が取れない部分がある点には注意が必要です。例えばAmazon EC2（仮想サーバー）の中で実行されるOSコマンドなど

[9] クラウドサービスプロバイダーによっては、一部の作業やサービスが何らかの理由でAPI呼び出しではなかったり、記録が残らない場合もあるので確認が必要です。

[10] https://aws.amazon.com/jp/premiumsupport/knowledge-center/athena-tables-search-cloudtrail-logs/

はAWSのサービスからは伺い知ることが困難であり、必要であればOS常駐の監査モジュールなどで行動記録を取得することになります。RDB等データが保存される部分についても同様に検討が必要であり、例えばRDB固有のSQL記録機能で監査ログを残すといった方法が対応方法のひとつです。このような部分まで範囲を広げる必要があるかは、監査の目的やデータのセキュリティレベルによって異なります。

原則としては、まずは予防的な統制で利用を限定しつつも、最初から微細なレベルまでは限定せず、発見的統制を重視し、利用記録を元にセキュリティ基準を成長させていくのが望ましい考え方です。

4.5 データレイクを継続的に進化させていく

本章と第3章では、データレイクの運用とセキュリティについて説明をしてきました。データレイクは新しい要求に素早く対応できる環境の提供が求められます。データレイク周辺の領域は現在活発に議論されており、関連ソフトウェアの開発が続いています。近年新たに登場したOSSも多く存在します。クラウドサービスプロバイダーもそういった新しい流れを取り込んだ新サービスの提供を続けています。こういったデータレイク周辺で生まれてくる新しい環境の中から、自分たちに必要となるものを早期に取り入れ利用開始できるような仕組みや体制を作っておくことで、新しいユースケースに対応しやすくなります。

4.5.1 サービスの統制と組織

比較的小さな組織の中でデータレイクを構築している場合は、統制についての課題は存在しないかもしれません。利用者全員がある程度クラウド利用のスキルを持ち、各自何をしているのかを把握するのが可能な規模の場合です。この場合は利用者に比較的大きな権限を与えて、各自である程度自由に新サービスを使ってもらうようにし、利用してよいか不明な場合は連絡をもらうようなかたちでも運用が可能でしょう。しかし、その際にも何が起きているかを可視化するためにも発見的な統制を適切に組み込む必要があります。

一方で、ある程度規模が大きくなると、セキュリティ面でも、もしくは会社のルールとしても利用ユーザーに勝手に新サービスを使ってもらうということは難しくなっていきます。利用ユーザーが全員クラウドに詳しいとは限りませんし、自社のガイドラインに沿ったサービスかどうかは、運用チーム側で判断する必要が出てくるからです。ただし、新しいサービスを使うのが遅くなったり、使うために負担が大きな社内申請処理が必要になってしまうと、クラウド＋データレイクの良さが発揮できなくなってしまいます。

つまり基本的な考え方は、統制された環境を維持しつつ、ユーザーの要望や新しい技術の登場に合わせて使えるサービスや機能を継続に増やし、統制の方法も更新していくという対応が必要になります。

4.5.2 サービスの進化を進めるサイクル

こういった継続的な進化は、ウォーターフォール的な「最初にニーズをすべてを見通して、全体のルールや設計を決め、ステップにそって順に作り上げる」という方法での実現は困難です。構築の途中で新しい要求が出てきて、大きな手戻りが発生することに繋がりかねないからです。

そうではなく、一部のニーズだけでもよいので小さく始め、まずはデータ収集／保存／ETL／活用までの処理をエンドツーエンドで実現してみることを推奨します。そのあとにすこしずつニーズを取り込んで継続的に進化させていくのがよいでしょう。

この継続的な進化は終わりということはなく、次のようなステップを繰り返して進化を続けることになります。

- 調査（定期的）とフィードバックの収集
- ルールの確認
- 利用の促進

クラウドサービスプロバイダーは定期的に新しいサービスや新機能を追加するため、状況が日々変わっていきます。そのため、クラウドのアップデートにどういったものがあるかを調査する活動を定期的に行う必要があります。あらかじめ、定期的なアップデート調査を日々の運用計画の中に組み込むようにしておいてください。調査には情報の収集だけでなく、実際に動かしてみて挙動を確認するといった作業も含まれます。

また、利用者からのフィードバックを集めることも重要です。複数のフィードバックを集めることで、追加すべき新しい機能や新サービス、新たな基準（SLA）を把握できます。

次に新サービスが自社のデータレイクのルールやセキュリティ基準に沿って利用可能なものかどうかの判断と、どの範囲で利用可能か（例えばデータ重要度レベルがA以下に使用可能とする等）を決め、利用可能なサービスを増やしていきます。もしくは、重要度レベルが低いデータに対してであれば、自由に新サービスを使えるサンドボックスのような環境を作るのも一案でしょう。そのうえでユーザーのフィードバックを得る機会を作ってください。調査をしただけでは分からないような社内ニーズや、利用の阻害要因となっている要素を早めに発見できる環境が理想です。

また、利用の促進も新しい考え方のひとつです。利用してよいサービスを決め、それを簡単に使えるまでがデータレイク運用側の仕事になります。利用の促進は、教育の提供といった面もありますが、重要なのは自動化です。序章のコラム（P. 29）で紹介した Amazon.com の ANDES がよい例ですが、自動販売機でボタンを押せば簡単にものが買えるのと同様に、だれもがボタンを押せば自分の環境で新サービスが使えるようになるのが理想です（一方で無駄遣いを抑えるために、利用量の監視や、費用の受益者負担になる仕組み／ルール作りも重要です）。

このような取り組みを繰り返すことで、データレイクを継続的に進化させていってください。

4.6 まとめ

本章ではクラウド上のデータレイクにおけるセキュリティについてまとめました。

データレイクをひとつのサービスと捉え、具体的に防御したいシチュエーションを想定してから対策を検討することや、発見的統制の重要性を説明しました。

環境の変更／修正が容易であるというクラウドの利点を活かし、ウォーターフォール的に固定された開発／運用ではなく、まずは小さく始め、フィードバックを得ながら継続的に進化していく運用を心がけてください。

第 2 部

データレイクの実践（基礎編）

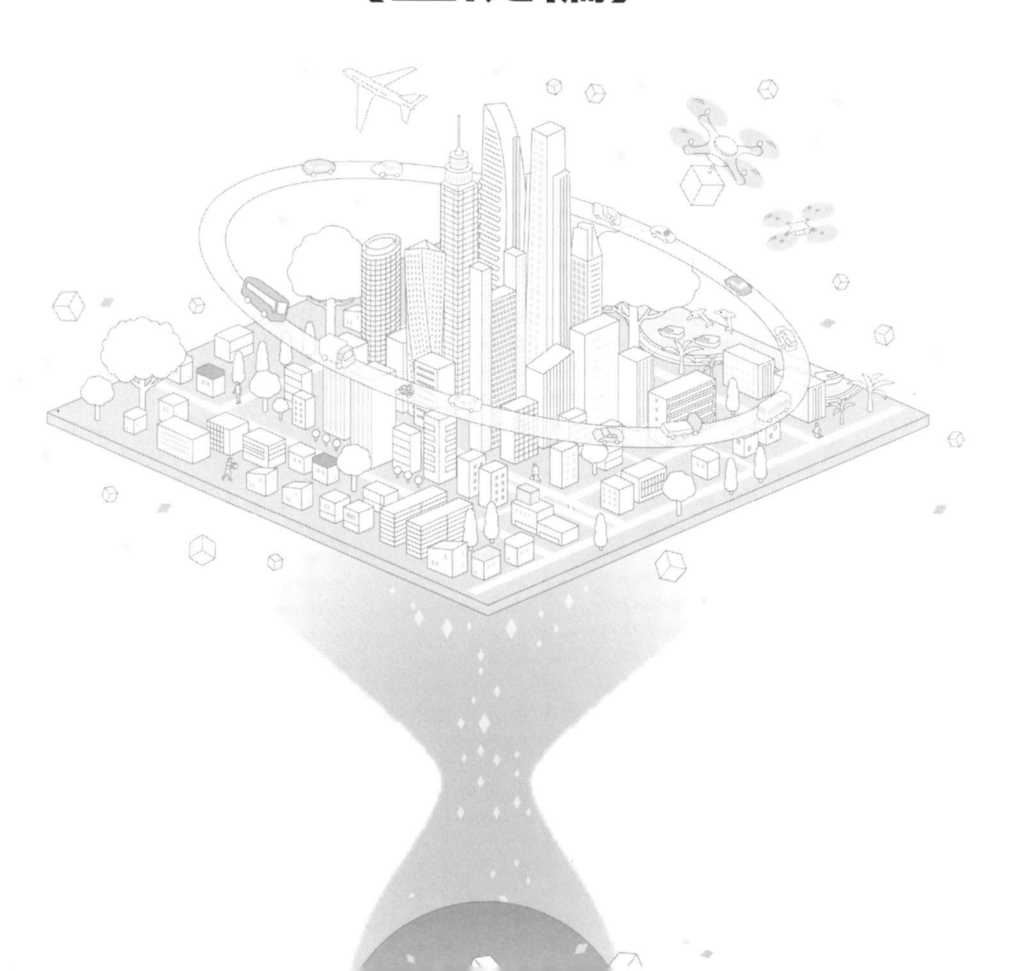

第5章 ハンズオンの概要
— ビジネスデータのデータレイク —

5.1 AWSにおけるデータレイクの開発

本書の第1部では、データレイクの概念やそれが求められるようになった背景、基本的なアーキテクチャやシステム構成、さらには運用やセキュリティにおけるポイントなどを見てきました。既存のシステムから出発して、なぜデータレイクが求められるようになったか、AWSでデータレイクを作るためにどのようなサービスがあるかなど、データレイクを企画したりプロジェクトとして進めたりするための基本的な情報が得られたかと思います。そこで、ここからはこれまで学んだ知識を活かして「どのようにして、実際にデータレイクを作っていけばよいのか」に焦点を合わせ、ハンズオン形式でデータレイクの作り方を学んでいくことにします。

5.1.1 本書で取り上げる構築事例

本書では、AWSを使ったデータレイクの構築の例を大きく2つ取り上げます。第2部ではビジネスデータを、第3部ではシステムが生成するログを題材として、データレイクを構築していく方法をご紹介します。前者に関しては、従来のデータウェアハウスやデータ分析の仕組みでも一般的なデータですので、読者の皆さんも馴染みがあるかもしれません。後者については、本書では特にAWSサービスから発生するログに主眼をおいています。またデータレイクの構築方法についても、両者で違いを持たせました。第2部ではAWSのマネージドサービスを使い、コーディングを極力しないアプローチを取ります。「AWSのマネージドサービスでここまでできる」というところを体感していただければと思います。第3

部では反対に、コーディングを含むシステム開発のお作法に則った形で、データレイクの構築を行います。AWS サービスの幅広さによって、ユーザーのニーズにきめ細かく応えられることを体感いただけるでしょう。

本書で紹介する 2 つの構築手法は、どちらが良い悪いというものであったり、また必ずしもどちらか一方を選択しなければいけなかったりするものではありません。実際の現場では、状況やフェーズに応じて両者を組み合わせて使うことが多いかと思います。本書の内容を参考に、自分たちのニーズにあったやり方を選んでください。

5.1.2 マネージドサービスで作るデータレイク

それではここから、サンプルの販売履歴データ／Amazon.com マーケットプレイスのレビューデータ／スタースキーマベンチマークの発注履歴データなどのビジネスデータを使って、ハンズオン形式でデータレイクを構築を進めていきます。各章で扱うシステムとその機能、AWS のサービスは次のとおりです。

- **第 6 章：販売履歴データを BI サービスで可視化（Amazon QuickSight）**
  手元にあるデータを使い簡単にデータを可視化できること、可視化によりデータから価値が得られることを確認します。まずは実際にデータの価値を感じてみましょう。

- **第 7 章：販売履歴データを SQL で分析（AWS Glue データカタログ）**
  ストレージに保存したデータを、SQL で分析します。SQL に慣れることで、さまざまな分析を簡単に行えることを見ていきます。

- **第 8 章：ETL 処理でデータ変換（AWS Glue ジョブ）**
  Amazon.com マーケットプレイスのレビューのデータを使い、ETL（Extract/Transform/Load）処理によりデータの変換を行います。分析の前に最適なデータの形に変換することで、ビジネス面や性能面においてどのような効果を発揮するかみていきます。

- **第 9 章：発注履歴データを使い DWH で分析（Amazon Redshift）**
  DWH（Data Warehouse）を使い本格的な分析を行います。大規模なデータセットに対して、DWH の特徴や効果をみていきます。

BI ツール単体での小さな仕組みから DWH による分析システムまで、すべて AWS のサービスで実現していきます。これらの構築には設備的準備や開発は不要であり、すべてオンラインで実現できるようになっています。

ハンズオンで利用するデータのサンプルとして、第 8 章では、Amazon.com

マーケットプレイスのレビューのデータを用います。これは、Amazon.com で販売された製品に対し 1995 年から 2015 年の 20 年間にわたって得られたカスタマーレビューをまとめたものです。さまざまな製品に関するものがあり、全体では 1 億件以上のデータが提供されています。データの利用については制約事項が設けられており、自然言語処理／情報検索／機械学習などのリサーチ目的で利用できます。詳細については前述のサイトのライセンスに関する情報を確認してください。本書においては、このデータを本書の学習目的でのみ利用するものとします。

Amazon Customer Reviews Dataset
`https://s3.amazonaws.com/amazon-reviews-pds/readme.html`

また第 9 章では、スタースキーマベンチマーク（Star Schema Benchmark: SSB）と呼ばれる、ベンチマーク用のデータセットを利用します。こちらは DWH の典型的なデータの持ち方であるスタースキーマを用いて、販売履歴情報を表すデータです。本書で用いるデータでは、中心となる販売履歴のレコード数は 6 億件以上になります。このデータに対して、Redshift の並列分散処理や独自アルゴリズムによる高速な処理を行なっていきます。

5.2 ハンズオンの準備

以降では、第 2 部のハンズオンを行うにあたり必要な準備について説明しておきます。

5.2.1 AWS アカウント作成

ハンズオンを試すには AWS のアカウントが必要です。AWS アカウントをお持ちでない場合は次のサイトを確認し、AWS アカウントを作成しておいてください。

AWS アカウント作成の流れ
`https://aws.amazon.com/jp/register-flow/`

また、商用利用している AWS アカウントの利用は避けてください。商用環境に影響がないよう、個人の検証用の AWS アカウントか今回のハンズオン用に別途 AWS アカウントを作成していただくことを強くお勧めします。

5.2.2 ハンズオンの費用について

ハンズオンの際、AWS に作成したリソースに対しては費用が発生します[1]。AWS には各 AWS サービスごとに無料利用枠[2] があり、今回のハンズオンの一部は無料利用枠に収まります。ただし、無料枠の対象であっても AWS リソースを起動したままにしておくと無料利用期間が過ぎたタイミングで料金が発生します。また、無料枠の対象となっていないサービスもあります。継続的な課金を防ぐために、ハンズオンが終わり不要になったら AWS リソースの削除を忘れないようにしましょう。AWS リソースの削除手順は本書のサイト（https://techiemedia.co.jp/books/）にある、削除手順の案内を確認してください。

5.2.3 AWS IAM

IAM（Identity and Access Management）は、AWS リソースをセキュアに操作するために認証／認可の仕組みを提供するマネージドサービスです。次のような機能があり、IAM 自体の利用は無料です。

- 各 AWS リソースに対して別々のアクセス権限をユーザーごとに付与
- 多要素認証（MFA：Multi-Factor Authentication）によるセキュリティ強化
- 一時的な認証トークンを用いた権限の委任
- ほかの ID プロバイダーで認証されたユーザーに AWS リソースへの一時的なアクセス
- 世界中の AWS リージョンで同じアイデンティティと権限の利用

IAM には次の 4 つのエンティティがあります。

IAM ユーザー：AWS を操作する人やサービス
IAM グループ：IAM ユーザーの集合
IAM ポリシー：AWS へのアクセス許可の定義
IAM ロール：IAM ユーザーやサービスに対して権限の委譲

IAM を使った管理者と運用グループの例を見ていきます（図 5.1）。管理者の例では、全操作許可の IAM ポリシーを管理者の IAM ユーザーにアタッチしています。これによってこの IAM ユーザーは管理者としての全操作を行うことが

[1] https://aws.amazon.com/jp/pricing/
[2] https://aws.amazon.com/jp/free/

できます。運用者グループの例は、S3 の参照許可の IAM ポリシーを運用者用の IAM グループにアタッチしています。IAM グループ内の IAM ユーザーは IAM グループにアタッチされた IAM ポリシーの権限を自動で取得します。これによって IAM グループ内の運用者は S3 の参照のみ行なえます。

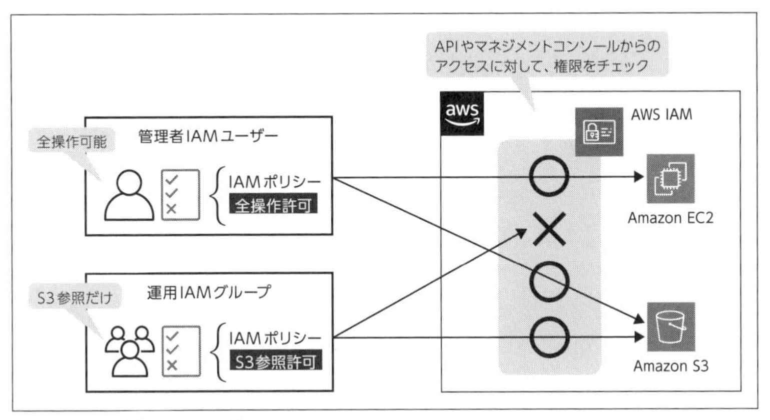

図 5.1　IAM の動作イメージ図

5.2.4　IAM ロール

IAM ロールは、このあとの章でも度々登場するのでもうすこし説明します。図 5.2 では S3 参照許可の IAM ポリシーを IAM ロールにアタッチしています。

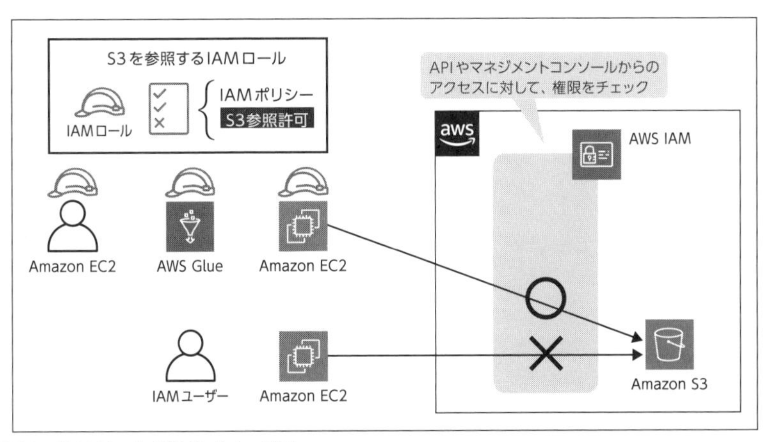

図 5.2　IAM ロールの動作イメージ図

この帽子の形をしたアイコンのIAMロールは、帽子を被せるようにほかのIAMユーザーにアタッチできます。これによってIAMロールにアタッチされたIAMポリシーの権限を、ほかのIAMユーザーに委譲できます。

また、このIAMロールはIAMユーザー以外にAmazon EC2やAWS GlueなどAWSの各種サービスにもアタッチできます。これによってEC2やGlueで実行されるプログラムが、IAMロールにアタッチされたIAMポリシーの権限を持ちます。例えばEC2やGlueで実行されるプログラムがS3のオブジェクトを参照する場合、このIAMロールがアタッチされていることで問題なくS3を参照できます。

5.3 ハンズオンで使うIAMユーザーの作成

以降では第2部のハンズオンを行うIAMユーザーを作成します。AWSアカウントを初めて作成した場合は、AWSアカウントの作成に使用したメールアドレスとパスワードでサインインします。

このアイデンティティはAWSアカウントのルートユーザーと呼ばれ、このAWSアカウントのすべてのAWSサービスとリソースに対して完全なアクセス権限を持ちます。AWSのセキュリティにおけるベストプラクティスは、日常的なタスク（管理者タスクであっても）にはこのルートユーザーを使用しないことです。

ベストプラクティスに沿い、IAMを使って今回のハンズオンで利用するIAMユーザーを作成します（ユーザー名は任意の名前で構いません）。今回はハンズオンのため作成するIAMユーザーに管理者権限を付与しています[3]。本番で利用する際は要件に合わせた権限設定をしてください。

IAMユーザー：lake-fishing（任意の名前）
IAMポリシー：AdministratorAccess

`https://console.aws.amazon.com`にアクセスし、AWSマネジメントコンソールにルートユーザー（メールアドレス）でログインします。AWSマネジメントコンソールで、右上のメニューから利用リージョンを［東京］に設定します。このあとの章でもすべて東京リージョンを使います。

[3] ルートユーザーは権限の制御ができずパスワードが漏洩してしまうとフルアクセス権限を奪われてしまいます。パスワードが漏洩したときのリスクを軽減するために多要素認証（MFA）を設定し、日常的な管理タスクには権限の制御が可能なIAMユーザーを使いましょう。 https://docs.aws.amazon.com/ja_jp/IAM/latest/UserGuide/getting-started_create-admin-group.html

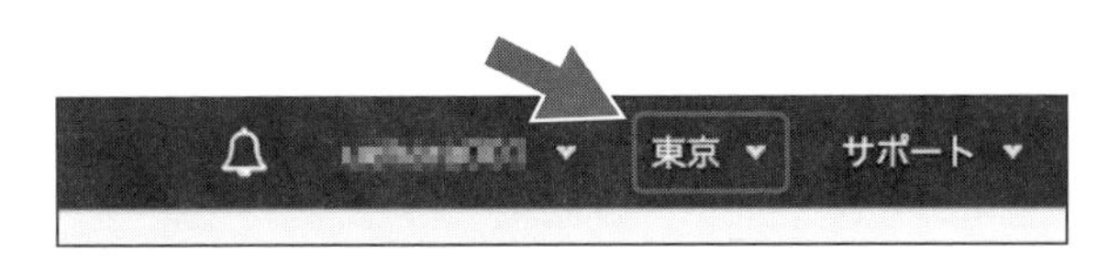

図 5.3　AWS マネジメントコンソール操作画面

サービス一覧から IAM を選択します。検索欄で「iam」と入力して絞り込みができます。

図 5.4　IAM サービスの検索

左側メニューの［ユーザー］をクリックし、右上の［ユーザーを追加］をクリックします。

図 5.5　ユーザーの追加

ユーザー名に "lake-fishing"、［AWS マネジメントコンソールへのアクセス］にチェックを入れ、［カスタムパスワード］にチェックを入れ任意のパスワードを入力し、［パスワードのリセットが必要］のチェックを外し、右下の［次のステップ：アクセス権限］をクリックします。

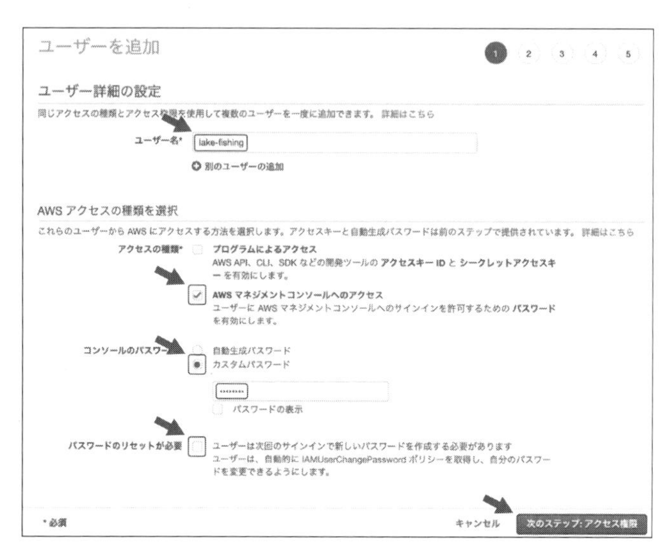

図 5.6　IAM 操作画面

［既存のポリシーを直接アタッチ］をクリックし、［AdministratorAccess］のポリシーを検索欄から探しチェックを入れ、右下の［次のステップ：タグ］をクリックします。次の画面は何もせず［次のステップ：確認］をクリックします。

図 5.7　既存ポリシーのアタッチ

最後に確認画面が表示されます。［**ユーザーの作成**］をクリックしユーザーが作成されます。

ユーザーを追加　1 2 3 4 5

確認

選択内容を確認します。ユーザーを作成した後で、自動生成パスワードとアクセスキーを確認してダウンロードできます。

ユーザー詳細

ユーザー名	lake-fishing
AWS アクセスの種類	AWS マネジメントコンソールへのアクセス - パスワードを使用
コンソールのパスワードの種類	カスタム
パスワードのリセットが必要	いいえ
アクセス権限の境界	アクセス権限の境界が設定されていません

アクセス権限の概要

次のポリシー例は、上記のユーザーにアタッチされます。

タイプ	名前
管理ポリシー	AdministratorAccess

タグ

追加されたタグはありません。

キャンセル　戻る　ユーザーの作成

図 5.8　ユーザーの作成

次の画面では、新しく作成したユーザーでログインするための 12 桁のアカウント ID を含む URL が表示されるので保存しておきます。以後の操作は作成した IAM ユーザーで進めるため、ここで AWS からサインアウトします。画面右上のアカウント ID かアカウント名をクリックし［**サインアウト**］を選択します。

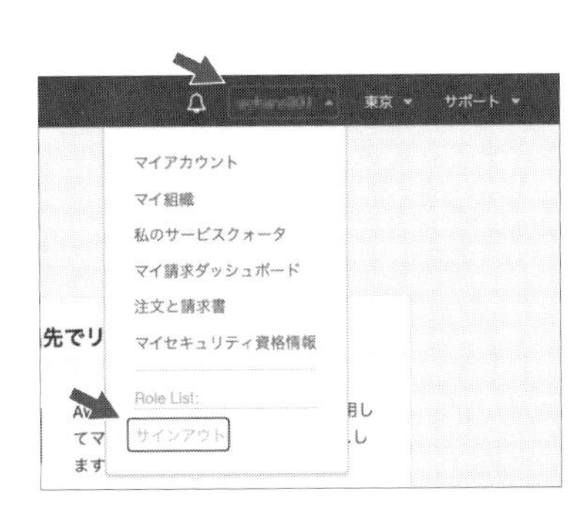

図 5.9　サインアウト

なお、以降のハンズオンで実行するコマンドは、次のサイトから入手してコピー＆ペーストで実行することもできます。

https://techiemedia.co.jp/books/

では6章の“データを可視化する”から始めていきましょう。

第6章 データを可視化する

データから必要な情報を引き出し、売上や登録ユーザー数などビジネスにおける重要なメトリクスを分析／レポーティングするために、データの可視化が必要となります。見やすく可視化したデータを多くの人が閲覧し、さまざまな角度で分析することでより深い洞察が得られ、ビジネスにおける意思決定や正確な状況の把握に役立てることができます。

6.1 ビジネスの情報を可視化する

では、適切な意思決定や深い洞察を得るために、どのようなデータをどこから入手できるでしょうか。例えば、自社でコンシューマー向けのサービスを提供している場合、自社のデータストアに顧客データ／販売データ／ユーザー行動などのデータを蓄積していることでしょう。また、複数の部署や関連会社と連携してビジネスを進めている場合、その部署や会社から必要なデータが連携されることもあるかと思います。これらのデータはCSVやJSON形式のファイルであったり、データベースのテーブルであったり、さまざまな形で保管／利用されています。

このようなデータを可視化／分析したい場合、どのような手段があるでしょうか。例えば、レコード数の少ないCSVファイルであれば、表計算ソフトに読み込みグラフ化するだけで簡単に可視化できます。レコードの多いCSVファイルやデータベースであれば、分析用のソフトウェアをインストールし、データを読み込んで可視化することもあるでしょう。

さらに、昨今では分析のためにクラウドサービスを活用するようなシーンも一般的になりました。クラウドサービスを活用することで、サーバー管理やソフトウェアのインストールなどの手間を省き、手軽に目的の分析を始められます。

ここでは、AWSにて提供されているBI（Business Intelligence）サービスを活用し、データ分析の基礎を学んでいきます。

6.2 AWSのBIサービス Amazon QuickSight

第2章でも登場しましたが、QuickSightはサーバーレスでフルマネージドな従量課金制のBIサービスです。Amazon S3にあるデータや、オンプレミスにあるJDBC接続可能なデータベースのデータや、AWSのサービスであるAmazon RDS、Amazon Athena、Amazon Redshiftなどと連携してデータを可視化できます。また、QuickSightにはSPICE（Super-fast、Parallel、In-memory Calculation Engine）というインメモリ型の高速データベースが内蔵されています。このSPICEの領域にデータを取り込んでおくことで、データソースに負荷をかけず高速な応答が可能になります。もちろん、SPICEを使わずAthenaやRedshiftに直接クエリ（SQL）を発行して利用することも可能です。

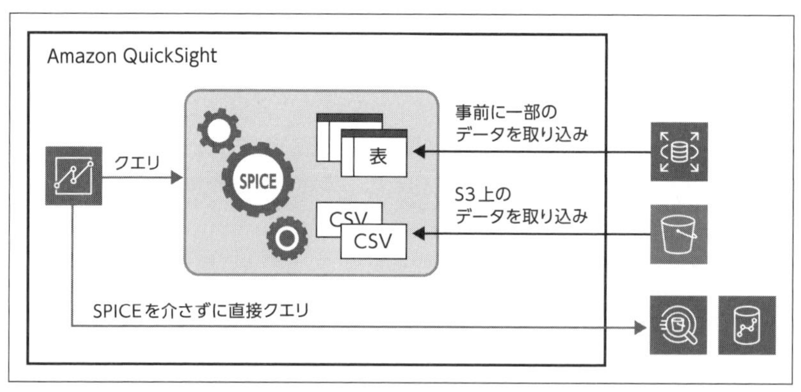

図6.1 QuickSightの全体像

今回は、サンプルとして手元にある販売履歴データのCSVファイルを使います。このCSVファイルから、QuickSightでダッシュボードを作成します。

QuickSightで販売履歴データに適したグラフを選択し、QuickSightの基本的な機能を使いながら期間と地域ごとの売上の推移を可視化します。フィルタリング機能で分析したい期間を絞り込み、寄与率分析機能で特定地域の利益に対する製品の寄与率を分析、さらにML InsightsというML（Machine Learning）機能による予測を用いて未来の売上を予測し、インサイトを得ていきます。また、多くの人が分析できるようにこれらのダッシュボードをほかのユーザーに共有してみましょう。

6.3 販売データを QuickSight で可視化

6.3.1 QuickSight へサインアップ

ユーザー作成時のログイン用 URL やアカウント ID を使って、IAM ユーザーで AWS マネジメントコンソールにログインし、サービス一覧から QuickSight を選択します。初めて利用する場合は次の画面が表示されますので、［Sign up for QuickSight］をクリックします。

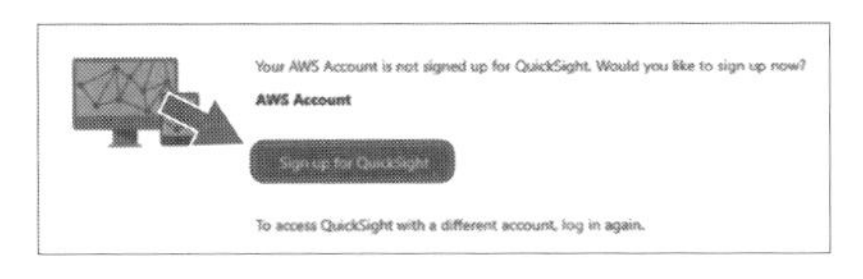

図 6.2　QuickSight 操作画面

この画面ではエディションを選択します。スタンダードエディションとエンタープライズエディションの 2 つから選択できます。どちらのエディションも最初の 1 ユーザーが無料で利用できるため、ここではエンタープライズエディションを選択します。なお、スタンダードエディションを選択してもあとからエンタープライズエディションにアップグレードすることが可能です。

エディション	◎ スタンダード版	◉ エンタープライズ版
一人目の作成者 (SPICE 容量 1 GB を含む)	無料版	無料版
60 日間の無料トライアル (作成者 4 名)*	無料版	無料版
1 か月当たりの作成者の追加 (年単位)**	$9	$18
1 か月当たりの作成者の追加 (月単位)**	$12	$24
閲覧者の追加 (セッションに応じた課金)	N/A	$0.30/セッション (最大 $5/リーダー/月) ****
1 か月当たりの SPICE の追加	$0.25 per GB	$0.38 per GB
SAML または OpenID Connect を使用したシングル…	✓	✓
スプレッドシート、データベース、およびビジネスア…	✓	✓
プライベート VPC のデータアクセス		✓
行レベルのダッシュボードセキュリティ		✓
SPICE データセットの毎時更新		✓
保管時のセキュアなデータ暗号化		✓
Active Directory への接続		✓
Active Directory グループの使用 ***		✓
E メールレポートの送信		✓

図 6.3　エディションの選択

選択したら画面下部にある[続行]をクリックします。次の画面ではQuickSightアカウントの設定を行ないます。

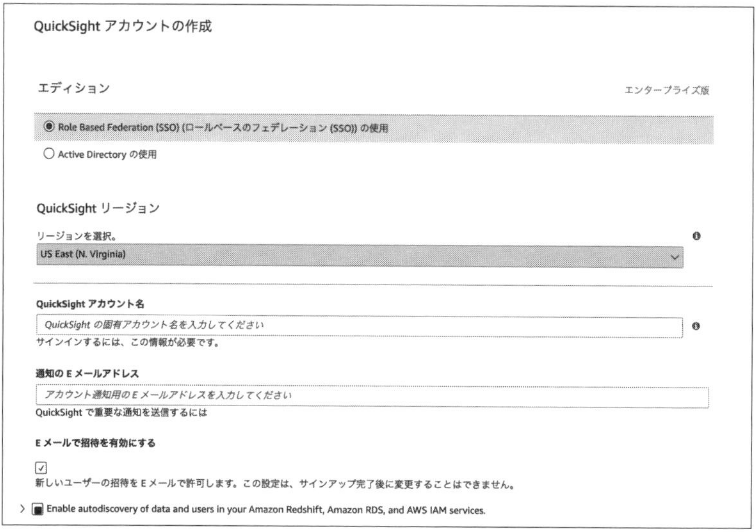

QuickSight アカウントの作成

エディション　エンタープライズ版

Role Based Federation (SSO) (ロールベースのフェデレーション (SSO)) の使用

Active Directory の使用

QuickSight リージョン

リージョンを選択。

US East (N. Virginia)

QuickSight アカウント名

QuickSight の固有アカウント名を入力してください

サインインするには、この情報が必要です。

通知の E メールアドレス

アカウント通知用の E メールアドレスを入力してください

QuickSight で重要な通知を送信するには

E メールで招待を有効にする

新しいユーザーの招待を E メールで許可します。この設定は、サインアップ完了後に変更することはできません。

Enable autodiscovery of data and users in your Amazon Redshift, Amazon RDS, and AWS IAM services.

図 6.4　QuickSight アカウントの設定

QuickSightリージョンは、QuickSightのユーザー（作成者ユーザー[1]）に付属するSPICE容量がどのリージョンに確保されるかを指定するものです。今回は［Asia Pacific(Tokyo)］を選択します。なお、ここで選択した以外のリージョンにもSPICE容量を追加することは可能です[2]。QuickSightアカウント名は“chap6”（任意の名前）を入力します（アルファベット、数字、ハイフンのみ利用可能）。通知のEメールアドレスには、自身のメールアドレスを入力します。それ以外のチェックボックスは［Enable autodiscovery of...］の左側の［>］をクリックして［IAM］の箇所だけチェックし、そのほかはデフォルトのまま［完了］をクリックします。

これでサインアップが完了しQuickSightが利用可能になりました。［Amazon QuickSightに移動する］をクリックします。

[1] 作成者ユーザー（Author）はダッシュボードの作成や公開ができるユーザーのことです。

[2] SPICE容量は1作成者（Author）あたり10GB利用可能で、有料になりますが容量を追加することも可能です。

図 6.5　サインアップ完了

QuickSight の画面が表示されていれば問題ありません。

図 6.6　QuickSight の画面

6.3.2 CSV ファイルをダウンロード

サンプルとして販売履歴データの CSV ファイルを利用します。次の URL から本書用の CSV ファイルを手元の PC にダウンロードします。

```
https://aws-jp-datalake-book.s3-ap-northeast-1.amazonaws.com/
chapter6/salesdata.csv
```

ダウンロードしたファイルを確認すると、次のように CSV 形式でデータが格納されていることが分かります。Date（日付）は日 / 月 / 西暦（2 桁）で記録されており、2017 年 1 月 1 日から 2018 年 11 月 17 日まで 199,839 行のデータが含まれています[3]。

[3] この CSV を表計算ソフトで見ると、日付部分の解釈方法により想定とは違う日付に見える場合があります。Windows ではメモ帳で開いてください。

```
1 Date,Product Categories,Geo,Revenue↓
2 1/1/17,Digital,Turkey,1738.04848↓
3 1/1/17,Movies,Turkey,3359.74848↓
4 1/1/17,Industrial,Turkey,3553.54288↓
5 1/1/17,Games,Turkey,257.30696↓
6 1/1/17,Office Supplies,Turkey,7479.57508↓
7 1/1/17,Computers,Turkey,787.6508↓
```

図 6.7 販売データファイルの中身

6.3.3 QuickSight に CSV ファイルをアップロード

QuickSight の画面の右上で、さきほど指定したリージョンが選択されていることを確認します。画面が英語表示の場合は右上の人型のアイコンをクリックし日本語に変更します。確認できたら左上の［新しい分析］をクリックします。

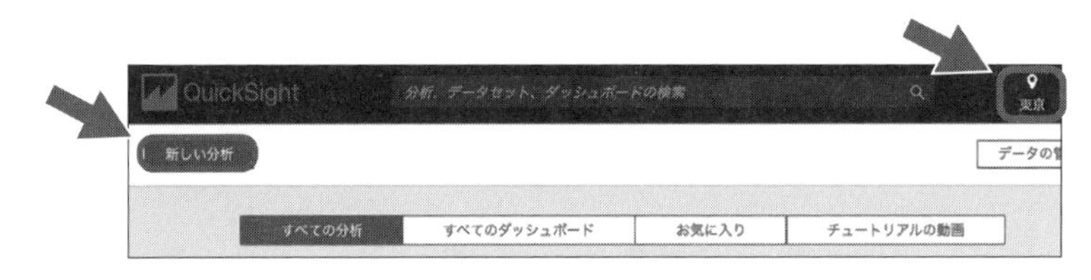

図 6.8 表示の変更

次の画面で左上の［新しいデータセット］をクリックし、さらに［ファイルのアップロード］をクリックします。

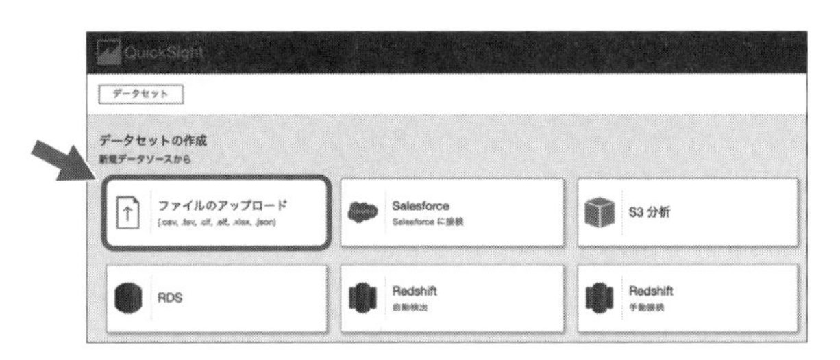

図 6.9 ファイルのアップロード

ファイル選択のダイアログでさきほどダウンロードした CSV ファイルを選択します。確認画面が出ますので、左下の［設定の編集とデータの準備］をクリックします。

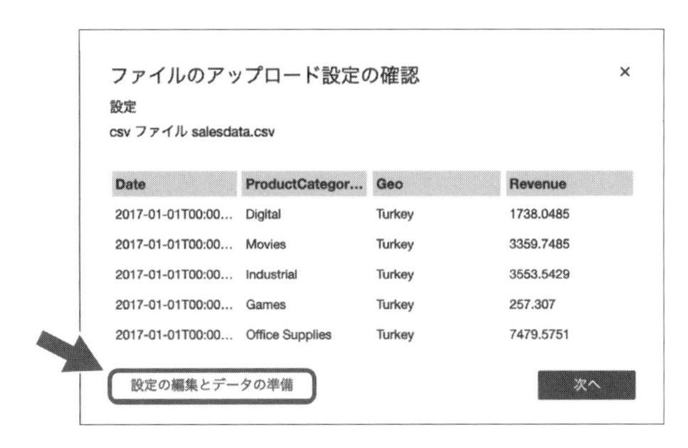

図 6.10　CSV ファイルを選択

この画面では分析の前の準備をします。表示する列名やデータセットの名前を日本語で分かりやすくするなど、データを利用しやすい形にできます。とくに変更しなくても分析はできますが、ここでは分析前の準備としてすこし設定を行います。

- 画面の右側に列名、列の型、データが表示されています。列名は CSV の最初の行から自動的に生成されますが、分かりやすいように別の名前を付けることが可能です。ここでは次のように修正します（各列の鉛筆マークをクリックすると列名を変更できます）。
  - Date →販売日
  - ProductCategories →製品カテゴリ
  - Geo →地域
  - Revenue →収益
- 画面上部の salesdata と入力されている枠で、このデータセットの名前を付けることが可能です。任意の文字列に変更してください。ここでは「販売データ」とします。

6

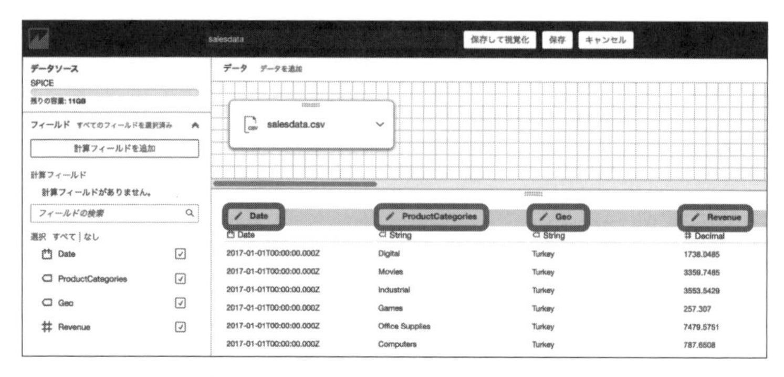

図 6.11　ファイルのアップロード設定の確認

入力が終わったら、画面上部の［保存して視覚化］をクリックし、分析画面に移動します。

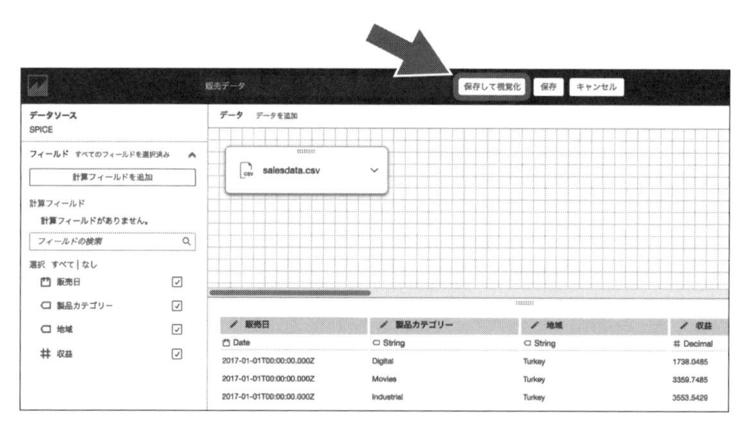

図 6.12　分析画面へ移動

QuickSight のインメモリデータ領域である SPICE にデータが取り込まれるまですこし待ちます。右上の表示が［インポートの完了］となったらデータの取り込みが完了しています。完了したらこのダイアログは［X］をクリックして閉じて問題ありません。

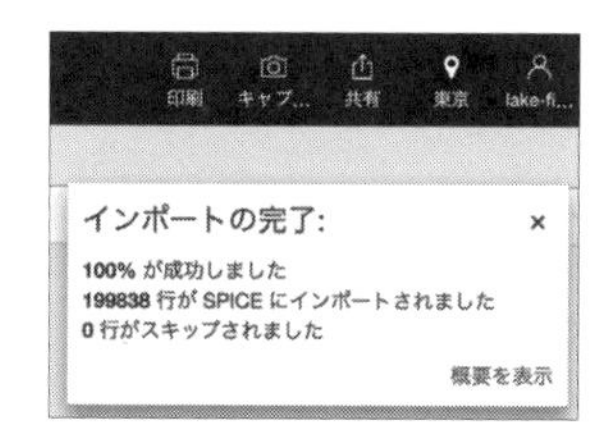

図 6.13　SPICE にデータをインポートする

6.3.4　QuickSight でグラフを作成

ここからは SPICE に取り込んだ CSV ファイルを可視化していきます。画面左上に［フィールドリスト］があり、読み込んだデータの列（フィールド）が表示されています。画面右にある白い領域が［ビジュアル］です。このビジュアルに、左下にあるビジュアルタイプ（グラフの種類）を設定してさまざまなグラフを利用します。左上にある「+」ボタンでビジュアルを複数追加することが可能です。デフォルトではビジュアルタイプが［AutoGraph］になっています。これは選択したフィールドによって自動的にビジュアルタイプを選択する機能です。そしてビジュアルはドラッグ・アンド・ドロップでサイズを変更したり位置を入れ替えたりでき、見やすいように調整できます。

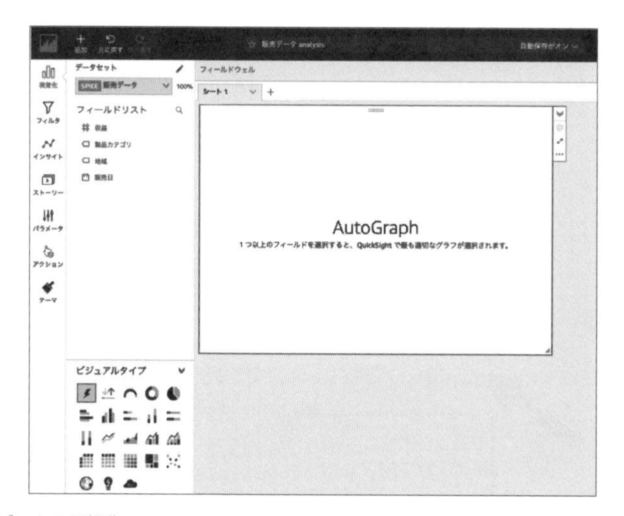

図 6.14　データの可視化

ビジュアルに今回は［垂直積み上げ棒グラフ］（上から２段目、左から４番目のアイコン）を選択します。

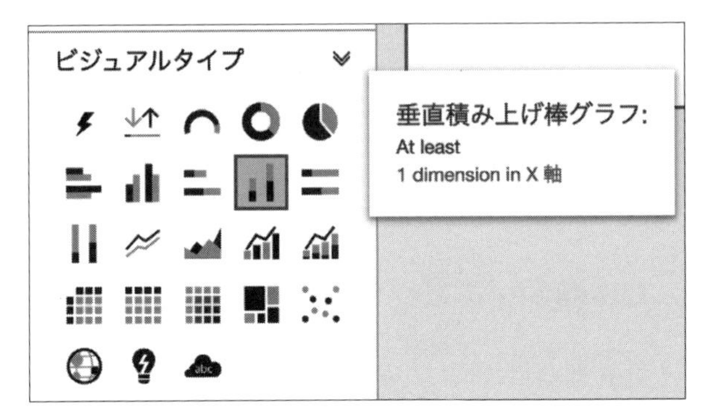

図 6.15　ビジュアルタイプの選択

選択すると、右側のビジュアルの上部に［フィールドウェル］が表示されます。

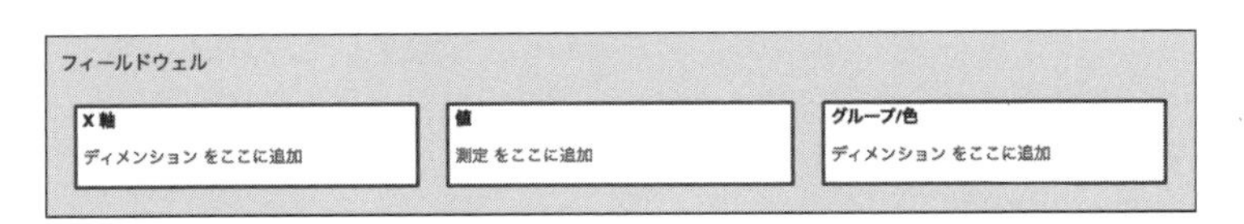

図 6.16　フィールドウェル

フィールドウェルの３つの領域に、左のフィールドリストからフィールドをドラッグ・アンド・ドロップすることでそのフィールドデータを元に可視化が行われます。まずＸ軸（横軸）から設定します。今回は時刻に沿ったデータの変遷を見たいため、［販売日］フィールドをドラッグ・アンド・ドロップします。

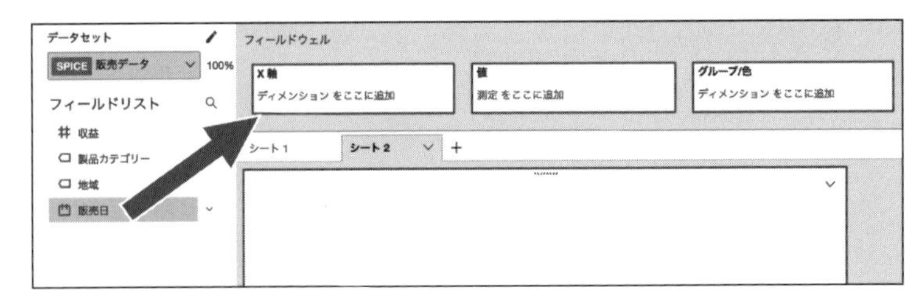

図 6.17　販売日フィールドをドラッグ・アンド・ドロップする

同様に値には［収益］を、グループ / 色には［地域］をドラッグ・アンド・ドロップすると、次のようなビジュアルが出力されます。

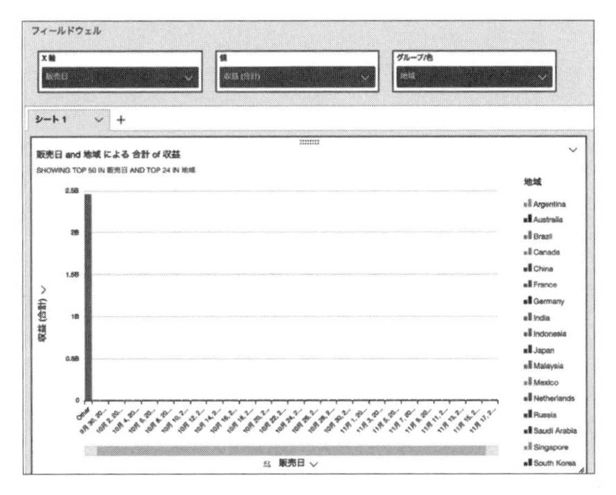

図 6.18　グラフ画面

これはまだ本来見たいグラフになっていないので、すこし修正します。グラフの左端に Other の棒グラフ（赤い細い線）ができていますが、これは表示の粒度が「日」単位になっており、デフォルトの表示可能量を超えているため、結果として描画しきれないものが Other として積算されるためです。

今回は 2 年弱のデータがあり日単位だと細かすぎるため、週や月で集約して全体を確認します。グラフを見やすくするため、日単位で集計されている X 軸（販売日）の粒度を週単位に変更します。X 軸のフィールドウェルに置いた［販売日］の右側にある▼マークをクリックして集計を［週］に切り替えます。

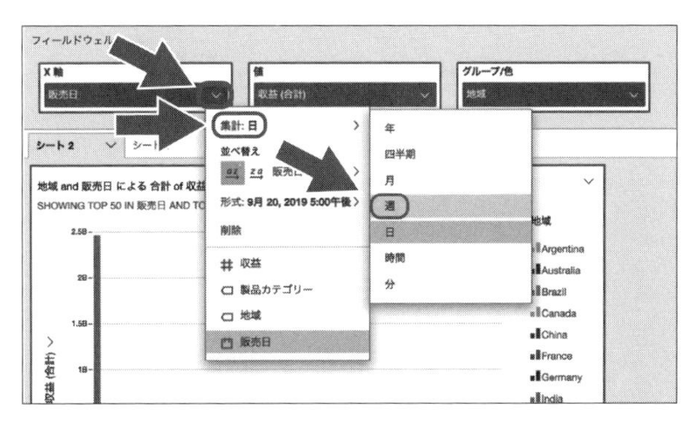

図 6.19　販売日の粒度を変更する

グラフが更新されますが、これでもまだ表示しきれずにOtherになるデータが存在しています。これはデフォルトでは積み上げ棒グラフのX軸は最大50個までしかデータポイントを表示しない設定になっているためです（サンプルデータは約97週ぶんあります）。そこでX軸の最大表示量を増やします。ビジュアルの右上にある［⚙］（ビジュアルのフォーマット）をクリックします。左側にダイアログが表示されるので、その中のX軸の［表示されたデータポイントの数］に“100”と入力しエンターをクリックします。

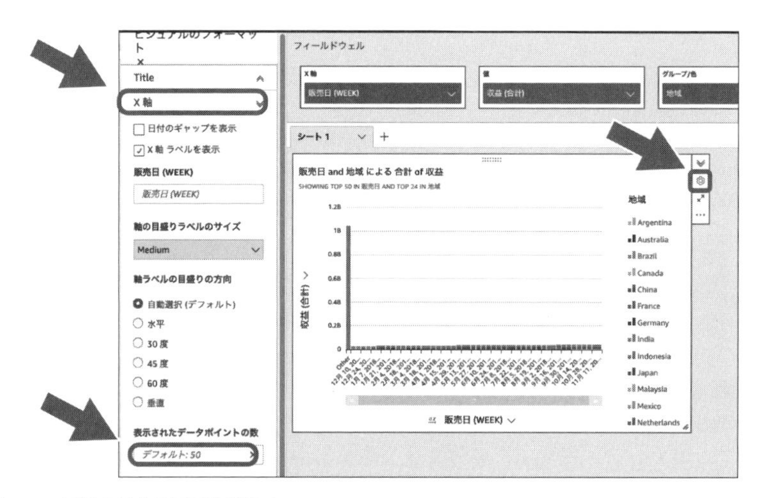

図 6.20　X軸の最大表示量を増やす

これで、次のようなグラフが表示されます。見やすいように横スクロールバーやビジュアルの大きさを調整してみましょう。各棒グラフの上にマウスカーソルをあわせると、その部分の値が表示されます。大きな部分を占める緑色の部分はUSAでの売上、中盤にある赤色はJapanの売上ということ等が分かります。また全体としては堅調に売上が上がっていることが見て取れます。

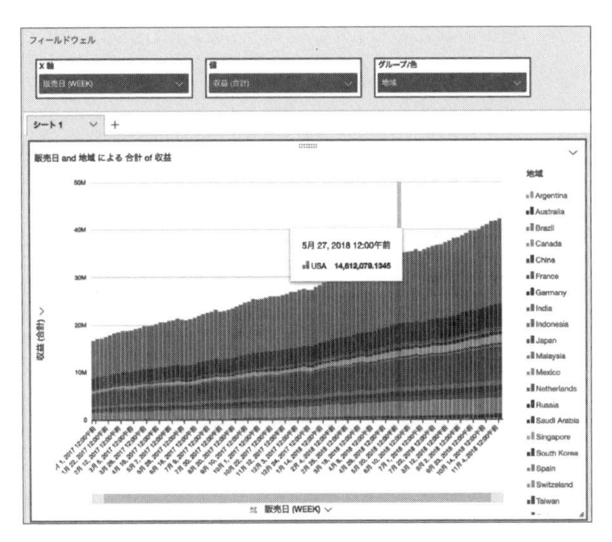

図 6.21　グラフの表示

6.3.5　パラメータとコントロールの作成

ここまでで基本的なグラフが作れるようになりました。しかし、分析する際には、表示したグラフに対して範囲を絞ってより詳細なデータを見たいといったことがよくあります。そこで QuickSight が持っているフィルタ機能を活用して、グラフの表示範囲を変更できるようにしましょう。

QuickSight のフィルタ機能は、データの閲覧範囲をユーザー側で絞り込むための機能です。例えば今回は 2017/1/1～2018/11/17 のデータを SPICE に保持していますが、そのうちの 2018 年の 10 月だけを表示できます。フィルタは画面左端にある［フィルタ］で固定的に設定できますが、見たい範囲を頻繁に変更するのであれば、パラメータとコントロールの組み合わせを利用すると便利です。

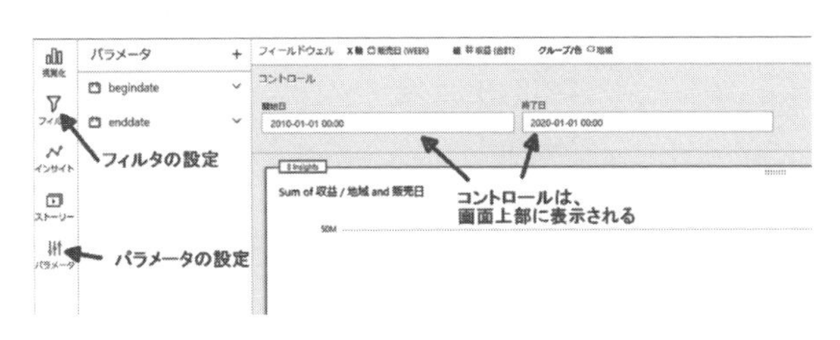

図 6.22　パラメータとコントロール

パラメータは一種の変数であり、コントロールは入力用の GUI です。コントロールに入れられた値がパラメータ（変数）に保存されるように設定して利用します。また、このパラメータをフィルタの絞り込み条件に適用できます。

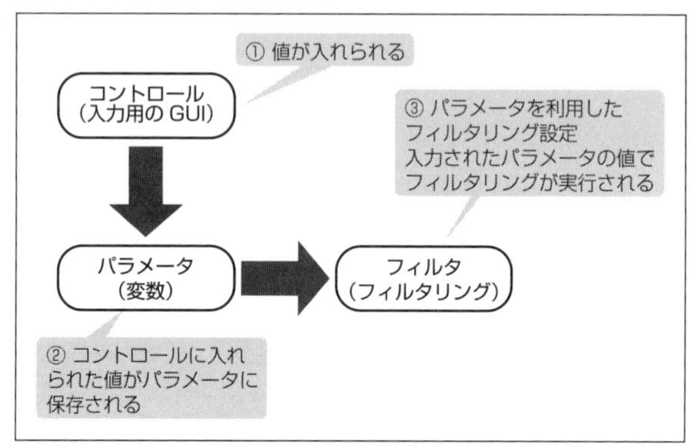

図 6.23　コントロールとパラメータとフィルタの関係

まずは変数であるパラメータと、その入力枠であるコントロールを作成します。今回は自分が閲覧したい期間の絞り込みをするために、begindate（開始日）と enddate（終了日）という 2 つのパラメータを作成します。左端の［パラメータ］をクリックすると、まだパラメータが作成されていないので何も表示されません。［作成...］をクリックします。

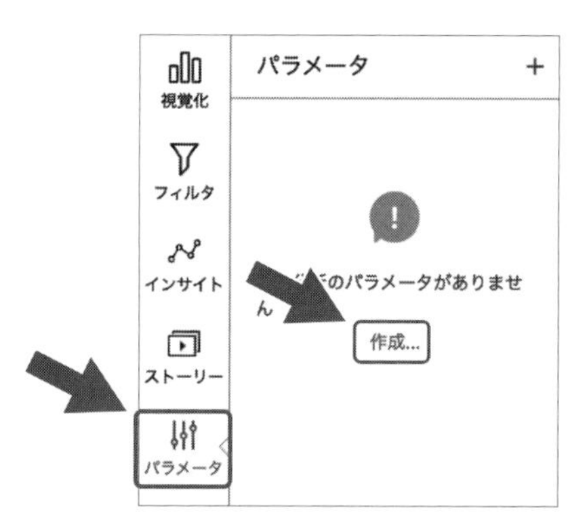

図 6.24　パラメータの作成

次のようなダイアログが表示されるので begindate パラメータを作成します。名前には “begindate” と入力し、データタイプは［日時］を選択し、静的デフォル

ト値は "2010-01-01 00:00" 等の過去の値を指定（カレンダー GUI をクリックして選択するか日付を直接入力）して［作成］をクリックします[4]。

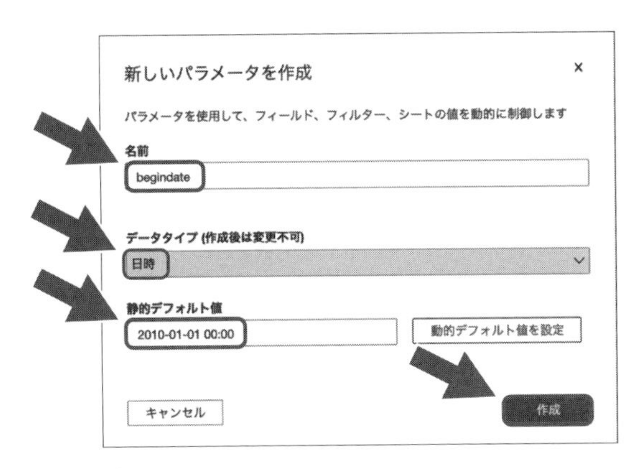

図 6.25　begindate の設定

次の画面では、この作成したパラメータをユーザーが操作できるようにコントロールと紐付けるため［コントロール］をクリックします。

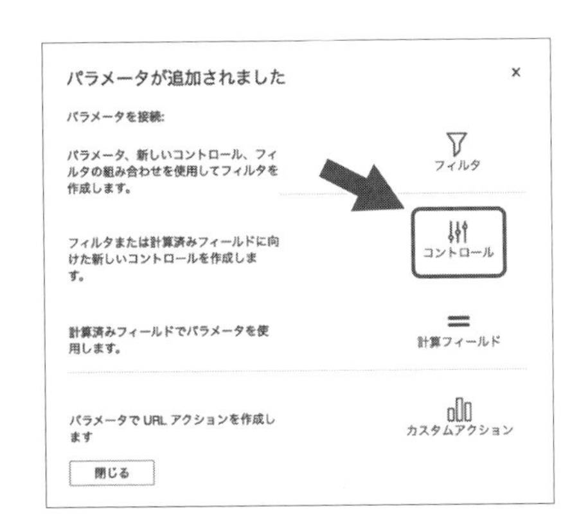

図 6.26　コントロールをクリック

コントロールのダイアログボックスでは、このパラメータの画面上で表示される表示名と入力スタイルを選択します。表示名に "開始日" と入力し、スタイルは［日付選択ツール］のままにして［追加］をクリックします。

[4] パラメータの名前は英語のみ利用可能です。

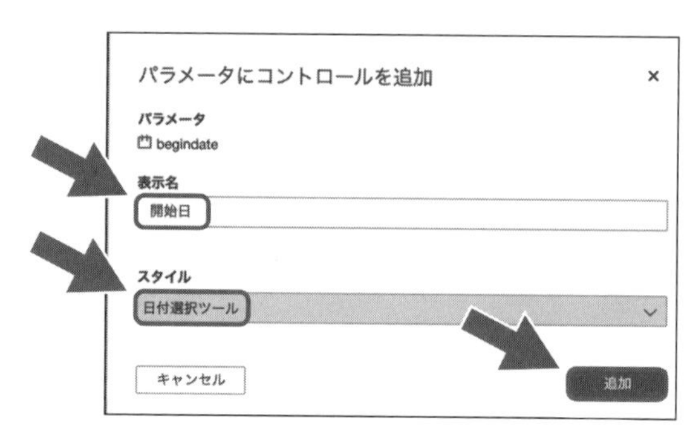

図 6.27　表示名と入力スタイルを選択

同様の操作で、enddate パラメータを作成します。パラメータの横にある［+］をクリックすると新しいパラメータが追加できます。名前を "enddate"、データタイプを "日時", 静的デフォルト値を "2020-01-01 00:00" 等の日時にし［作成］をクリックします。加えて enddate に紐付いたコントロールを "終了日" として［追加］をクリックします。コントロールがビジュアルの上部に配置されます（折り畳まれていて見えない場合は、右端の▼マークをクリックして広げてください）。それぞれの入力枠（コントロール）とパラメータが結びついています。例えば利用者がコントロールの "開始日" に入力した値は、begindate というパラメータ（変数）に入ります。

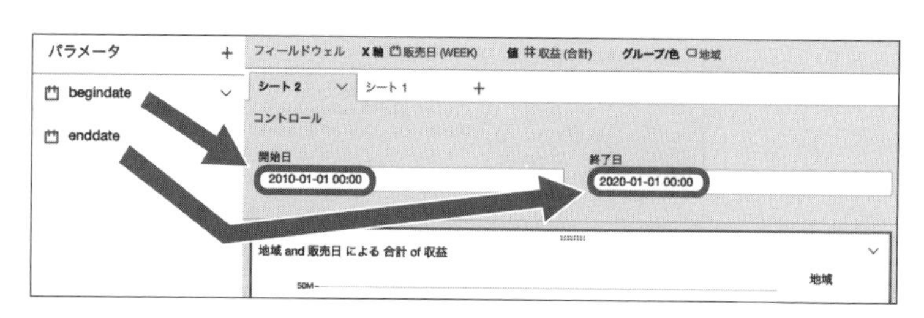

図 6.28　コントロールとパラメータの結び付き

6.3.6 パラメータを含んだフィルタの作成

パラメータの準備ができたので、パラメータに入れた値に従って日付の範囲を絞り込むようにフィルタを作成します。左端の［フィルタ］をクリックし、［作成...］をクリックし、今回は販売日を基準に絞り込みするためフィルタ対象として［販売日］をクリックします。

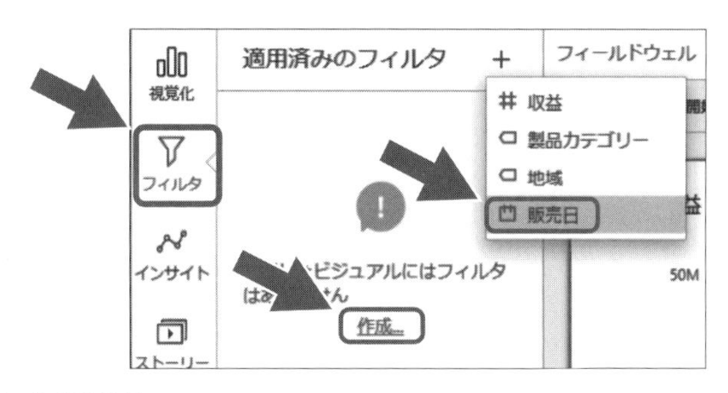

図 6.29　フィルタの作成

左側に表示された［販売日］のフィルタをクリックし次のように設定します。

- フィルタタイプは［期間］と［次の間］のままにし、［パラメータを使用］にチェックを入れます。このとき［このフィルタ範囲を変更しますか?］と聞かれますので［はい］をクリックします。
- 開始日のパラメータに［begindate］を選択し、［開始日を含める］にチェックを入れます。終了日のパラメータに［enddate］を選択し、同様に［終了日を含める］にチェックを入れます。

これにより、begindate〜enddate の範囲でフィルタ（絞り込み）が実行されます。設定できたら［適用］をクリックすることでフィルタ設定が完了します。

図 6.30　販売日による絞り込み

設定したコントロール、パラメータ、フィルタの連携が機能しているかを試してみましょう。コントロールの開始日を “2018-11-01 00:00” に、終了日を “2018-11-30 00:00” に設定してみます。自動的にビジュアルが更新され 2018 年 11 月のデータのみが表示されることが確認できます。また、販売日の集計を週から日に切り替えることで日単位のグラフを確認できます。グラフ下に切り替えの GUI が出ない場合は、ビジュアルを大きくするかフィールドウェルの X 軸（［販売日］）の右側にある▼マークからでも切り替えられます。

画面に表示されている［開始日］と［終了日］の入力フォームに日付の値を入れることで、分析したい期間（2018 年 11 月）を絞り込みました。今回のデータだと 2018 年 11 月のデータは 17 日までしかないことが分かります。集計を日に変更することで 11 月の日ごとの売上の推移が確認でき、色は地域を表しているため、11 月の日ごとの売上の推移と地域ごとの売上の割合を確認できます。

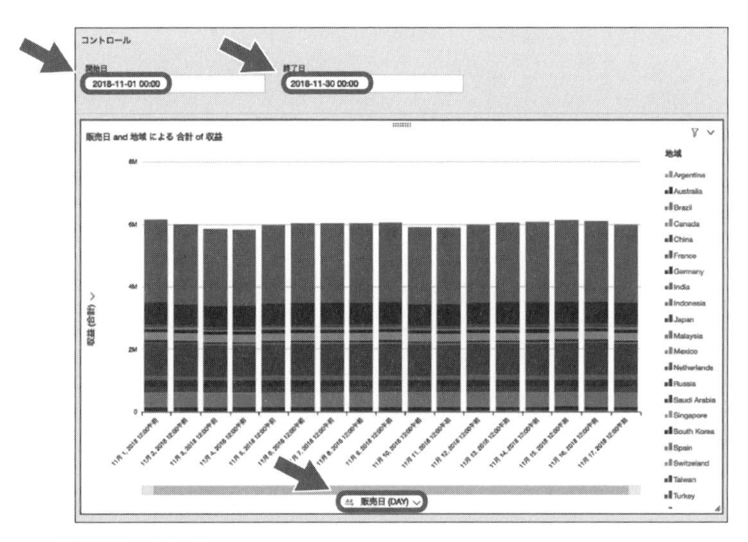

図 6.31　分析期間の絞り込み

11 月 17 日のグラフの赤い箇所（Japan）をクリックし、［Japan のみを重視］をクリックします。

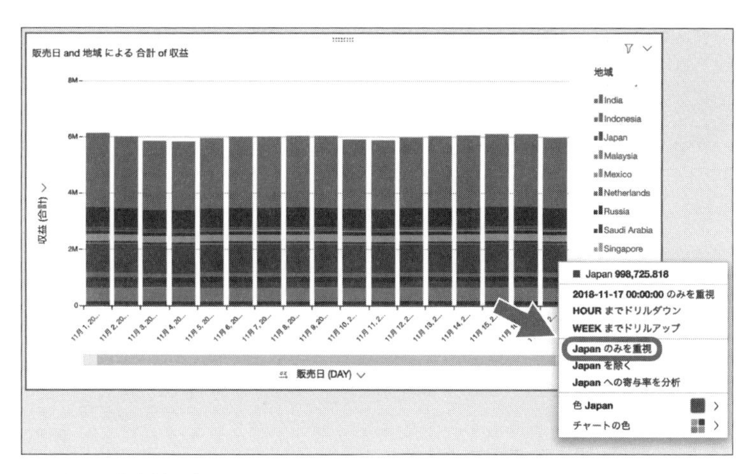

図 6.32　Japan をクリック

すると日本のデータのみを確認できます。

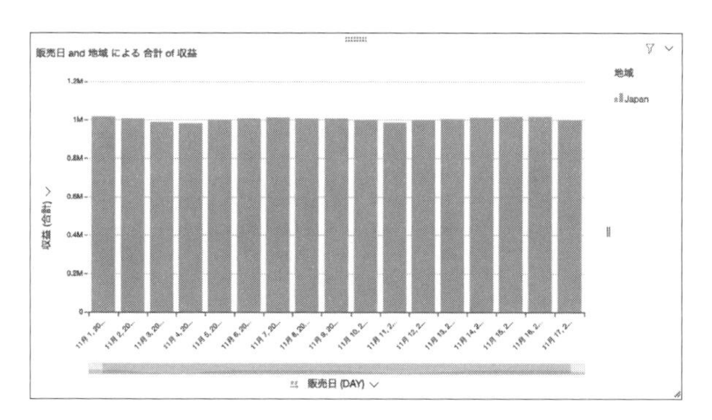

図 6.33　日本のデータを表示する

次に、日本の収益の変化に対してどの製品カテゴリがどのくらい貢献しているかを示す寄与率を確認します。

寄与率とは、あるデータ全体の変化に対して、その構成要素である個々のデータの変化がどのくらい影響しているかを示す指標です。これにより、日本の収益に対して貢献している製品または足を引っ張っている製品を確認できます。

左上の［元に戻す］をクリックし、再度 11 月 17 日のグラフの赤い箇所（Japan）をクリックし、［Japan への寄与率を分析］をクリックします。左側の［上位の寄与要因］に［製品カテゴリ］と［地域］が表示されます。［製品カテゴリ］をクリックしその真下にある［分析］をクリックします。

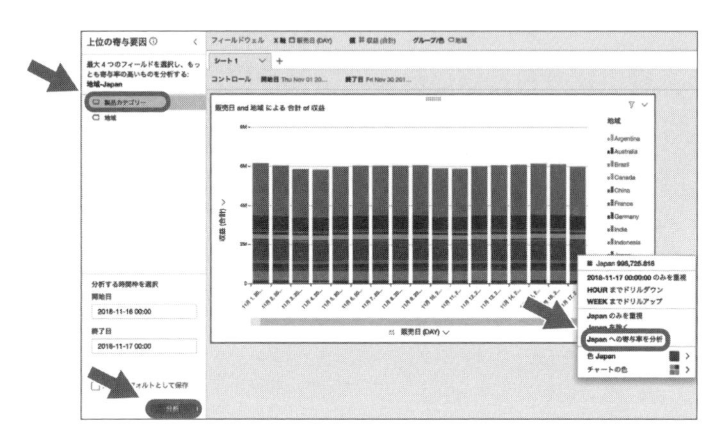

図 6.34　寄与率を確認する

11 月 16 日と 17 日のあいだに日本の利益は 2% 減少しています。製品カテゴリでは［Movies］（映画）の利益が 11 月 16 日と 17 日のあいだで 7% 減少しており、日本全体の減少要因の 51% を占めていて 1 番高い割合であることが分かります。この期間だけでいうと、［Movies］が日本の収益で 1 番足を引っ張っている製品といえます。

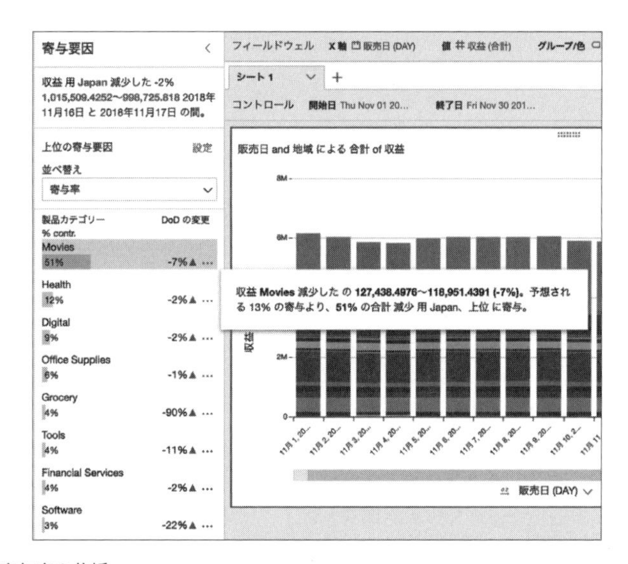

図 6.35　寄与率の分析

6.3.7 機械学習を使った予測

QuickSight には基本的な分析だけでなく、ML Insights という Machine-Learning（機械学習）を活用したより高度な分析をするための機能があります。ここでは ML Insights の機能のひとつである時系列予測を使って今後の売り上げを予測してみましょう。

時系列予測には「単一の値が時系列で変化している」グラフが必要になるので、まずは時系列のビジュアルを作成します。最初に直前で設定したフィルタの範囲を元に戻します。次のように開始日を “2016-09-01 00:00” 終了日を “2020-01-01 00:00” と設定し、全データが表示されるようにします。また、販売日の集計を日から週に切り替えておきます。グラフ下に切り替えの GUI が出ない場合は、ビジュアルを大きくするか、フィールドウェルの X 軸（［販売日］）の右側にある▼マークをからでも切り替えられます。

図 6.36 対象データを変更する

画面最上部の「＋追加」から［ビジュアルを追加］を選択して新しいビジュアルを追加します。ビジュアルタイプには［折れ線グラフ］（上から 3 段目、左から 2 番目）を選択します。フィールドウェルの X 軸には［販売日］、値には［収益（合計)］をドラッグ・アンド・ドロップすると折れ線グラフが表示されます。ビジュアル下部のスクロールバーの長さを調整して下図のように最近のデータが大きく表示されるように調整します。これは収益（合計）の増減を表しているグラフです。そして時系列予測機能を使ってこの収益の今後を予測してみましょう。折れ線グラフのビジュアルを選択して右上の［・・・］▼をクリックし、［予測を追加］を選択します。

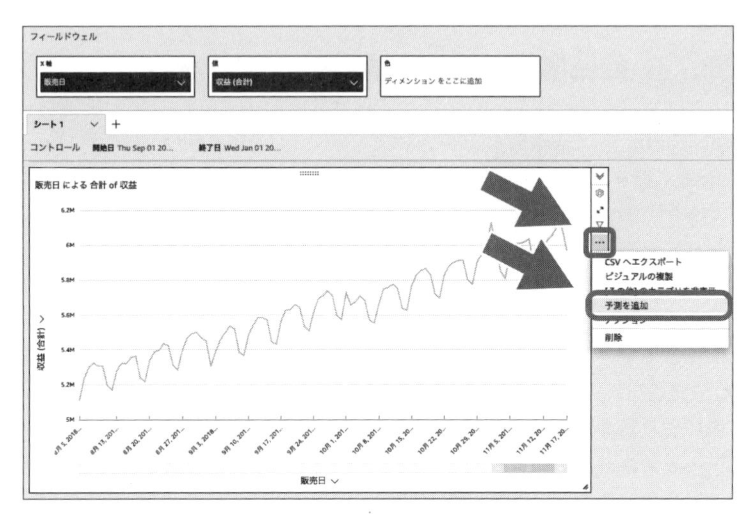

図 6.37　予測を追加する

予測のプロパティが左側に表示されます。ここでは、［期間を進める］に日数として“44”を入力し［適用］をクリックします。これは現在のデータからどこまで先を予測させるかという値です。サンプルデータは 11 月 17 日までしかないため、44 を指定すると 12 月 31 日までの予測が実行されます。

図 6.38　予測の範囲を設定する

［適用］をクリックすると折れ線グラフが更新されます。

画面内で青色で表示されている線が実際に存在するデータ、オレンジ色で表示されているのが今作成した予測値です。濃いオレンジ色の実線の上下に薄いオレンジ色の領域がありますが、これは予測の幅を表しています。

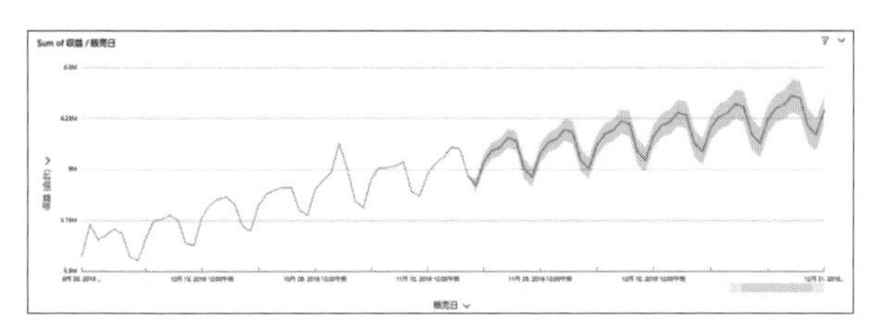

図 6.39　予測値の表示

グラフにマウスカーソルを合わせると予測値を確認できます。一番右端に合わせると、年末（2018 年 12 月 31 日）には収益（合計）は $6.246M に達することが予測されています。

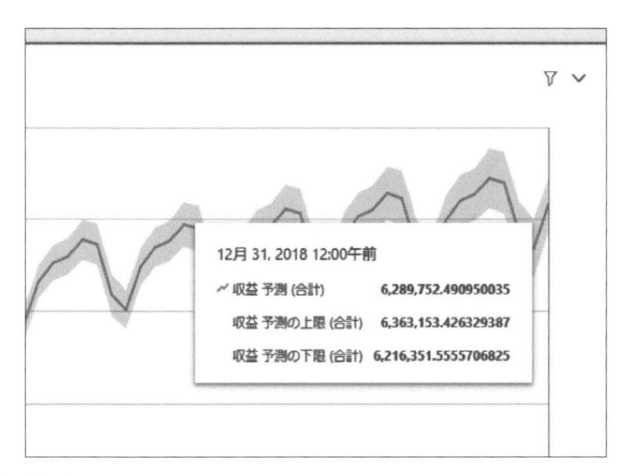

図 6.40　値の確認

この予測値を変えるとどうなるか（what-if）という分析もできます。グラフで濃いオレンジ色の実線部分にマウスカーソルをもっていくと、マウスカーソルが手のマークになる部分がありますので、そこで左クリックをすると［what-if 分析］が選択できます。

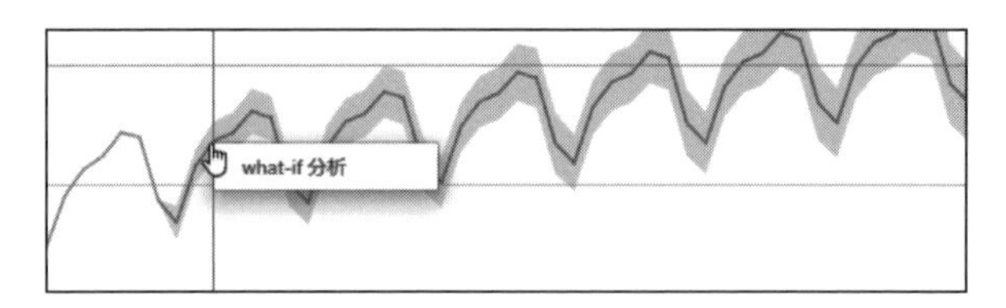

図 6.41　what-if 分析

左側に［what-if 分析］ダイアログが出ますので、そこで日付を "2018 年 12 月 31 日"、ターゲットを "6500000" に設定して［適用］をクリックしてください。元々の予測だと年末に \$6.289M になるはずだったものを \$6.5M にした場合はどうなるかという予測が追加されます。

図 6.42　ターゲットを変更する

2 つ目のグラフが追加されていることが分かります。オレンジ色の実線が今回ターゲットを更新した予測で、点線が元々の予測です。マウスカーソルを合わせるとグラフの値が表示されます。例えば年末に \$6.5M に到達するためには、11 月 30 日の時点で 6.246M に到達していないといけないことが分かります。

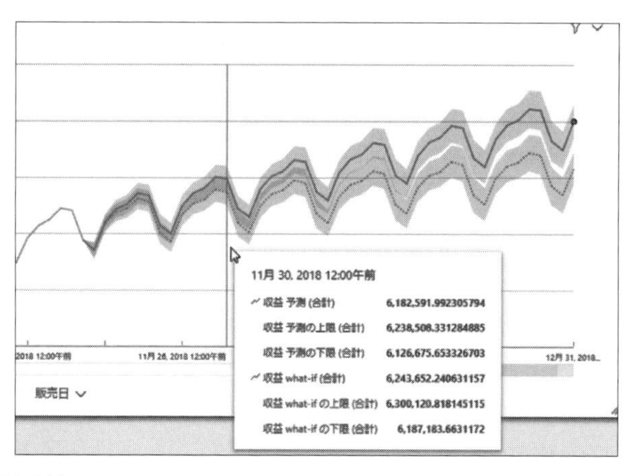

図 6.43 予測の追加

6.4 閲覧者ユーザーとダッシュボードの共有

QuickSight のエンタープライズエディションのライセンスには作成者（Author）と閲覧者（Reader）の 2 種類があります。作成者は自由にダッシュボードを作ることができ、閲覧者は作成されたダッシュボードの閲覧のみすることができます。閲覧者の料金体系はユニークなもので、利用しなければ課金は発生せず、閲覧した時間での従量課金で料金は最大でも 1 カ月 5 ドルが上限です。上限に達したあとも利用に制限はありません。

よく、BI ツールのライセンスを多くの社員に配布しても一部のユーザーしか使わず、使われないライセンスコストが無駄になってしまったという話を聞きます。QuickSight はこのようなユニークな料金体系によりコストが無駄になることを気にせず多くのユーザーにライセンスを付与できます。

6.4.1 閲覧ユーザーの招待

では、閲覧ユーザーの招待を行ってみましょう。

QuickSight の管理者で右上の人型のアイコンをクリックし［QuickSight の管理］を選択します。

図 6.44 管理を選択

左側の［ユーザーを管理］をクリックし、右側の［ユーザーを招待］をクリックします。

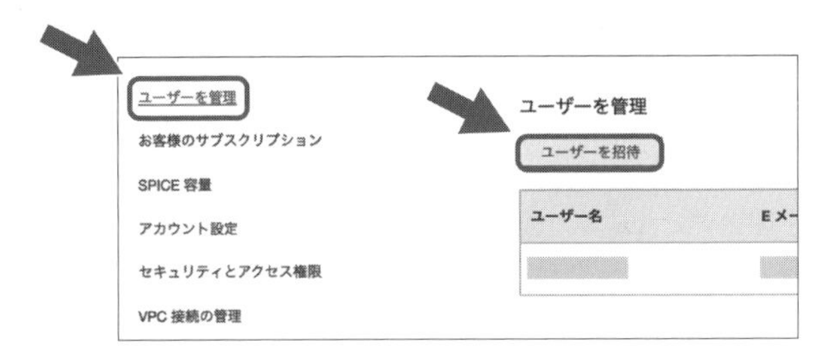

図 6.45 ユーザーの招待

招待するユーザーのメールアドレスを入力し、［+］をクリックしユーザーを追加します。追加されたユーザーのロールが［閲覧者］であることを確認し、画面右下の［招待］をクリックします。登録したユーザーのメールアドレスに招待のメールが送信されます。招待を送ったあと、招待ユーザーでのサインインを確認するため QuickSight の管理者ユーザーをサインアウトします。画面右上の人型のアイコンをクリックしサインアウトしておきます。

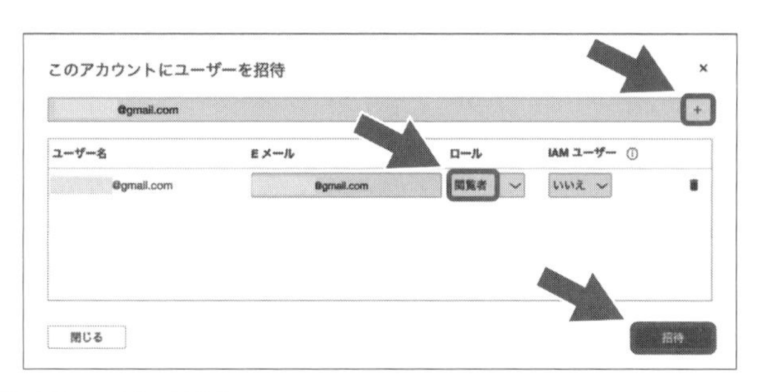

図 6.46 招待するユーザーを設定

招待されたユーザーに招待メールが届いていることを確認し、[クリックすると招待を受け入れます] をクリックし招待を受け入れます。

図 6.47 招待を受け入れる

ブラウザに次の画面が表示されます。招待ユーザーのパスワードを入力し [アカウントの作成とサインイン] をクリックします。

6

QuickSight にアクセスするには、ユーザー名とパスワードを選択してください

QuickSight アカウント名

chap6

E メールアドレス

ユーザー名

パスワード

パスワードを確認

アカウントの作成とサインイン

図 6.48　アカウントの作成

QuickSight のサインイン画面で招待ユーザーのメールアドレスとパスワードを入力しサインインします。サインインが確認できたらサインアウトしておきます。

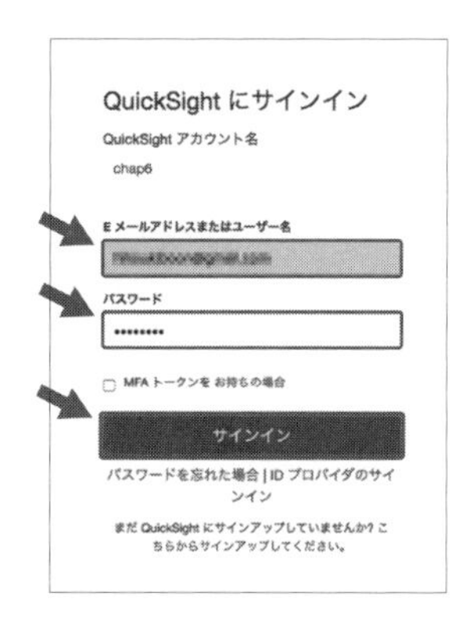

図 6.49　サインイン

6.4.2　ダッシュボードの共有

QuickSight に管理者ユーザーでサインインし、さきほど作成したダッシュボードを開いて画面右上の［共有］をクリックし、［ダッシュボードの公開］を選択します。

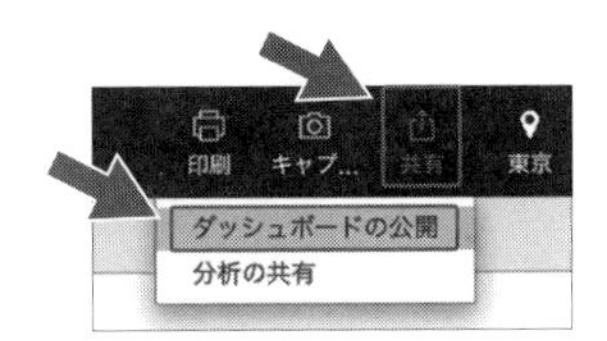

図 6.50　ダッシュボードの公開

［新しいダッシュボードとして公開］にチェックを入れ、公開されるダッシュボードの名前を "販売データ共有ダッシュボード"（任意の名前）と入力し、画面右下の［ダッシュボードの公開］をクリックします。

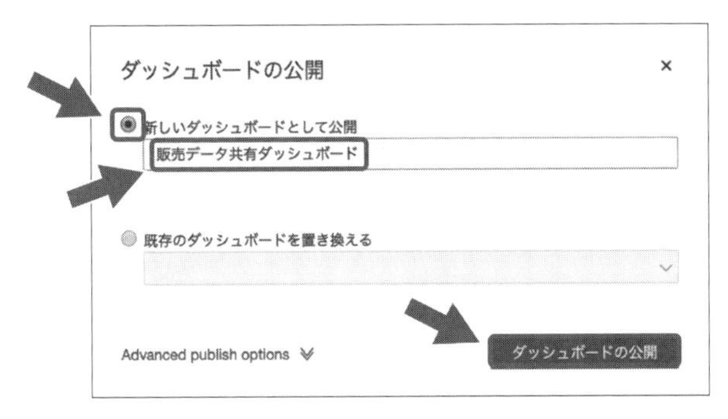

図 6.51　ダッシュボードの選択

ダッシュボードを共有するユーザー（さきほど招待しアカウント作成したユーザー）を選択し、画面右下の［共有］をクリックします。次に表示される画面は［X］で閉じます。

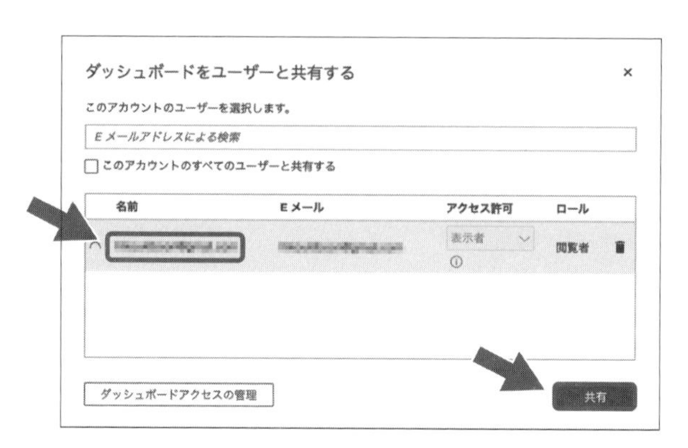

図 6.52　ダッシュボードを共有するユーザーの選択

QuickSight からサインアウトし招待したユーザーでサインインします。

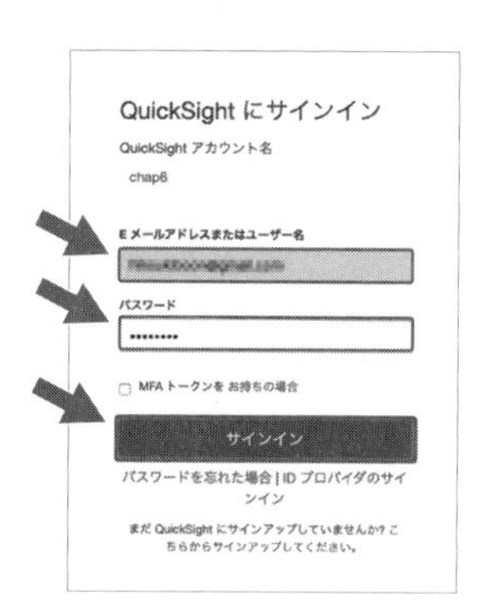

図 6.53　招待したユーザーでサインインする

作成したダッシュボードが表示され共有されていることが確認できます。ダッシュボードをクリックし内容を確認します。

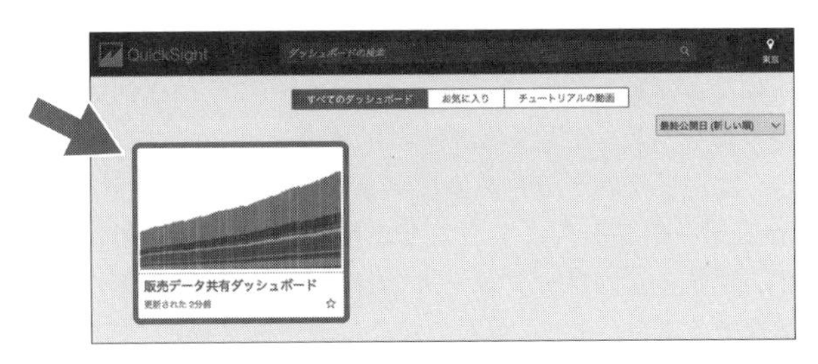

図 6.54　ダッシュボードの表示

招待されたユーザーは、共有されたダッシュボードを閲覧、データのドリルダウン、画面上に表示されたコントロールを使い任意の値にしたフィルタリング、データの CSV 形式でダウンロードなどの操作が可能です。

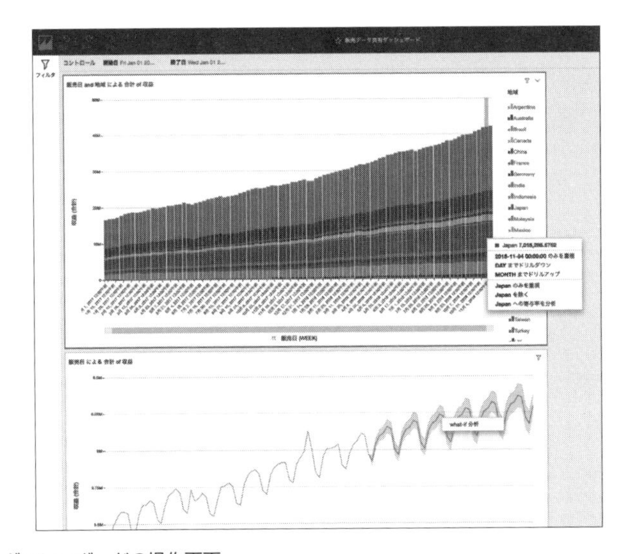

図 6.55　ダッシュボードの操作画面

6.5　まとめ

この章では、QuickSight を使い手元にあるファイルをグラフィカルに可視化し、フィルタによる絞り込みや MachineLearning を使った時系列データの予測などをしました。自由にカスタマイズして作成したダッシュボードをほかのユーザーに共有することで、ビジネスにおけるインサイトを共有でき、多くのユーザーが分析することができます。また、費用面でも多くのユーザーが利用しやすいライセンス体系になっていることで、幅広いユーザーにデータ活用していただけることがお分かりになったかと思います。

QuickSight は、手元のデータを直接アップロードするだけでなく S3 をデータレイクとしてデータソースにすることが可能です。S3 以外にも Redshift／Athena／オンプレミスのデータベースなど、多くの種類のデータストアをデータソースに選択できます。また、複数の異なるデータソースに接続し、異なるデータソースを結合したダッシュボードを作成することもできます。

第7章 サーバーレスSQLによるデータ分析

SQLは古くからデータベースへのアクセスに使用されており、今もなお一般に広く使われています。その普及度から、SQLのスキルを持ったエンジニアやデータアナリストは業界内、各社に多数存在します。このため、SQLによってデータに簡単にアクセスできる環境を整えることで、彼らが自由にクエリを発行しデータを分析できるようになります。そしてその分析結果を、ビジネスの問題把握や効果的な施策に役立てることができます。

7.1 SQLと分析

利用者がSQLに慣れていると、調査や分析にSQLを使うケースが多くあります。大量のデータに対して素早く複雑な分析をしたい場合、SQLによるOLAP（Online Analytical Processing）を行える必要があります。OLAPはオンライン分析処理と訳され、多次元の複雑で分析的な問い合わせに素早く回答する処理のことです。

ここでは、AWS Glueクローラのデータクローリング機能を使いデータスキーマを自動作成し、Amazon AthenaというAWSのインタラクティブなクエリサービスを活用して、手軽にSQLによるOLAPが初められることを学んでいきます。

OLAP以外にOLTP（Online Transaction Processing）という処理があります。これはオンライントランザクション処理と訳され、多くのユーザーからのネットワーク経由の小さなトランザクション（分割できない一連のデータ処理）に短い時間でレスポンスを返す処理です。Athenaはトランザクション処理に対応していないので、そういう場合はトランザクション処理を得意とするデータベースやサービスを使い、これらを適材適所で使い分けていきます。

7.2 AWS のサービス紹介

7.2.1 AWS のカタログ管理サービス AWS Glue データカタログ

第 1 章でも説明しましたが、Glue データカタログは、データのロケーション／注釈／スキーマなどのメタ情報を保管する Apache Hive メタストア互換のマネージドサービスです。これによって、データレイクに必要とされる「データカタログ」を実現します。Glue データカタログは、手動でメタ情報を登録することもできますが、Glue クローラを使うことで Amazon S3/Amazon RDS/JDBC 接続可能なデータベースなど各種データソースをクローリングしてメタ情報を自動で推定し、カタログに登録できます。

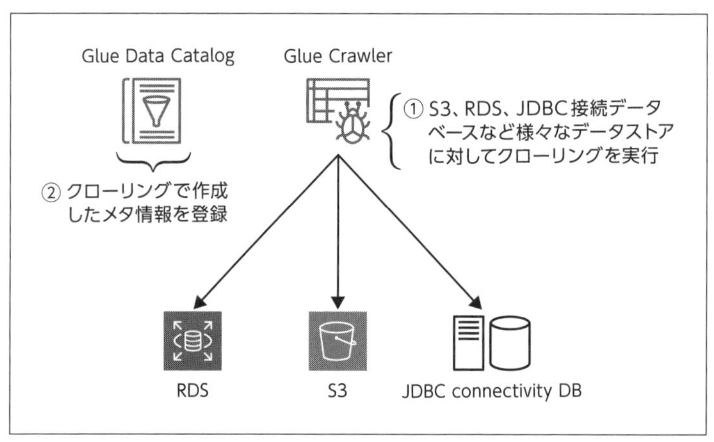

図 7.1 Glue クローラの動作

データカタログでは、メタ情報は 1 つのデータソースに対して 1 つのテーブルという単位で保存されます。例えばデータソースが S3 であればデータが配置されている S3 パス（`s3://xxx-bucket/input/`）、データソースがリレーショナルデータベースであれば接続情報として JDBC URL（`jdbc:mysql://xxx.ap-northeast-1.rds.amazonaws.com:3306/db`）やデータベースの認証情報であるユーザー名やパスワードがデータソースのメタ情報です。図 7.2 のようにほかにもテーブルの名前、注釈となるテーブルプロパティやスキーマ情報がテーブルに保存されていることが分かります。

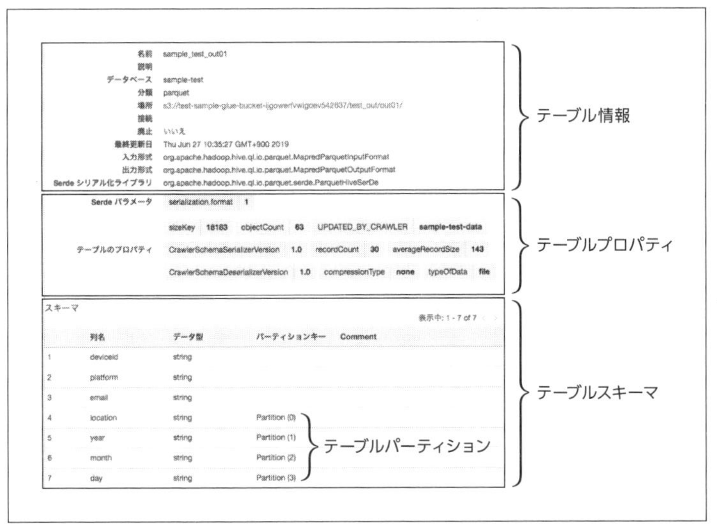

図 7.2　Glue テーブルの構成

データカタログに保存されるメタ情報の構成を見ていきます。メタ情報はさきほど説明したとおりテーブルとして保存されます。図 7.3 のように保存されるテーブルはデータカタログのデータベースに登録されます。データカタログのデータベースはテーブルの集合体と言えます。データカタログはテーブルをデータベースに登録することでメタ情報を管理しています。そのため、テーブルの更新、テーブルのバージョン管理や差分確認、メタ情報の暗号化やメタ情報へのアクセス制御などの機能も備わっています。

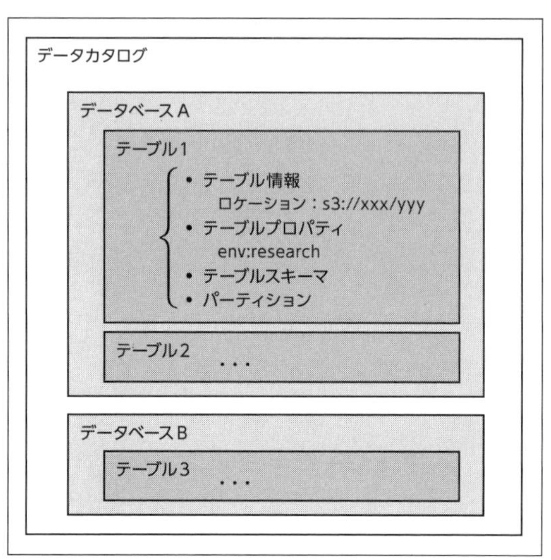

図 7.3　Glue データカタログの構成

7.2.2 AWS のクエリサービス Amazon Athena

第 2 章でも説明しましたが、Athena はサーバーレスでフルマネージドなインタラクティブクエリサービスです。料金はクエリごとにスキャンされるデータ量に応じた従量課金です。Glue データカタログにあるスキーマなどのメタ情報を使い、標準 SQL を使用して S3 にあるデータに直接クエリすることができます。クエリエンジンに高速な分散クエリエンジンである Presto を使い、ほとんどの処理をメモリ上で行うため高速な処理を可能にしています。

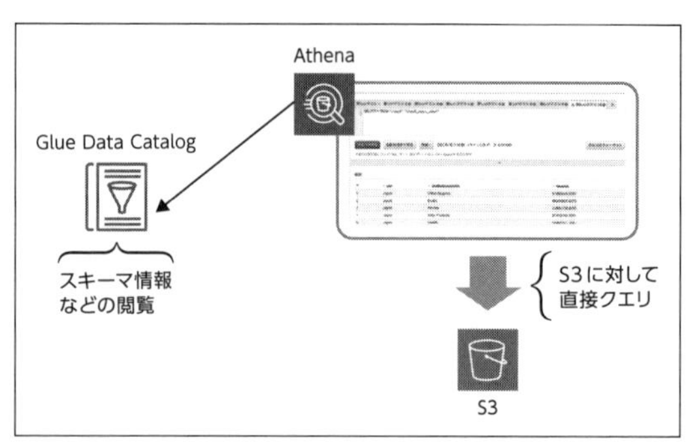

図 7.4　Athena による分析

Athena の Federated Query という機能がベータ公開（執筆時点）されています。従来 Athena は S3 に保存されたデータに対して SQL クエリしますが、Federated Query を使うと S3 以外の DynamoDB やオンプレミスのデータベースなど多くのデータストアをソースにできます。これは AWS Lambda で実行する Data Source Connectors を使い実現しています。

さらに、Query Federation SDK を利用し、独自のデータソースに接続するコネクタを開発することで、そのデータソースに Athena から SQL クエリすることが可能です。コネクタは Lambda 上で動作するため、引き続き Athena のサーバーレスアーキテクチャの利点を享受できます。

Federated Query は執筆時点ではまだベータのため、本章では S3 をデータソースとした Athena で話を進めます。

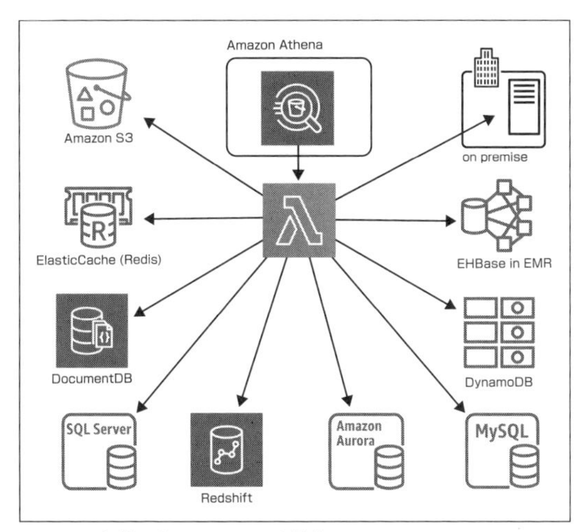

図 7.5　Federated Query を使った Athena の全体像

今回は第 6 章で扱った販売履歴データである CSV ファイルを使います。この CSV ファイルを S3 に配置し Athena から直接 SQL クエリします。

まず、この CSV ファイルを S3 にアップロードします。アップロードした S3 上のデータを Glue クローラでクローリングして、販売履歴データのスキーマやプロパティなどのメタ情報を自動作成します。作成したスキーマを使い、Athena でいくつかのシンプルな SQL クエリで分析します。それから、ビューの作成や CTAS（CREATE TABLE AS SELECT）による簡単な ETL 処理により、クエリの効率化や処理速度, 課金額を改善できることを確認していきましょう。

7.3 スキーマ作成

7.3.1 S3 にデータをアップロード

まずはS3 バケットを作成します。バケットとはS3 にデータを入れる論理的な場所で、S3 にデータを入れる際に必ず必要になります。

作成したIAM ユーザーでAWS マネジメントコンソールにログインし、サービス一覧からS3 を選択します。左側メニューの［バケット］をクリックし、［バケットを作成する］をクリックします。

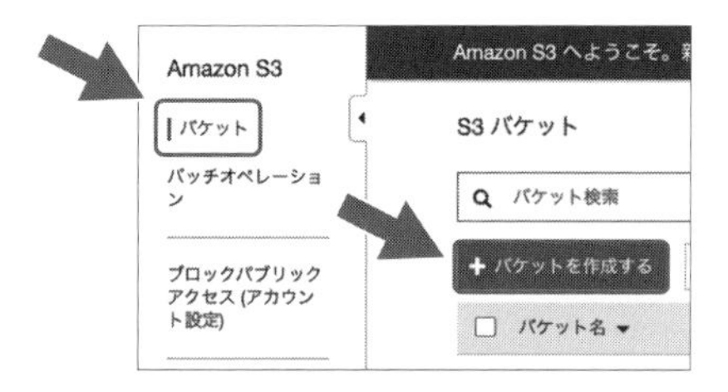

図 7.6　バケットの作成

バケット名に “chap7-lake-fishing-*xxxx*”（*xxxx* の箇所にご自身の名前などを入れたグローバルでユニークな任意の名前）を入力し、左下の［作成］をクリックします。

図 7.7　バケット名を入力して作成

作成したバケットをクリックし、［フォルダの作成］をクリックし名前を“input”と入力し［保存］をクリックします。

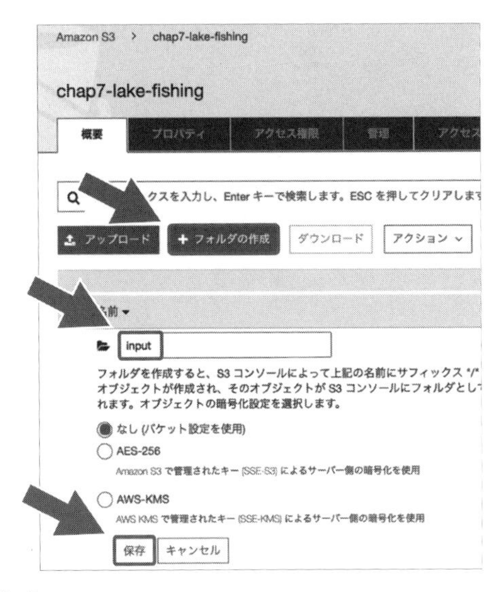

図 7.8　フォルダの作成

作成したフォルダ［input］をクリックし［アップロード］をクリックします。

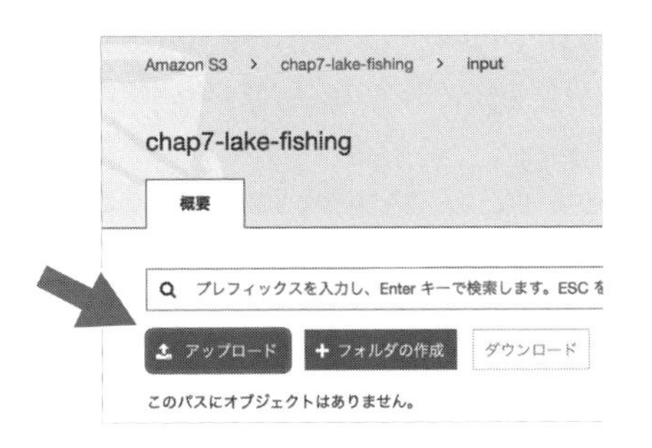

図 7.9　アップロード

［ファイルを追加］をクリックし、第 6 章でダウンロードした CSV ファイル（`salesdata.csv`）を選択します。ダウンロードしていない場合は、次の URL でサンプルとして提供される販売データの CSV ファイルを手元の PC にダウンロードします。

```
https://aws-jp-datalake-book.s3-ap-northeast-1.amazonaws.com/
chapter6/salesdata.csv
```

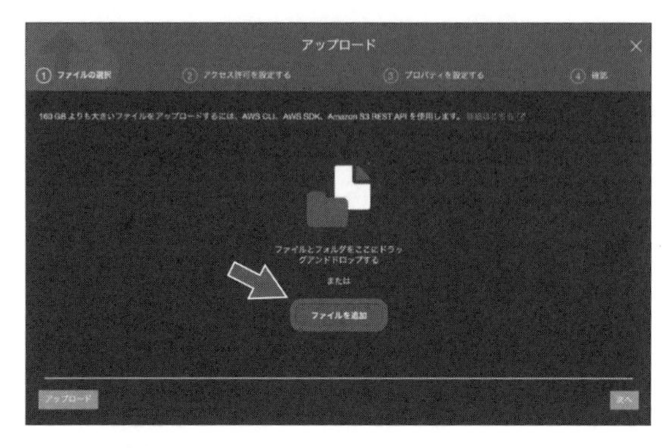

図 7.10　CSV ファイルを選択

左下の［アップロード］をクリックします。

図 7.11　アップロードの実行

7.3.2 Glue クローラでスキーマを作成

Glue クローラを使い、データのスキーマなどを自動的に作成できます。元となるデータの 1 行目のフィールドをスキーマの列名として登録します。今回のデータの 1 行目には次のようなフィールド名が入っています。

```
Date,ProductCategories,Geo,Revenue
```

Glue クローラを作成します。

サービス一覧から Glue を選択します。初めて Glue にアクセスした場合、［今すぐ始める］というボタンがあるページが表示されます。その場合は［今すぐ始める］をクリックすることで Glue の利用を開始できます。左側メニューの［クローラ］をクリックし、［クローラの追加］をクリックします。

今回は作成したクローラを使い、S3 にアップロードした販売履歴データをクローリングしてスキーマなどのメタ情報を作成します。

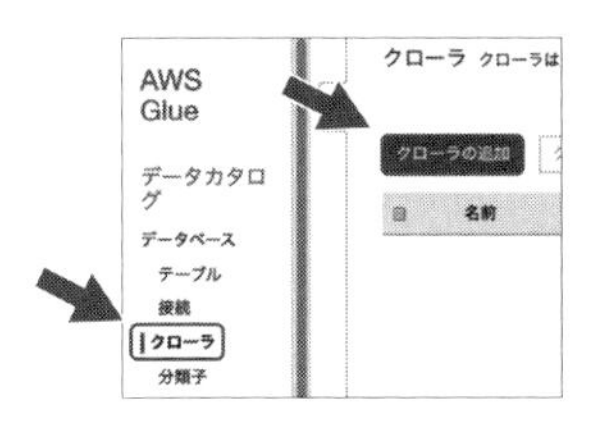

図 7.12 クローラの追加

クローラの名前に "chap7-crawler" を入力し、［次へ］をクリックします。

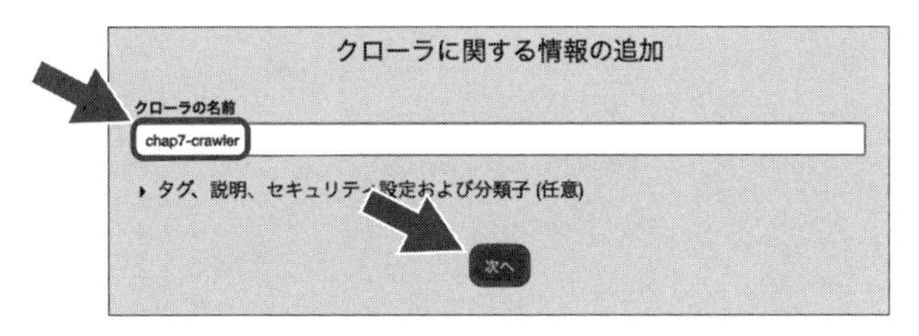

図 7.13 クローラ名を入力

次の画面は何もせず［次へ］をクリックします。

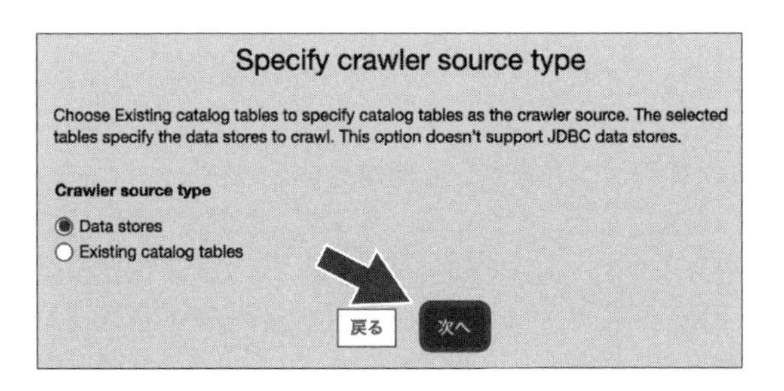

図 7.14 Specify crawler source type

クローラがクローリングするデータストアを選択します。データストアの選択は［S3］のままにし、インクルードパスにさきほど作成したS3パスの "s3://chap7-lake-fishing/input" を入力し、［次へ］をクリックします。

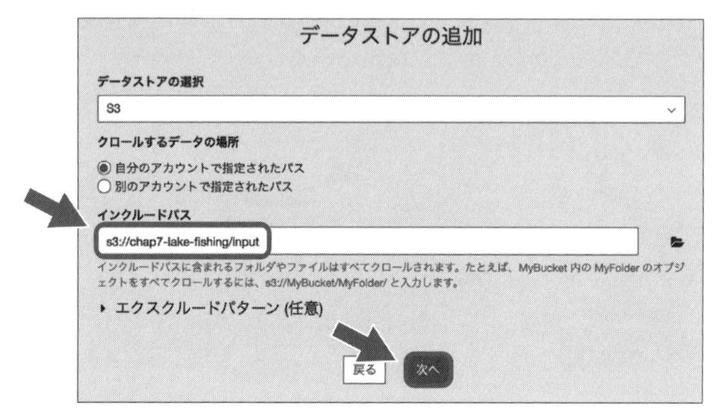

図 7.15 データストアを選択

次の画面は何もせず［次へ］をクリックします。

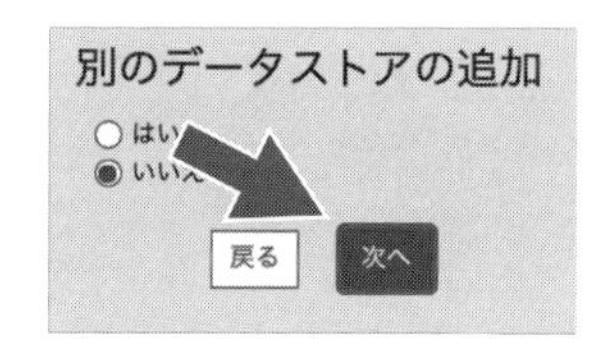

図 7.16 別のデータストアの追加

ここではIAMロールを作成します。

IAMロールは、AWSの各サービスへのアクセス権限をIAMユーザーやAWSサービスに委譲するために使います。IAMロールの役割については第5章を参照してください。

IAMロールの選択で、［IAMロールを作成する］にチェックを入れ、IAMロール名に "chap7" を入力し、［次へ］をクリックします。［次へ］をクリックしてエラーになる場合は、既にIAMロールが作成されている場合があります。［既存のIAMロールを選択］にチェックを入れ、IAMロールを選択する箇所の右側のリロードボタンをクリックし、既存のIAMロールから選択してください。

このIAMロールはGlueクローラにアタッチされGlueクローラが必要な権限を得るために使われます。S3へクローリングするGlueクローラであれば、IAM

ロールに S3 へのアクセス権限などが含まれています。

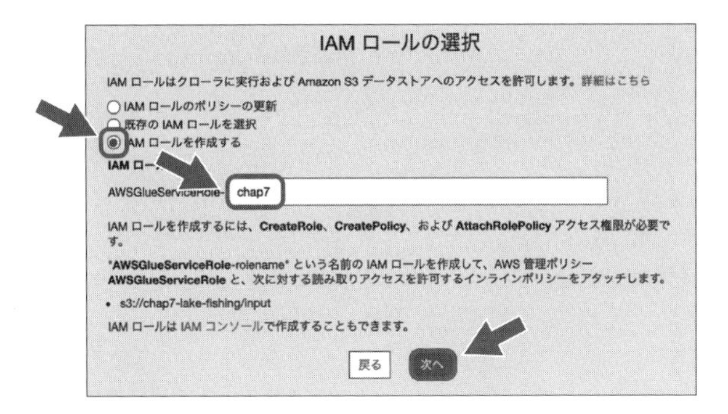

図 7.17　IAM ロールの選択

Glue クローラの実行は、スケジューリングや任意のタイミングが選べます。今回は任意のタイミングで実行する［オンデマンドで実行］のまま［次へ］をクリックします。

図 7.18　スケジュールの設定

［データベースの追加］をクリックします。

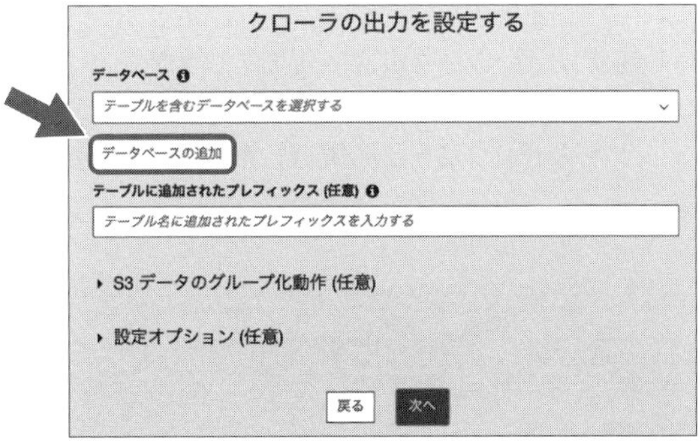

図 7.19　データベースの追加

データベース名に “chap7” を入力し、［作成］をクリックします。

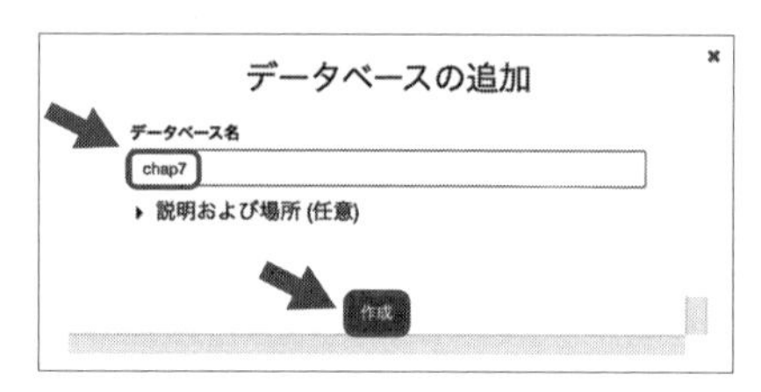

図 7.20　データベース名の入力

［データベース］にさきほど作成したデータベース［chap7］を選択し、［テーブルに追加されたプレフィックス（任意）］に “chap7_” を入力し、［次へ］をクリックします。次の画面で設定内容の確認画面が表示されるので問題なければ［完了］をクリックします。

プレフィックスはテーブル名の先頭に付加する文字列です。

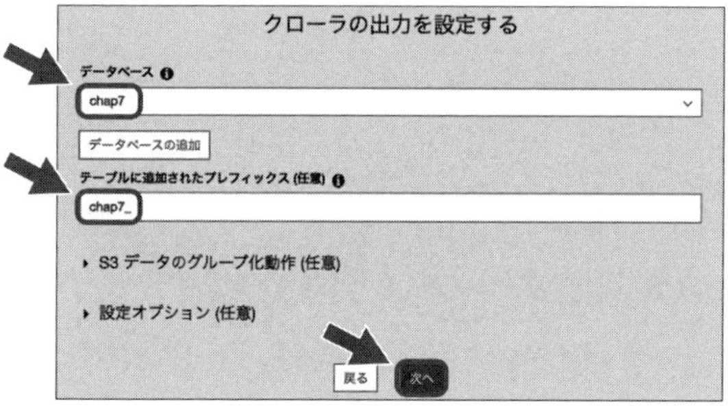

図 7.21　プレフィックスの入力

［今すぐ実行しますか？］の緑色の文字列をクリックし、作成したクローラを実行します。クローラの実行完了には数分かかります。また、クローラ［chap7-crawler］にチェックを入れ［クローラの実行］をクリックすることでもクローラを実行できます。

図 7.22　クローラの実行

クローリングが終わるまで数分待ちます。

クローリングが終わったかどうかは［chap7-crawler］のステータスが［Ready］となっていることを確認してください。実行中の場合はステータスが［Starting］、［1 分が経過］、［Stopping］などになっています。

図 7.23　クローリングの終了を確認

左側メニューのテーブルをクリックし、クローラによって［chap7_input］というテーブルが作成されたことを確認します。

図 7.24　テーブルの作成を確認する

テーブル［chap7_input］をクリックします。S3 の場所／入力形式／作成されたスキーマなどを確認することができます。

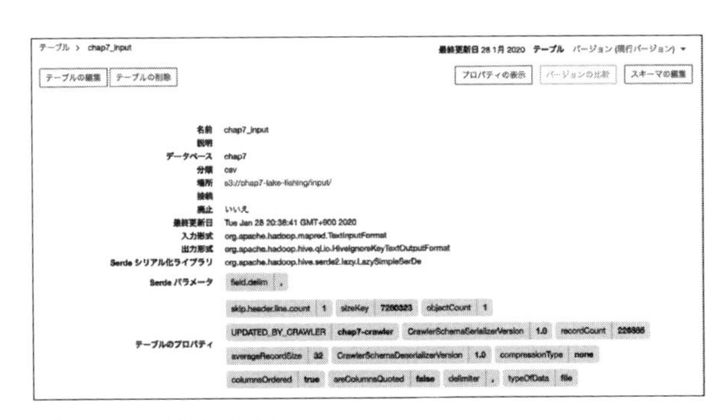

図 7.25　テーブルに関する情報の確認

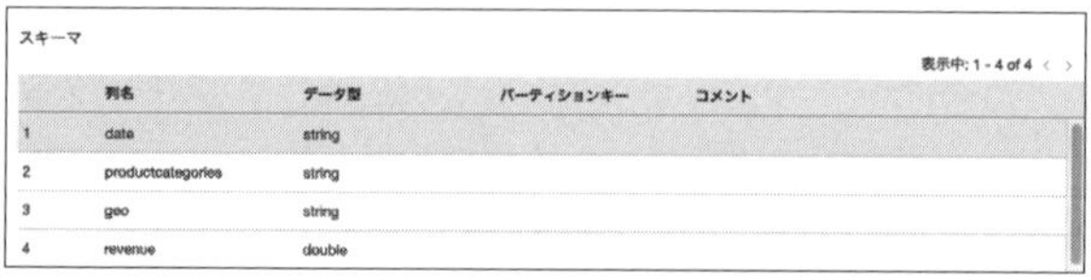

スキーマ

表示中: 1 - 4 of 4

	列名	データ型	パーティションキー	コメント
1	date	string		
2	productcategories	string		
3	geo	string		
4	revenue	double		

図 7.26 スキーマを確認

7.4 SQL クエリで分析

S3 バケットと Glue データカタログの準備が整ったので、Athena を使って SQL クエリします。

まずはデータをいくつかの SQL クエリで参照します。次に、頻繁に実行する SQL クエリを毎回書くのは手間がかかるので、あらかじめビューという形で登録します。最後に、SQL クエリを高速化するために CTAS（CREATE TABLE AS SELECT）でフォーマット変換した新しいテーブルを作成します。

ビューは、実際のテーブルから作成する仮想的なテーブルです。あくまで仮想的なテーブルなのでその中にデータは持ちません。CTAS は、SELECT クエリの結果に基づいて作成される新しいテーブルで実際にデータを持ちます。どちらもテーブルへのデータアクセスに使われますが、両者にはこのような違いがあります。

さらに、CTAS では作成するテーブルのファイルフォーマットを指定することができます。ファイルフォーマットで一般的な CSV と、このあとにでてくる Parquet について説明します。CSV は Comma-Separated Values の略で、カンマ区切りで並べたデータです。人間からの可視性が高くさまざまなアプリケーション間のデータ連携でもよく使われます。今回のサンプルデータである販売履歴データも CSV データですね。もうひとつの Parquet は Twitter 社と Cloudera 社が開発した列指向のファイルフォーマットです。列指向ファイルフォーマットは、データを縦の列方向のまとまりとして扱います。そのため、特定の列を大量に読み込む集計処理や分析処理では、不要な列の読み込みが発生せず効果的です。

このあと操作をしながら見ていきましょう。

7.4.1 Athena で SQL クエリ

まずはシンプルな SQL クエリをいくつか実行していきます。

サービス一覧から Athena を選択します。初めて Athena にアクセスした場合、[今すぐ始める] というボタンがあるページが表示されます。その場合は [今すぐ始める] をクリックすることで Athena の利用を開始できます。

初めにデータのプレビューを参照します（10 件のデータ参照）。

左側メニューのデータベースでさきほど作成した［chap7］を選択します。その下に表示されるテーブル［chap7_input］の右側の点々部分をクリックし、［テーブルのプレビュー］を選択します。

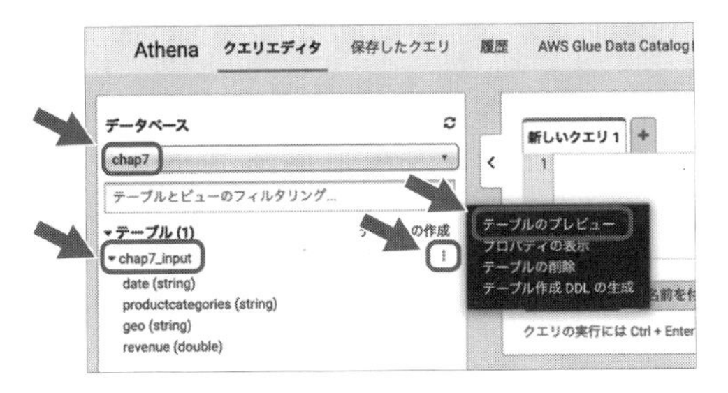

図 7.27　データのプレビューを参照する

右側のクエリエディタに次の SQL 文[1] が自動で入力され実行されます。数秒でクエリエディタの下部にクエリの実行結果が出力されます。

```
SELECT
    *
FROM
    "chap7"."chap7_input"
limit 10
;
```

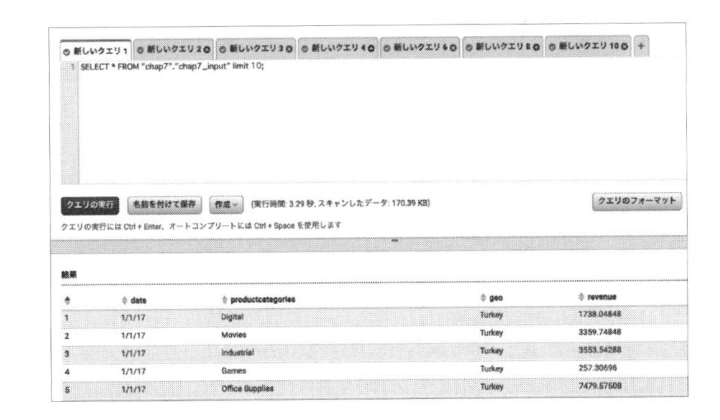

図 7.28　クエリの実行結果

[1] テーブルのプレビューにより生成される SQL クエリは、改行はなく 1 行ですが本書では読みやすくするため適宜改行を入いれています。SQL クエリの内容に違いはありません。

次にデータ件数を数えてみます。

次の SQL 文を実行し 199,838 件のデータがあることが分かります。またクエリエディタの下の部分に［スキャンしたデータ］が 7.26MB と出ています。これは Athena でスキャンしたデータ容量で今回は全件スキャンしているのでデータの全容量となります。Athena はスキャンしたデータ容量に応じた従量課金なので、この容量が課金の対象となります。

```
SELECT
    count(*)
FROM
    "chap7"."chap7_input"
;
```

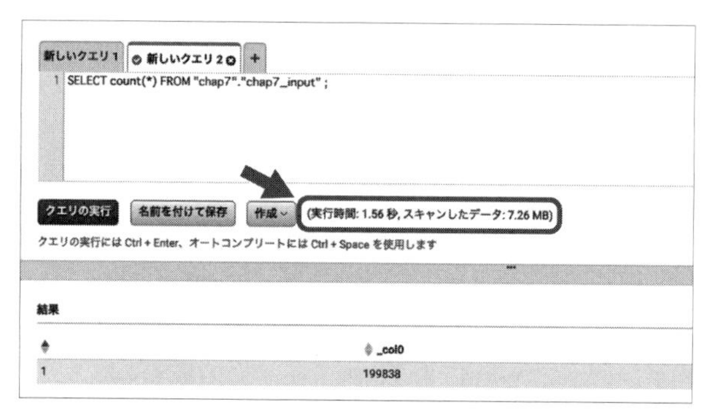

図 7.29　スキャンしたデータ

次は、「日本での売上の高いプロダクトカテゴリのトップ 10」を出してみます。

右側のクエリエディタのタブの横にある［+］をクリックしタブを追加します。新しいタブで次の SQL 文を入力し、［クエリの実行］をクリックしてクエリします。数秒でクエリエディタの下部にクエリ実行結果が出力されます。

```
SELECT
    "geo",
    "productcategories",
    SUM(revenue) revenue
FROM
    "chap7"."chap7_input"
WHERE
    geo = 'Japan'
GROUP BY
```

```
    "productcategories",
    "geo"
ORDER BY
    revenue DESC
limit 10
;
```

図 7.30　日本での売上の高いプロダクトカテゴリトップ 10

よく見ると売上 (revenue) の値の末尾が「E7」のようになっています。revenue 列の型は double 型となっていて、桁数が多いため 16 桁で丸められて表示されています。分かりやすくするため、次の SQL 文で revenue を decimal（整数部の桁数, 小数部の桁数）に CAST して表示します。スキーマは Glue クローラにより自動で推定と作成がされますが、意図したスキーマを初めから手動で作成することも、自動で作成されたものをあとから手動で修正することもできます。また、カスタム分類子[2] を使って任意のルールで推定させることもできます。

```
SELECT
    "geo",
```

[2] こちらは本書の範囲を超えるのでこちらのリンクを確認ください https://docs.aws.amazon.com/ja_jp/glue/latest/dg/custom-classifier.html

```
    "productcategories",
    CAST(SUM(revenue) AS decimal(12, 4)) revenue
FROM
    "chap7"."chap7_input"
WHERE
    geo = 'Japan'
GROUP BY
    "productcategories",
    "geo"
ORDER BY
    revenue DESC
limit 10
;
```

図 7.31 桁数表示の変更

Athena の SQL 出力結果は S3 に保存されます。次の画面の右上の［設定］の箇所から保存先の S3 パスを変更することもできます。また、画面の SQL 出力結果の右上のコピーのようなアイコンをクリックすることで、SQL 出力結果を CSV でダウンロードすることができます。

図7.32　出力結果の保存

7.4.2　Athenaでビュー

ビューは、実際のテーブルから作成する仮想的なテーブルでその中にデータは持ちません。ビューの実態はSELECT文によるクエリを定義したものです。ビューを使うことで定義されたクエリが実行され、実際のテーブルから必要なデータが抽出されます。利用頻度の高いクエリを毎回入力するのではなくビューとして定義することで、ユーザーやプログラムで記述するクエリをシンプルにすることができます。

ではビューを作ってみましょう。

さきほど実施したSQL文（日本の売上の高いプロダクトカテゴリのトップ10）が入力された状態のクエリエディタで、［作成］をクリックし［クエリからビューを作成］をクリックします。

```
SELECT
    "geo",
    "productcategories",
    CAST(SUM(revenue) AS decimal(12, 4)) revenue
FROM
    "chap7"."chap7_input"
WHERE
    geo = 'Japan'
GROUP BY
```

```
    "productcategories",
    "geo"
ORDER BY
    revenue DESC
limit 10
;
```

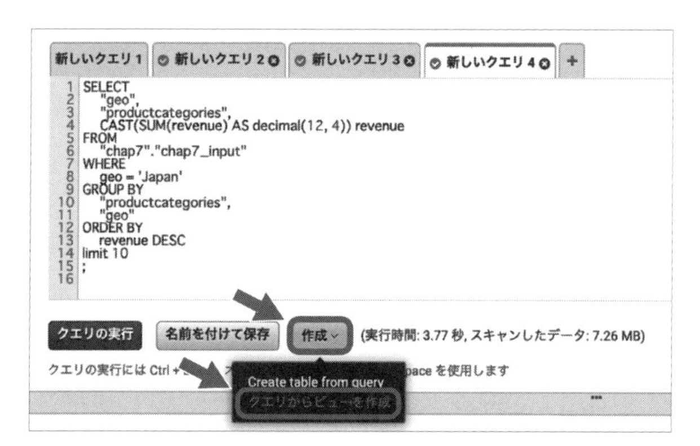

図 7.33　クエリからビューを作成

ビューの名前を入れる画面になるので、名前に "chap7_input_view" を入力し右下の［作成］をクリックします。

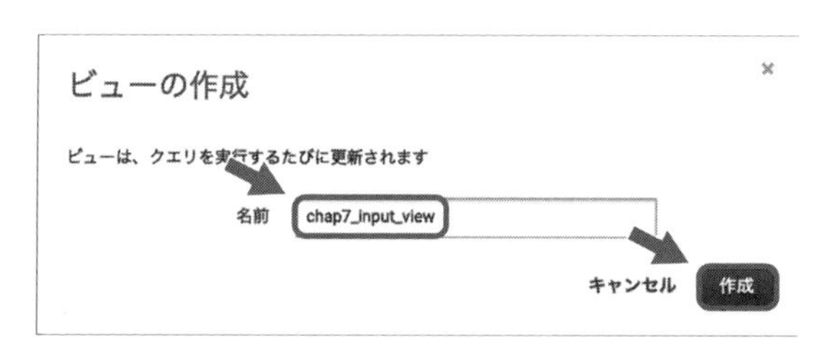

図 7.34　ビューの名前を入力

クエリエディタにビューを作成する DDL（Data Definition Language）文が自動生成され、クエリが実行されビューが作成されます。

DDL はデータ定義言語と訳され、データベース／テーブル／ビューなどの基本データを作成／変更／削除するための言語です。

```
CREATE
OR  REPLACE VIEW "chap7_input_view" AS
    SELECT
        "geo",
        "productcategories",
        CAST(
            SUM(revenue) AS decimal(12, 4)
        ) revenue
    FROM
        "chap7"."chap7_input"
    WHERE
        geo = 'Japan'
    GROUP BY
        "productcategories",
        "geo"
    ORDER BY
        revenue DESC
    limit 10
;
```

図 7.35 ビューを作成するための SQL

このようにクエリの結果を確認し素早くビューを作成することができます。

このビューを使ってクエリの実行ができます。ビューを使うことで定義されたクエリが実行され、実際のテーブルから必要なデータが抽出されます。複雑なクエリであれば何度も記述する必要がなくなり、効率的なクエリの実行に役立ちます。

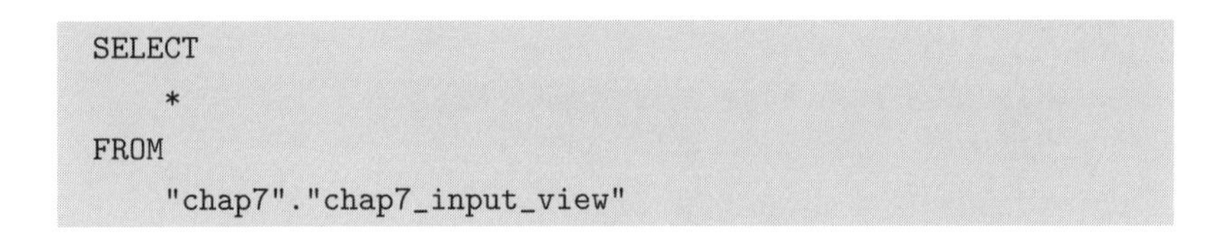

```
SELECT
    *
FROM
    "chap7"."chap7_input_view"
```

	geo	productcategories	revenue
1	Japan	Office Supplies	81082669.8389
2	Japan	Books	58690337.4275
3	Japan	Movies	55856708.2088
4	Japan	Baby Products	51443792.5294
5	Japan	Health	48452741.7087
6	Japan	Industrial	42779685.1671
7	Japan	Digital	28650771.3236
8	Japan	Clothing	28192665.6484
9	Japan	Outdoors	26076673.9434
10	Japan	Computers	18208220.3622

図 7.36　ビューを使ったクエリの実行

7.4.3 Athena で CTAS

CTAS は、SELECT クエリの結果に基づいて新しいテーブルを作成します。クエリによりフィールドの絞り込み、複数テーブルの JOIN、データフォーマット変換、パーティショニングなどが行え、実データが指定した S3 パスに作成されます。また、出力されるファイルはフォーマットを指定可能で、デフォルトは列指向ファイルフォーマットの Parquet で出力されます。この特徴から CTAS は簡単な ETL として使うことができます。元の生データを 1 回のクエリで、必要なデータのみの抽出とほかのファイルフォーマット（Parquet / ORC 等）へ変換した新しいテーブルを作成することができます。

では CTAS を実行してみましょう。

さきほど実施した SQL 文（日本の売上の高いプロダクトカテゴリのトップ 10）が入力された状態のクエリエディタで、「LIMIT 10」を削除し、「日本の売上の高い順のプロダクトカテゴリ」を調べる SQL 文にしてクエリします。クエリ結果が表示されたあと、［作成］をクリックし［Create table from query］をクリックします。

```
CREATE TABLE chap7.chap7_japan_ctas
WITH (
  format='PARQUET',
  external_location='s3://chap7-lake-fishing/ctas/'
 ) AS
SELECT
    "geo",
    "productcategories",
    CAST(SUM(revenue) AS decimal(12, 4)) revenue
FROM
    "chap7"."chap7_input"
WHERE
    geo = 'Japan'
GROUP BY
    "productcategories",
    "geo"
ORDER BY
    revenue DESC
;
```

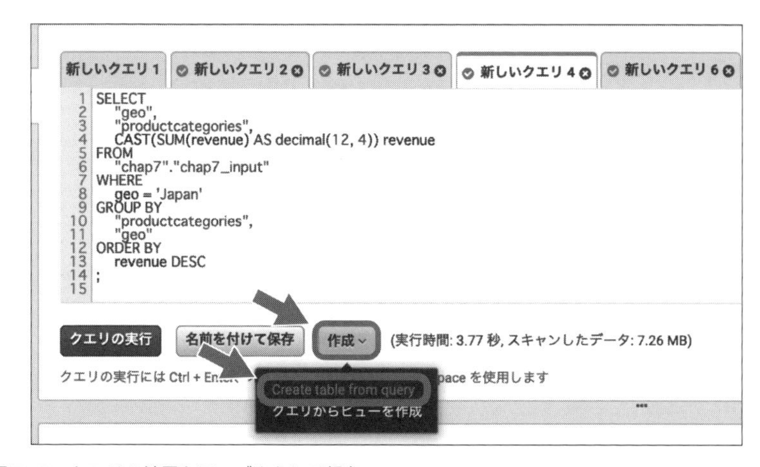

図 7.37 クエリの結果をテーブルとして保存

次の画面が表示されますので、データベースに “chap7”、Table name に “chap7_

japan_ctas"、Output location に "s3://chap7-lake-fishing/ctas/"、Output data format に "Parquet" を入力し右下の［Next］をクリックします。

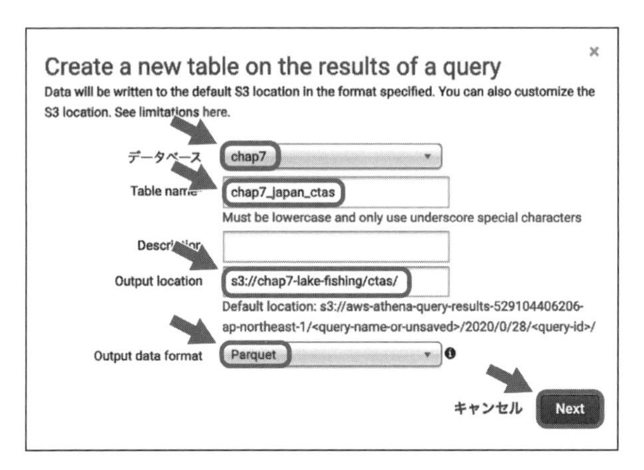

図 7.38　テーブル名などを入力

実行される DDL 文が表示されます。右下の［作成］をクリックします。

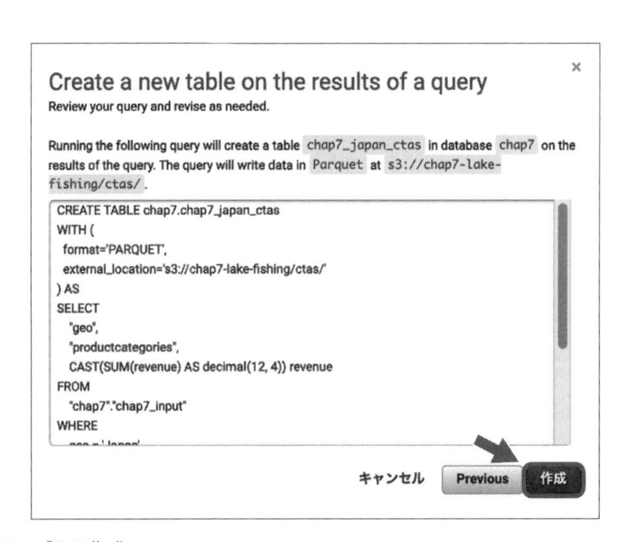

図 7.39　テーブルの作成

テーブル［chap7_japan_ctas］が作成されます。これはビューとは違いデータを持つ通常のテーブルです。

作成されたスキーマが指定した列の geo/productcategories/revenu のみであること、テーブルのプレビューで出力される結果が日本のデータのみであることを確認します。また、スキャンしたデータ容量が 0.63KB となっており、SELECT で絞り込まれたデータのみで圧縮も効いていることから、スキャン容量が元のクエリ結果の 170KB より削減されています。そのため、処理速度が向上していることも実行時間の結果から分かります[3]。それから、スキャン容量が削減されているので利用料金の削減にもなっています。

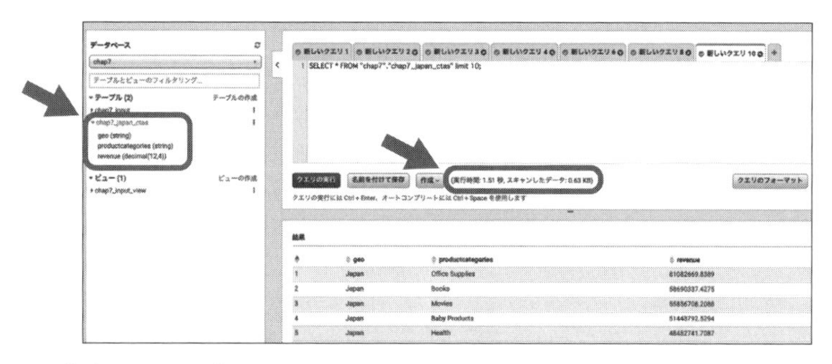

図 7.40　作成されたテーブルを参照する

CTAS にはいくつかの考慮と制約事項がありますが、詳細は公式ページ[4] をご確認ください。

- CTAS クエリでは S3 の指定した場所に新しいデータを書き込むが、ビューではデータを書き込まない
- CTAS の結果を保存する S3 パスは空である必要がある
- ファイルフォーマットは Parquet / ORC / Avro / CSV / JSON / TSV が指定可能
- クエリの結果はデフォルトで GZIP で圧縮され、Parquet および ORC では、Snappy[5] を指定することができる
- CTAS クエリの結果を S3 で暗号化可能

[3] 今回はデータサイズが小さいためタイミングによって速度は遅い場合があります。

[4] https://docs.aws.amazon.com/ja_jp/athena/latest/ug/considerations-ctas.html

[5] 圧縮率は低めで圧縮解凍が高速な圧縮アルゴリズムのライブラリ

7.5 まとめ

この章では、Glueクローラを使いS3にアップロードしたデータに対してスキーマなどのメタ情報を作成し、このメタ情報を使ってAthenaからS3上のデータに標準SQLで分析しました。そして、ビューやCTASなど幅広いクエリを実行することができ、少ない準備でS3に保存されたデータセットに対してSQLで分析を始められることが分かっていただけたかと思います。

Athenaはサーバーレスなのでインフラストラクチャーの管理は不要で、料金も実行したクエリに対しての従量課金です。そのため、運用面での日々のメンテナンスや使っていないあいだのコストなど気にする必要がありません。

第6章で説明したQuickSight／OSSのRedash／商用のTableauなど、ほかにも多くのBIサービスがAthenaに対応しており、簡単に連携することができます。もちろんCLIや各種SDKを使い、プログラムからAthenaに対してSQLクエリすることも可能です。生データをデータレイクとしてのS3に安全に保存し、使いたいときにデータロードする手間なくS3に直接SQLでアクセスする。Athenaはデータレイクの考え方にマッチしたSQLクエリサービスと言えます。

第8章 データを変換する

意思決定や問題の解決など、データ分析によってビジネスにおける価値を得ることができますが、そのためには正しい入力データが必要です。たとえば、データに欠落や欠損があると正しい分析結果が得られず、ビジネスにおいて誤った意思決定に繋がりかねません。

ところが、入力データはいつもきれいな状態とは限りません。入力ミスにより間違ったデータが入ってしまったり、扱いづらい形式でデータが格納されていることもあります。これらはデータ分析の前に変換する必要があります。欠落値や欠損値は補正処理し、データに重複があれば重複排除処理、外れ値があれば外れ値の除外処理など行います。このように入力データをきれいにする変換処理をクレンジング処理と呼びます。ビジネスにおいて正しい意思決定をするためにも変換処理は重要なものになります。

また、元となるデータの容量が大きかったり不要なデータがあると、分析処理のパフォーマンス低下に繋がります。これらもデータ分析する前にデータ変換する必要があります。

分析に適したフォーマット変換／データの圧縮／必要なデータだけの抽出など行います。データ分析において適切な時間で応答を得るためにも変換処理は重要なものになります。

8.1 生データとETL

第7章では、Amazon Athenaを使い元のデータをそのままの形（一般的に生データと呼ばれます）でSQL分析しました。第1章で述べたとおり、生データは必ずしも分析に適した形になっていません。そのため、データを分析に適した形に変換する“ETL（Extract Transform Load）処理”が必要になるケースが多くあります。Athena でも CTAS（CREATE TABLE AS SELECT）を使うことで ETL 処理することができましたが、クレンジングやマスキングなどの独自な変換処理や 30 分を超えるような大規模なデータセットへの処理には対応できません。ほかにも第 1 章で述べたような典型的な変換処理がさまざまあります。そして、AWS には ETL サービスとして AWS Glue があることも説明しました。

8.2 AWS の ETL サービス AWS Glue ジョブ

Glue ジョブは、Apache Spark と Python スクリプトの 2 つに対応しています。これらを用いてデータを分析しやすい形に変換する ETL 処理をする機能です。Glue ジョブ（Apache Spark）を使うことで大量のデータに対して並列分散処理しスループットの高い処理を実現しています。コードの自動生成や独自の処理を記述したカスタムコードを実行することもでき、任意のタイミングで Glue ジョブや Glue クローラを実行するトリガーやワークフローを形成する機能もあります。

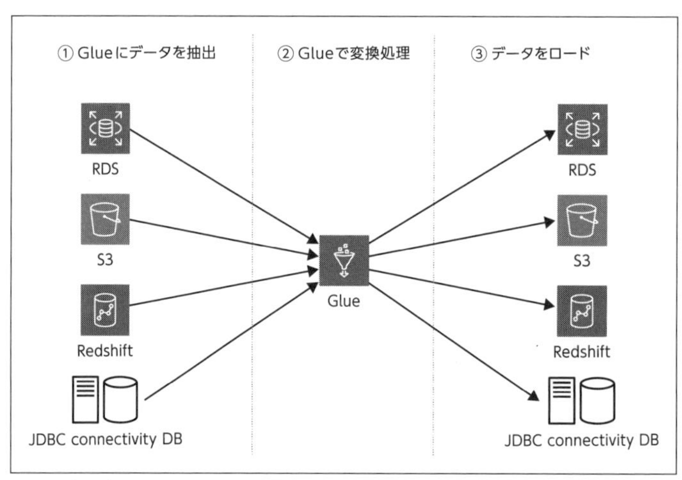

図 8.1　Glue ジョブの全体像

今回は、サンプルとして Amazon.com マーケットプレイスのレビューのデータセットを使います。このデータセットを Glue ジョブを使って分析に適した形に変換します。

まず、7 章と同じように Glue クローラを使い、このデータセットからメタデータを自動作成します。作成されたメタデータを使い、Glue ジョブでファイルフォーマットの変換処理をします。次に、Glue ジョブでデータのマスキングやパーティション化などの変換処理をします。最後に、それぞれの変換後のデータセットに対して Athena で SQL クエリし、クエリの実行時間やデータのスキャン容量を比較して分析に適した形に変換されていることを確認します。

8.3 スキーマ自動推定

8.3.1 S3 にデータをアップロード

次の URL でサンプルとして提供される Amazon Reviews Dataset[1] の TSV ファイルを手元の PC にダウンロードします。

```
https://aws-jp-datalake-book.s3-ap-northeast-1.amazonaws.com/
chapter8/amazon_reviews_us_Camera_v1_00.tsv
```

このデータセットは US の Amazon.com マーケットプレイスで 1995 年から 2015 年に書かれたカメラに対するレビューと関連メタデータのコレクションです。データ件数は 1,801,974 件でデータ容量は 1GB ほどあります。

作成した IAM ユーザーで AWS マネージメントコンソールにログインし、サービス一覧から S3 を選択します。左側メニューの [バケット] を選択し、［バケットを作成する］をクリックします。

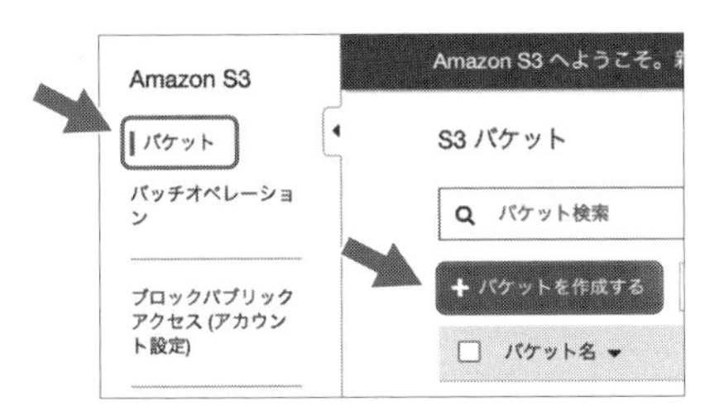

図 8.2 バケットの作成

バケット名に "chap8-lake-fishing-*xxxx*"（*xxxx* の箇所にご自身の名前などを入れたグローバルでユニークな任意の名前）を入力し、左下の［作成］をクリックします。

[1] `https://s3.amazonaws.com/amazon-reviews-pds/readme.html`

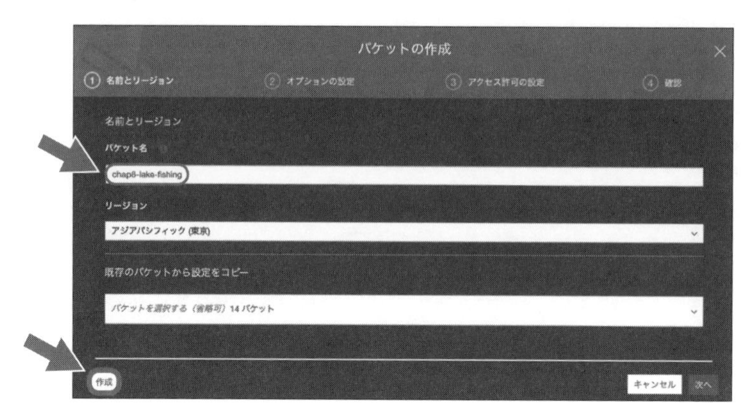

図 8.3 新しいバケット名を入力

作成したバケットをクリックし、[フォルダの作成] をクリックして名前に “input” と入力し、[保存] をクリックします。このフォルダは入力データを入れる場所です。同じ手順でフォルダ “output”、“output_with_partition” を作成します。この 2 つのフォルダはこのあとの変換処理後のデータを入れる場所です。

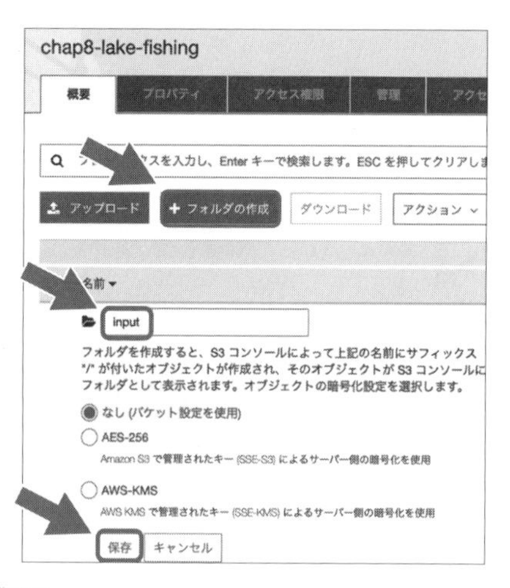

図 8.4 フォルダを作成する

作成したフォルダ [input] をクリックし [アップロード] をクリックします。

図 8.5 アップロードをクリック

［ファイルを追加］をクリックし、ダウンロードしておいた Amazon Review Dataset のファイルを選択します。

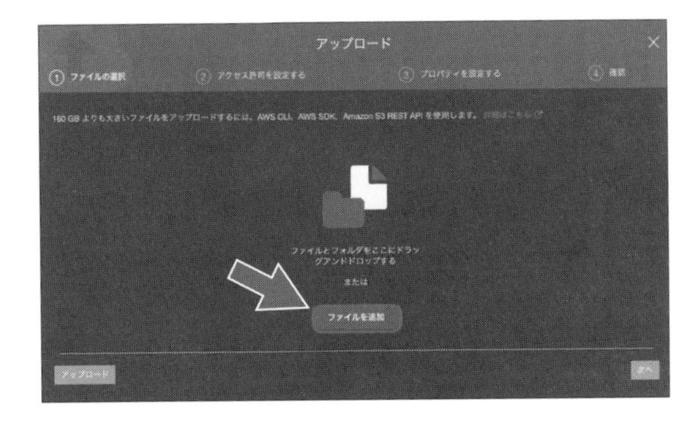

図 8.6 ファイルを追加

左下の［アップロード］をクリックします。

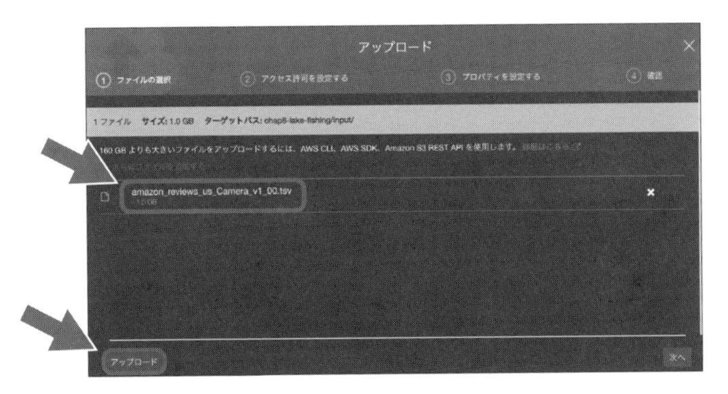

図 8.7 アップロードの実行

8.3.2 Glue クローラでスキーマを自動推定

Glue クローラを使い、データのスキーマなどを自動的に作成することができます。元となるデータの 1 行目のフィールドをスキーマの列名として登録します。今回のデータの 1 行目に次のようなフィールド名が入っています。

```
marketplace    customer_id    review_id    product_id    pr..
```

データを見ると、product_category や review_body のフィールドの値に単一のダブルクォートが入っている箇所が複数あります。

```
GW Security 1/3" Color Sony CMOS 1000TVL 720P 2.8-12mm Vari..
```

Glue クローラ組み込みの CSV 分類子は、CSV ファイル内のダブルクォートで囲まれた文字列を 1 つのまとまりとして認識します。ある行にダブルクォートが 1 つあると次のダブルクォートがある行までを 1 つのまとまりとして認識してしまい、結果として列が増えて登録されてしまいます。そこで、ダブルクォートを引用符[2] とみなさないための「カスタム分類子」を作成します。

サービス一覧から Glue を選択します。左側メニューの［分類子］をクリックし、［分類子の追加］をクリックします。

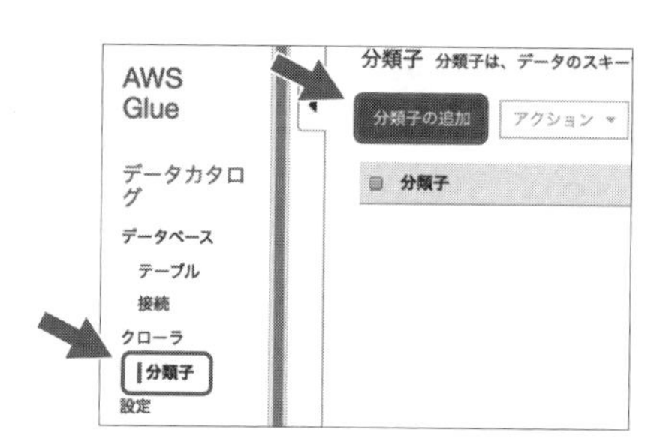

図 8.8 分類子の作成

分類子名に “chap8-classifier” を入力し、分類子タイプは［CSV］にチェックを入れ、列の区切り記号に［タブ (/t)］を選択し、引用符としてダブルクォート以外の［'^A'(/001)］を選択し、［作成］をクリックします。

[2] 引用符は指定した記号で囲んだ文字列を 1 つの文字列とみなします。

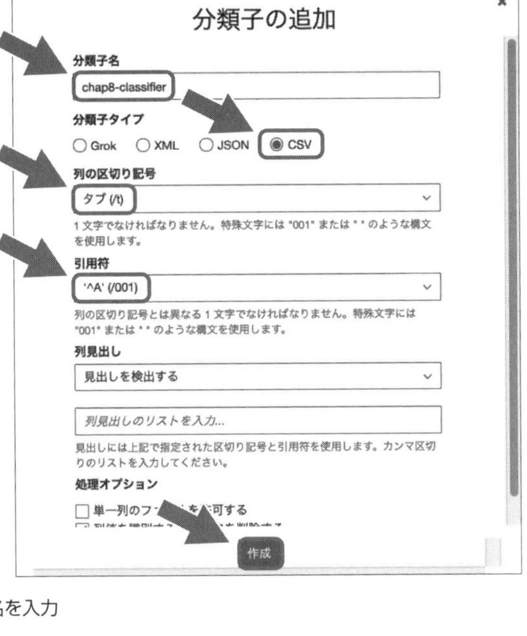

図 8.9　分類子名を入力

左側メニューから［クローラ］をクリックし、［クローラの追加］をクリックします。

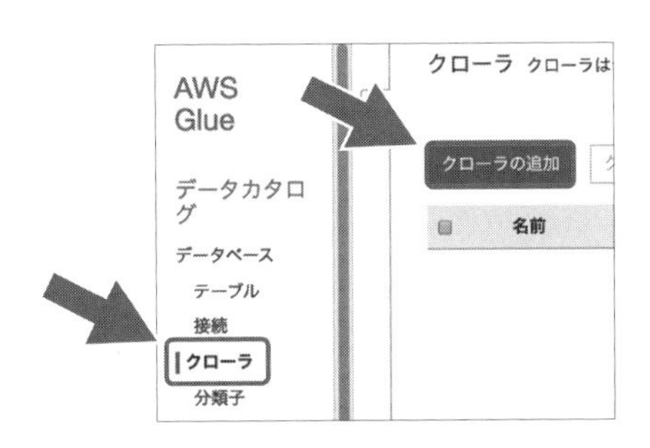

図 8.10　クローラの作成

クローラの名前に “chap8-crawler1” を入力し、［▼タグ、説明、セキュリティ設定および分類子（任意）］をクリックし、画面下のカスタム分類子でさきほど作成した［chap8-classifier］の横の［追加］をクリックし、［次へ］をクリックします。

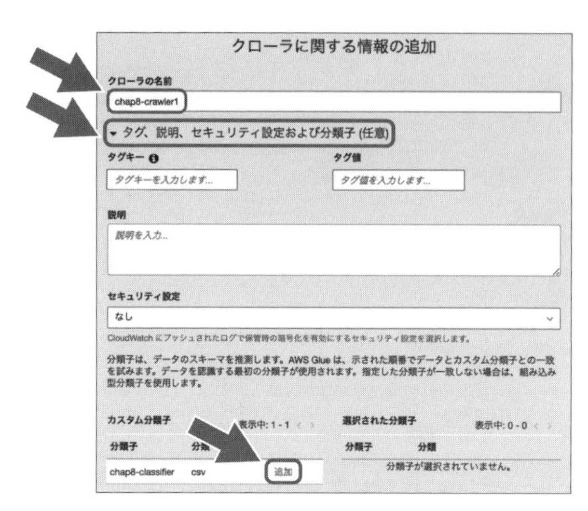

図 8.11 クローラ名を入力

次の画面は何もせず［次へ］をクリックします。

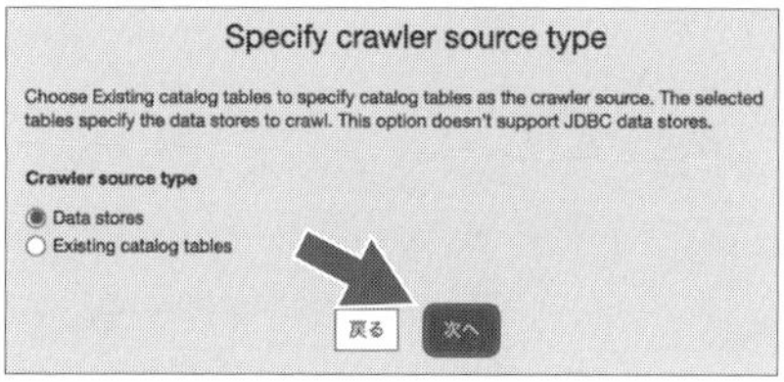

Specify crawler source type

Choose Existing catalog tables to specify catalog tables as the crawler source. The selected tables specify the data stores to crawl. This option doesn't support JDBC data stores.

Crawler source type

- Data stores
- Existing catalog tables

戻る　次へ

図 8.12 Specify crawler source type

データストアの選択は［S3］のままにし、インクルードパスは Amazon Review Dataset が入っているさきほど作成した S3 パス "s3://chap8-lake-fishing/input" を入力し、［次へ］をクリックします。

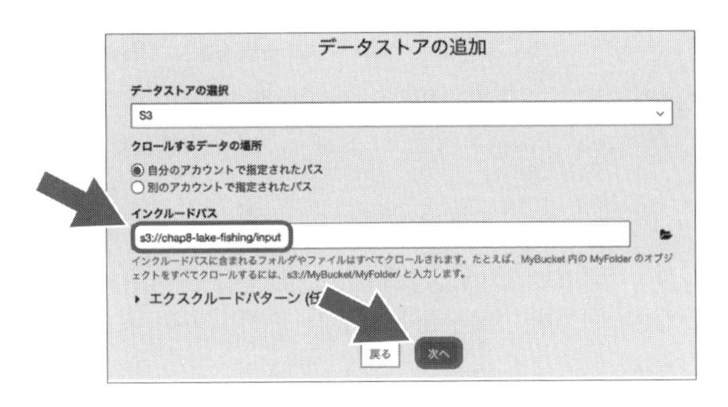

図 8.13　データストアを選択

次の画面は何もせず［次へ］をクリックします。

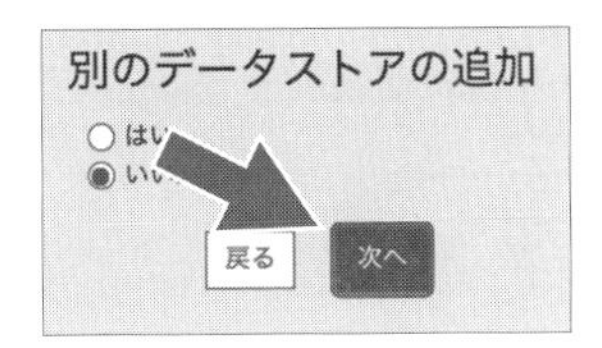

図 8.14　別のデータストアの追加

IAM ロールの選択で、［IAM ロールを作成する］にチェックを入れ、IAM ロール名に "chap8" を入力し、［次へ］をクリックします[3]。［既存の IAM ロールを選択］にチェックを入れ、IAM ロールを選択する箇所の右側のリロードボタンをクリックし、既存の IAM ロールから作成した IAM ロールを選択してください。

このIAM ロールはGlue クローラにアタッチされGlue クローラが必要な権限を得るために使われます。S3へクローリングするGlue クローラであれば、IAM ロールにS3へのアクセス権限などが含まれています。

[3]［次へ］をクリックしてエラーになる場合は、既にIAM ロールが作成されている場合があります。

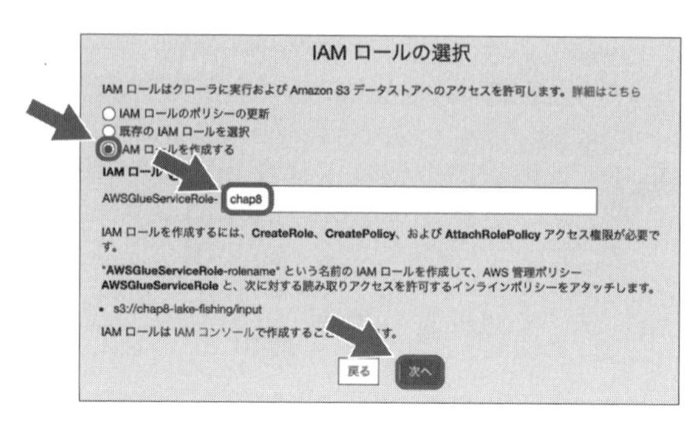

図 8.15　IAM ロールの選択

次の画面は何もせず［次へ］をクリックします。

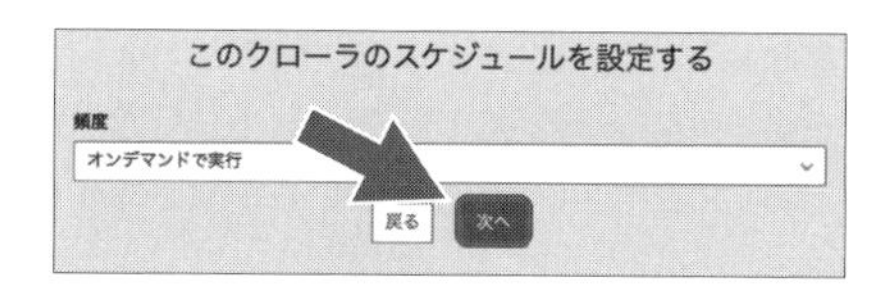

図 8.16　スケジュールの設定

［データベースの追加］をクリックします。

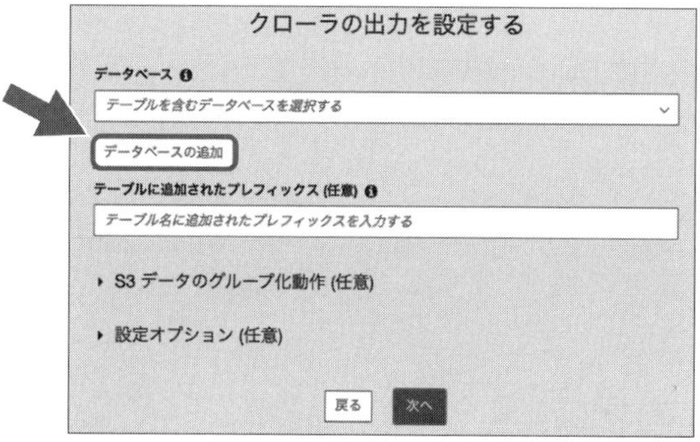

図 8.17　データベースの追加

データベース名に "chap8" を入力し、［作成］をクリックします。

ここで言うデータベースは Glue データカタログのデータベースのことで一般的なデータベースとはすこし違います。このあとの Glue クローラにより作成されるテーブルを格納するものが、Glue データカタログのデータベースになります。テーブルはデータのスキーマや場所などのメタ情報になります。

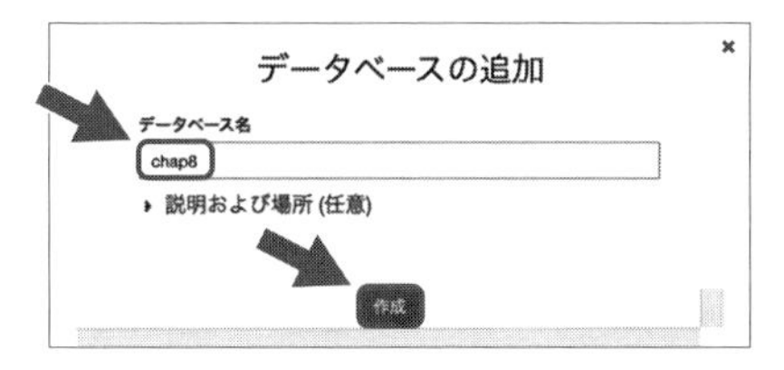

図 8.18　データベース名の入力

［データベース］にさきほど作成したデータベース［chap8］を選択し、［テーブルに追加されたプレフィックス（任意）］に "chap8_" を入力し、［次へ］をクリックします。次の画面で設定内容の確認画面が表示されるので問題なければ［完了］をクリックします。

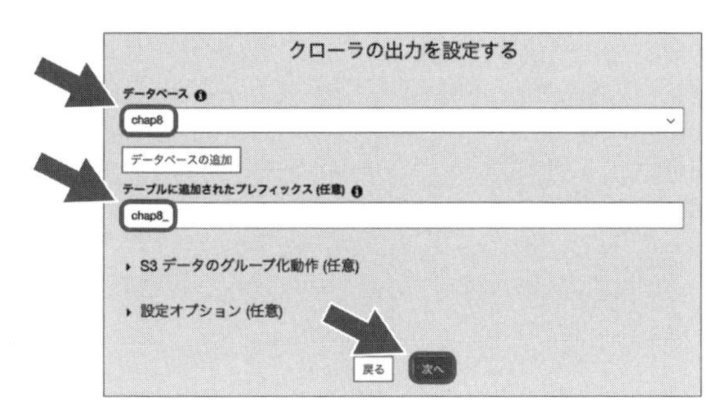

図 8.19　プレフィックスの入力

［今すぐ実行しますか？］の緑色の文字列をクリックし、作成したクローラを実行します。クローラの実行完了には数分かかります。また、クローラ［chap8-crawler1］にチェックを入れ［クローラの実行］をクリックすることでもクローラを実行できます。

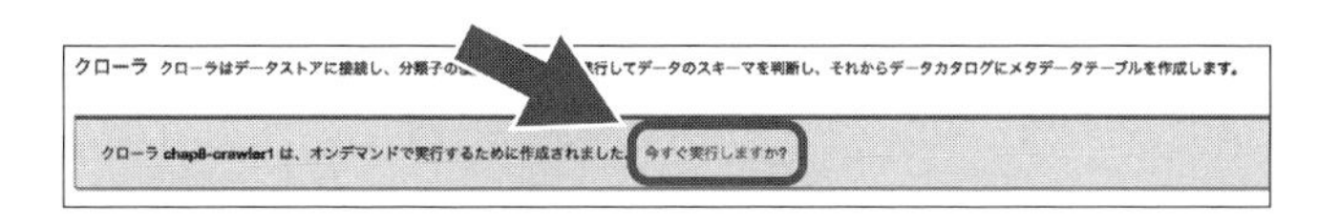

図 8.20　クローラの実行

クローリングが終わるまで数分待ちます。

クローリングが終わったかどうかは［chap8-crawler1］のステータスが［Ready］となっていることを確認してください。実行中の場合はステータスが［Starting］、［1 分が経過］、［Stopping］などになっています。

図 8.21　クローリングの終了を確認

左側メニューの［テーブル］をクリックし、クローラによって［chap8_input］というテーブルが作成されたことを確認します。

図 8.22　テーブルの作成を確認する

テーブル［chap8_input］をクリックします。S3 の場所／入力形式／作成されたスキーマなどを確認できます。

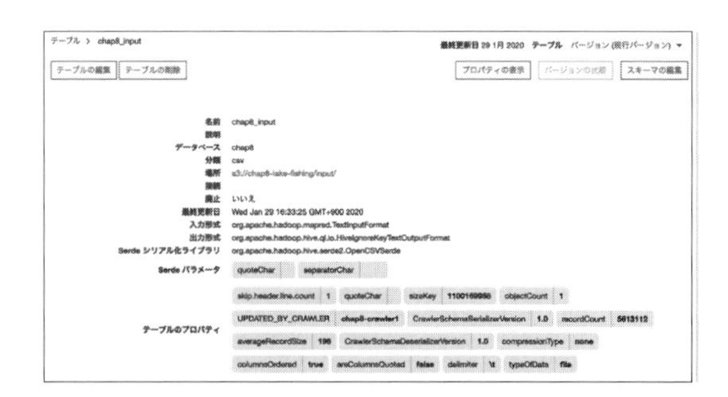

図 8.23　テーブルに関する情報の確認

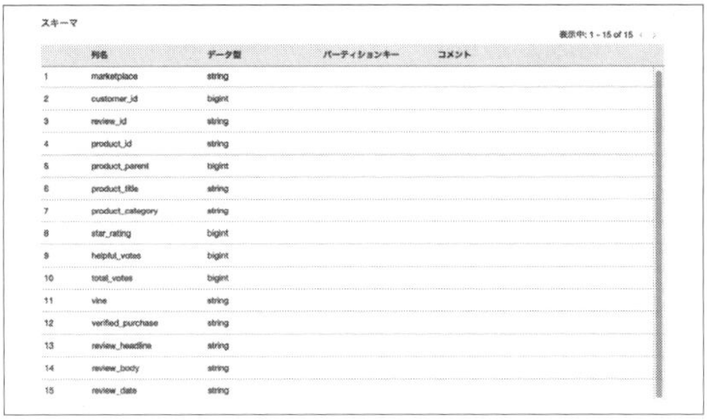

スキーマ

表示中: 1 - 15 of 15

	列名	データ型	パーティションキー	コメント
1	marketplace	string		
2	customer_id	bigint		
3	review_id	string		
4	product_id	string		
5	product_parent	bigint		
6	product_title	string		
7	product_category	string		
8	star_rating	bigint		
9	helpful_votes	bigint		
10	total_votes	bigint		
11	vine	string		
12	verified_purchase	string		
13	review_headline	string		
14	review_body	string		
15	review_date	string		

図 8.24　スキーマの確認

8.4　データの変換処理（その 1）

Glue ジョブを使い、データの圧縮と列指向フォーマットへの変換を行いその効果を確認します。

列指向フォーマットは、データを列方向に連続して保存する方式です。列指向フォーマットでは列ごとにデータアクセスができるため、特定の列を集計するケースが多いデータ分析の用途では、必要ない列を読み込まずに済みます。また、列には同じ型のデータが並ぶため圧縮効率がよく、処理するデータ量や処理時間を削減できます。

8.4.1　Glue ジョブの作成と実行

このあと作成する Glue ジョブは、変換処理の結果を S3 に出力します。Glue ジョブが S3 に書き込むために、S3 への書き込み許可を与える IAM ポリシーを Glue ジョブが使う IAM ロールにアタッチする必要があります。今回の Glue ジョブではさきほど Glue クローラで使った IAM ロールを使います。

サービス一覧から IAM を選択します。左側メニューの［ロール］をクリックし、［AWSGlueServiceRole-chap8］をクリックします。

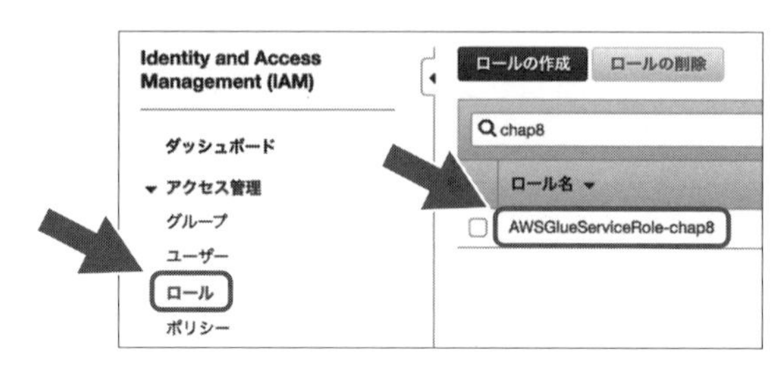

図 8.25　ロールの修正

［ポリシーをアタッチします］をクリックします。

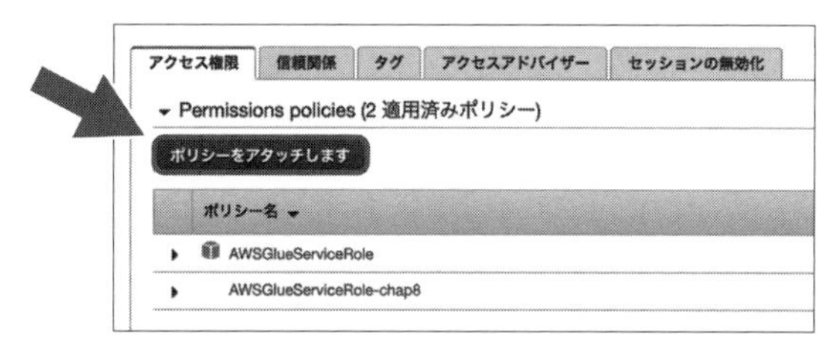

図 8.26　ポリシーの追加

今回はハンズオンのため、S3へのフルアクセス権限である「AmazonS3FullAccess」を付与します（実際の現場では必要最小限の権限を付与することをお勧めします）。

［AmazonS3FullAccess］のポリシーにチェックを入れ、［ポリシーのアタッチ］をクリックします。

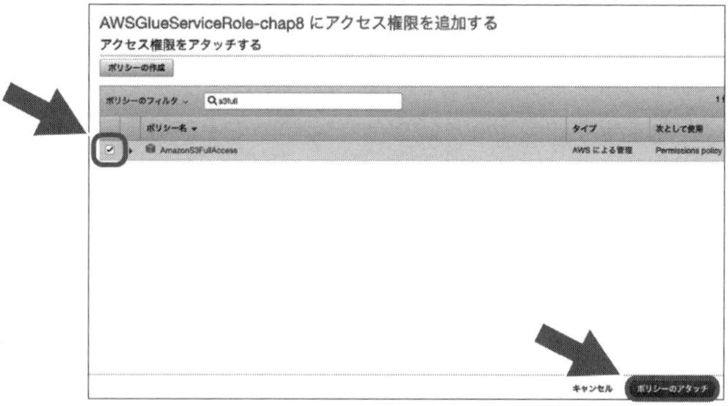

図 8.27　権限を付与する

Glue ジョブを作成します。
サービス一覧から Glue を選択します。左側メニューの［ジョブ］をクリックし、［ジョブの追加］をクリックします。

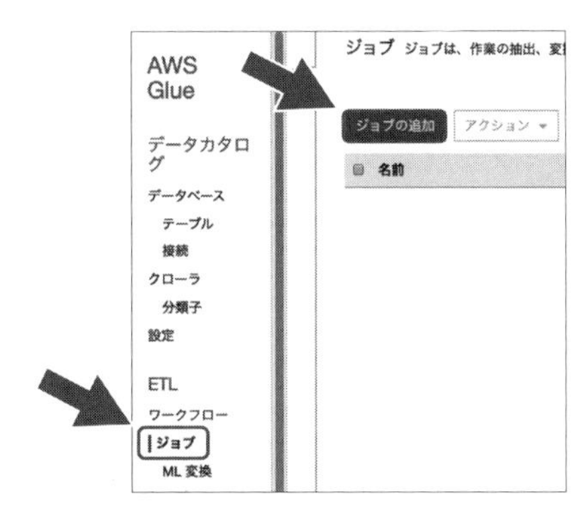

図 8.28　ジョブの作成

ジョブの名前に "chap8-job1" を入力し、IAM ロールに［AWSGlueServiceRole-chap8］を選択します。

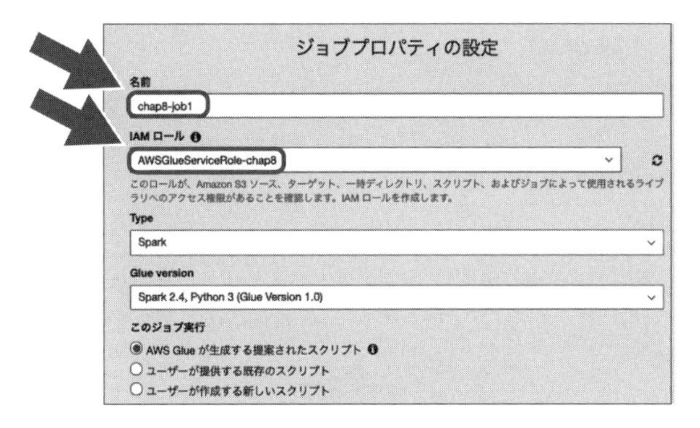

図 8.29　ジョブ名の入力

［▼セキュリティ設定、スクリプトライブラリおよびジョブパラメータ（任意）］の箇所をクリックし、最大容量に "2" を入力し［次へ］をクリックします。
ここで設定した最大容量は、DPU（Data Processing Unit）という Glue ジョブに割り当てる処理能力の単位です。標準では 1DPU ＝ 4vCPU・16GB メモリが割り当てられます。

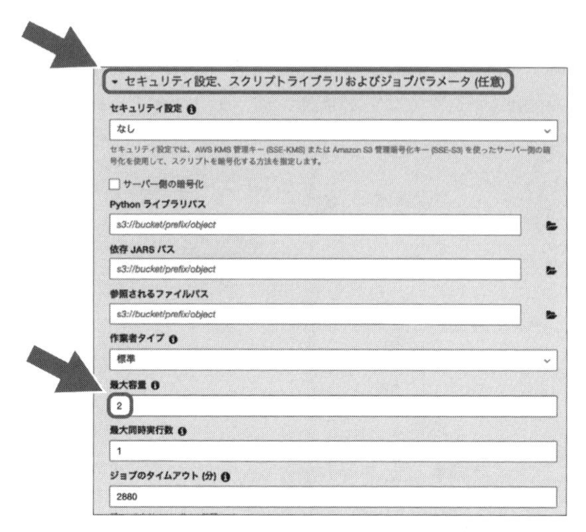

図 8.30　DPU の設定

データソースの選択で、［chap8_input］にチェックを入れ、［次へ］をクリックします。

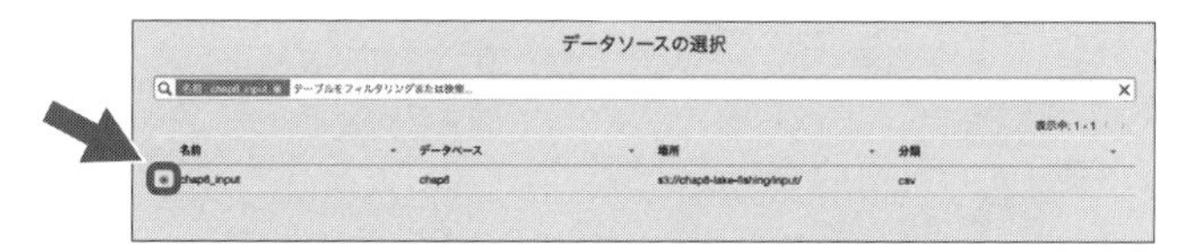

図 8.31　データソースの選択

次の画面は何もせずそのまま［次へ］をクリックします。

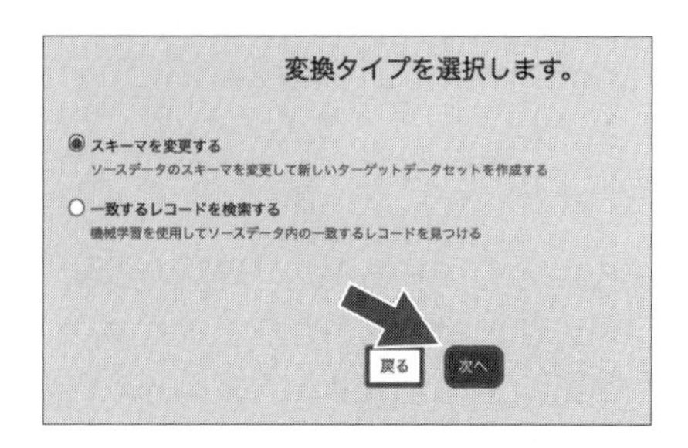

図 8.32　変換タイプの選択

［データターゲットでテーブルを作成する］にチェックを入れ、データストアに［Amazon S3］を選択し、形式に［Parquet］を選択し、ターゲットパスに“s3://chap8-lake-fishing/output” を入力し、［次へ］をクリックします。

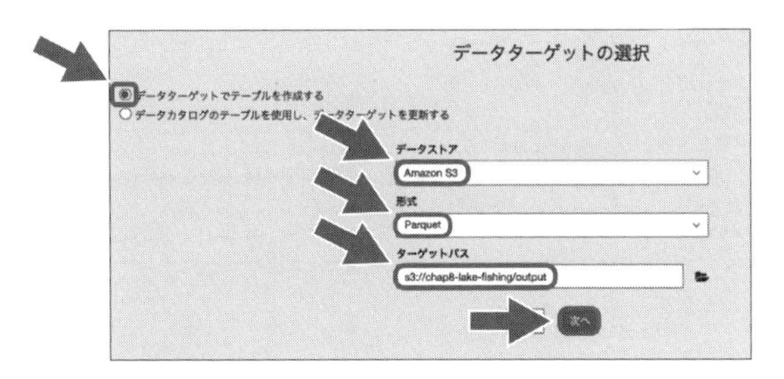

図 8.33　データターゲットの選択

次の画面は何もせずにそのまま［ジョブを保存してスクリプトを編集する］をクリックします。

必要であればこの画面で列の削除や追加や型を変更することができます。

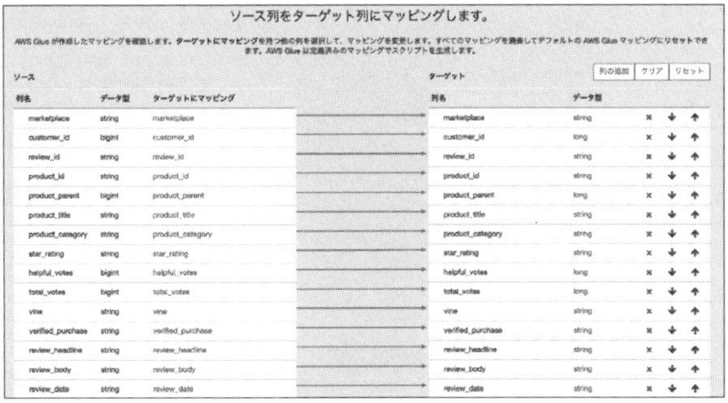

ソース列をターゲット列にマッピングします。

AWS Glue が作成したマッピングを確認します。ターゲットにマッピングを持つ他の列を選択して、マッピングを変更します。すべてのマッピングを破棄してデフォルトの AWS Glue マッピングにリセットできます。AWS Glue は定義済みのマッピングでスクリプトを生成します。

ソース / ターゲット　列の追加　クリア　リセット

列名	データ型	ターゲットにマッピング	列名	データ型
marketplace	string	marketplace	marketplace	string
customer_id	bigint	customer_id	customer_id	long
review_id	string	review_id	review_id	string
product_id	string	product_id	product_id	string
product_parent	bigint	product_parent	product_parent	long
product_title	string	product_title	product_title	string
product_category	string	product_category	product_category	string
star_rating	string	star_rating	star_rating	string
helpful_votes	bigint	helpful_votes	helpful_votes	long
total_votes	bigint	total_votes	total_votes	long
vine	string	vine	vine	string
verified_purchase	string	verified_purchase	verified_purchase	string
review_headline	string	review_headline	review_headline	string
review_body	string	review_body	review_body	string
review_date	string	review_date	review_date	string

図 8.34　マッピング設定

Spark のコードが生成されます。この画面でコードを編集することもできますが、今回はこのまま実行するので画面上部の［ジョブの実行］をクリックします。

図 8.35　コードが表示される

次の画面がポップアップされます。この画面でジョブ実行のタイミングで適用されるジョブパラメータやモニタリングオプションを変更することもできます。

今回は何もせず［ジョブの実行］をクリックします。ジョブが実行されたら画面右上の X マークをクリックします。

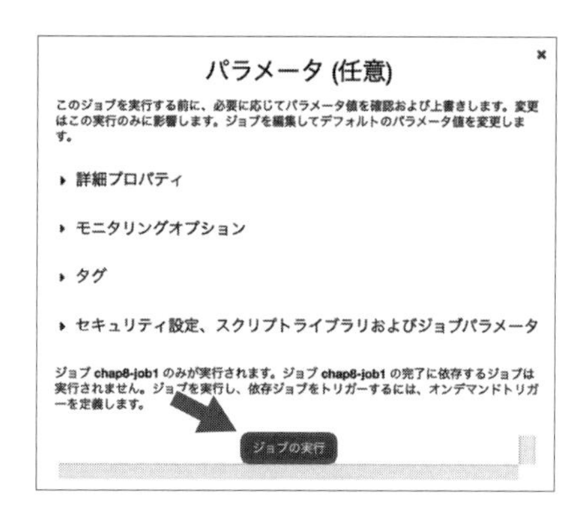

図 8.36　ジョブの実行

ジョブ［chap8-job1］にチェックを入れ下部の画面でジョブの実行ステータスが Running でジョブが実行中であることを確認します。今回のジョブは数分で完了します。実行ステータスが［Succeeded］となればジョブの正常完了です。

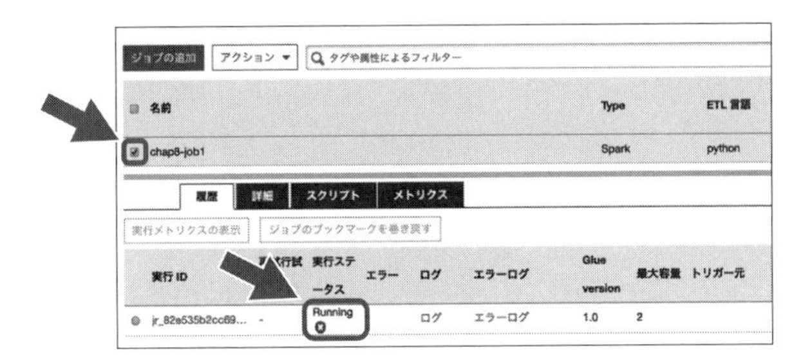

図 8.37　実行中のジョブ

8.4.2　変換後のデータをクローリング

7.3.2「Glue クローラでスキーマを作成」と同じ手順で、Glue クローラを次の情報で作成し実行します。

クローラの名前：chap8-crawler2
データストア：S3
インクルードパス：s3://chap8-lake-fishing/output
IAM ロール：既存のロールで AWSGlueServiceRole-chap8
データベース：chap8
テーブルに追加されたプレフィックス (任意)：chap8_

8.4.3　変換後のデータを Athena で確認

サービス一覧から Athena を選択します。次の SQL 文をテーブル "chap8_input"（データ変換前）、"chap8_output"（データ変換後）で実行し、クエリ実行時間とスキャン容量をデータ変換前と変換後で比較します。SQL 文の内容は「プロダクト ID が B00HCW22J6 の件数の集計」で、当然結果はすべて同じ 3 です。

- 変換前の［chap8_input］のクエリ結果は実行時間 1.68 秒でスキャンデータ容量は 1.1GB です。

```
SELECT
    count(*)
FROM
    "chap8"."chap8_input"
```

```
where
    product_id = 'B00HCW22J6'
;
```

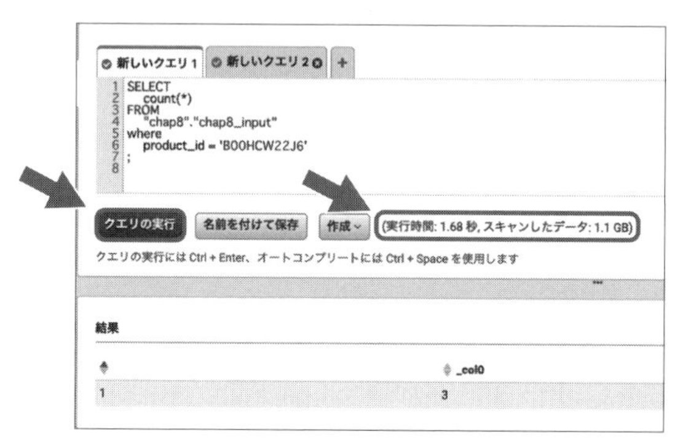

図 8.38　データ変換前

- 変換後の［chap8_output］のクエリ結果は実行時間 1.86 秒でスキャンデータ容量は 9MB です。

```
SELECT
    count(*)
FROM
    "chap8"."chap8_output"
where
    product_id = 'B00HCW22J6'
;
```

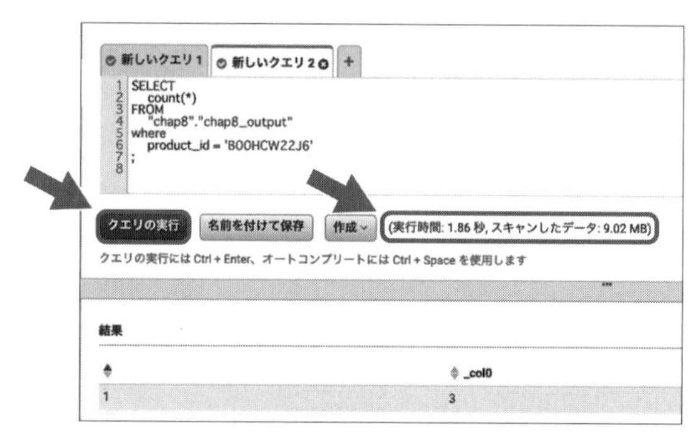

図 8.39　データ変換後

表 8.1 のように変換前の chap8_input が 1.1GB スキャンしているのに対して、変換後の chap8_output はスキャン容量が 9MB で大きく容量を削減しています。

表 8.1 変換後のクエリ時間とスキャン量の変化

テーブル名	クエリ実行時間	スキャン容量
chap8_input	1.68 秒	1.1GB
chap8_output	1.86 秒	9MB

これは変換処理でファイルフォーマットを列指向フォーマットの Parquet に変換したことと圧縮（Parquet 形式はデフォルトで Snappy で圧縮されます）によるものです。ファイルフォーマットを Parquet にしたことで、行ではなく product_id の列のみがスキャンされ、スキャン容量を大幅に削減しています。処理時間はすこし遅くなっていますが、これは今回のファイルサイズが小さいためです。データセットのサイズが増えてくれば性能面でも効果が出てきます。

8.5 データの変換処理（その 2）

Glue ジョブを使い、"データ変換処理（その 1）" と同じようにデータの圧縮と列指向フォーマットへの変換を行い、さらに一部の列の伏せ字への変換（マスキング処理）とデータのパーティション化を行いその効果を確認します。

パーティション化は、検索条件によく使う値の範囲にデータを分けて格納することです。例えば年月日（yyyy/MM/DD）でパーティション化すると、"2004/05/13" の条件で検索した場合、レコードをスキャンする時点で "2004/05/13" 以外の不要な年月日範囲（パーティション）のデータは見に行きません。これにより、処理するデータ量や処理時間を削減できます。

Athena のパーティションについて詳しくは第 2 章で説明しているのでご確認ください。

8.5.1 Glue ジョブの修正と実行

サービス一覧から Glue を選択します。左側メニューの［ジョブ］をクリックし、ジョブ［chap8-job1］にチェックを入れ、［アクション］をクリックし［スクリプトの編集］を選択します。

8

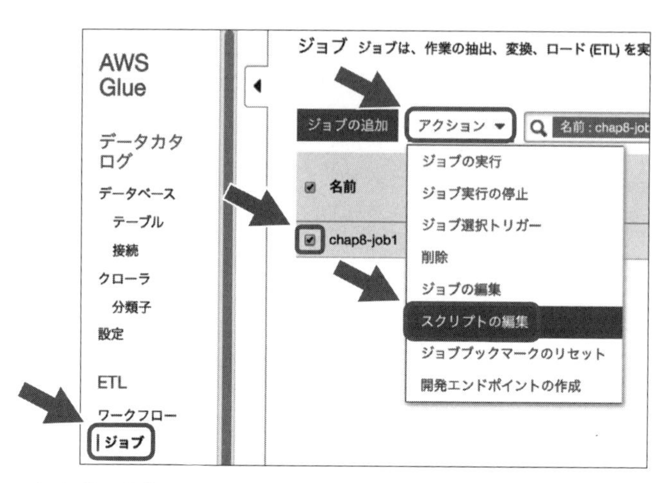

図 8.40 スクリプトの編集

コードエディタが開きコードの編集ができます。次の 3 つの箇所を修正します。

- コード先頭から並んでいる `from xxx import xxx` の終わり（7 行目）に次のコードを追記します。コードの内容は、読み込んだレコードの`"customer_id"`の値を`"********"`に置き換えてマスキング処理をしています。今回は `customer_id` ですが、例えば商品原価やパスワードなど見られたくない値をアスタリクスなどの伏せ字で覆い隠せます。

```
###Add Function chap8
def mask(dynamicRecord):
    dynamicRecord['customer_id'] = '********'
    return dynamicRecord
```

- `dropnullfields3` で始まる行（35 行目）の次に次のコードを追記します。コードの内容は、マスキング処理の実行、`"review_date"`によるパーティション化、ファイルフォーマットの Parquet への変換、Snappy による圧縮の処理をしています。S3 パス（`s3://chap8-lake-fishing/output_with_partition`）は自分の環境に合わせて修正してください（`output` ではなく `output_with_partition` であることに注意してください）。

```
###Add Transform chap8
masked_dyF = Map.apply(frame=dropnullfields3, f=mask)
output='s3://chap8-lake-fishing/output_with_partition'
datasink4 = glueContext.write_dynamic_frame.from_options(fra
```

```
  me = masked_dyF, connection_type = "s3", connection_option
  s = {"path": output, "partitionKeys": ['review_date'] }, f
  ormat = "parquet", transformation_ctx = "datasink4")
```

- datasink4 で始まる行（40 行目）は # でコメントアウトします。上記の修正箇所で出力処理を書いたので、元々の出力処理は不要なためコメントアウトしています。

```
### Comment out chap8
###datasink4 = glueContext.write_dynamic_frame.from_options(
  frame = dropnullfields3, connection_type = "s3", connectio
  n_options = {"path": "s3://chap8-lake-fishing/output"}, fo
  rmat = "parquet", transformation_ctx = "datasink4")
```

修正が終わると次のようなコードになっていることが確認できるはずです。

```
 1:  import sys
 2:  from awsglue.transforms import *
 3:  from awsglue.utils import getResolvedOptions
 4:  from pyspark.context import SparkContext
 5:  from awsglue.context import GlueContext
 6:  from awsglue.job import Job
 7:  ###Add Function chap8
 8:  def mask(dynamicRecord):
 9:      dynamicRecord['customer_id'] = '********'
10:      return dynamicRecord
11:
12:  ## @params: [JOB_NAME]
13:  args = getResolvedOptions(sys.argv, ['JOB_NAME'])
14:
15:  sc = SparkContext()
16:  glueContext = GlueContext(sc)
17:  spark = glueContext.spark_session
18:  job = Job(glueContext)
19:  job.init(args['JOB_NAME'], args)
20:  ## @type: DataSource
21:  ## @args: [database = "chap8", table_name = "chap8_input
   ", transformation_ctx = "datasource0"]
22:  ## @return: datasource0
23:  ## @inputs: []
24:  datasource0 = glueContext.create_dynamic_frame.from_cata
   log(database = "chap8", table_name = "chap8_input", trans
   formation_
ctx = "datasource0")
25:  ## @type: ApplyMapping
```

```
26:  ## @args: [mapping = [("marketplace", "string", "marketp
    lace", "string"), ("customer_id", "long", "customer_id",
     "long"), ("review_id", "string", "review_id", "string"),
     ("product_id", "string", "product_id", "string"), ("prod
    uct_parent", "long", "product_parent", "long"), ("product
    _title", "string", "product_title", "string"), ("product_
    category", "string", "product_category", "string"), ("sta
    r_rating", "long", "star_rating", "long"), ("helpful_vote
    s", "long", "helpful_votes", "long"), ("total_votes", "lo
    ng", "total_votes", "long"), ("vine", "string", "vine", "
    string"), ("verified_purchase", "string", "verified_purch
    ase", "string"), ("review_headline", "string", "review_he
    adline", "string"), ("review_body", "string", "review_bod
    y", "string"), ("review_date", "string", "review_date", "
    string")], transformation_ctx = "applymapping1"]
27:  ## @return: applymapping1
28:  ## @inputs: [frame = datasource0]
29:  applymapping1 = ApplyMapping.apply(frame = datasource0,
     mappings = [("marketplace", "string", "marketplace", "st
    ring"), ("customer_id", "long", "customer_id", "long"), (
    "review_id", "string", "review_id", "string"), ("product_
    id", "string", "product_id", "string"), ("product_parent"
    , "long", "product_parent", "long"), ("product_title", "s
    tring", "product_title", "string"), ("product_category",
     "string", "product_category", "string"), ("star_rating",
     "long", "star_rating", "long"), ("helpful_votes", "long"
    , "helpful_votes", "long"), ("total_votes", "long", "tota
    l_votes", "long"), ("vine", "string", "vine", "string"),
     ("verified_purchase", "string", "verified_purchase", "st
    ring"), ("review_headline", "string", "review_headline",
     "string"), ("review_body", "string", "review_body", "str
    ing"), ("review_date", "string", "review_date", "string")
    ], transformation_ctx = "applymapping1")
30:  ## @type: ResolveChoice
31:  ## @args: [choice = "make_struct", transformation_ctx =
     "resolvechoice2"]
32:  ## @return: resolvechoice2
33:  ## @inputs: [frame = applymapping1]
34:  resolvechoice2 = ResolveChoice.apply(frame = applymappin
    g1, choice = "make_struct", transformation_ctx = "resolve
    choice2")
35:  ## @type: DropNullFields
36:  ## @args: [transformation_ctx = "dropnullfields3"]
37:  ## @return: dropnullfields3
38:  ## @inputs: [frame = resolvechoice2]
39:  dropnullfields3 = DropNullFields.apply(frame = resolvech
    oice2, transformation_ctx = "dropnullfields3")
```

```
40:  ###Add Transform chap8
41:  masked_dyF = Map.apply(frame=dropnullfields3, f=mask)
42:  output='s3://chap8-lake-fishing/output_with_partition'
43:  datasink4 = glueContext.write_dynamic_frame.from_options
    (frame = masked_dyF, connection_type = "s3", connection_o
    ptions = {"path": output, "partitionKeys": ['review_date'
    ] }, format = "parquet", transformation_ctx = "datasink4"
    )
44:
45:  ## @type: DataSink
46:  ## @args: [connection_type = "s3", connection_options =
     {"path": "s3://chap8-lake-fishing/output"}, format = "pa
    rquet", transformation_ctx = "datasink4"]
47:  ## @return: datasink4
48:  ## @inputs: [frame = dropnullfields3]
49:  ### Comment out chap8
50:  ###datasink4 = glueContext.write_dynamic_frame.from_opti
    ons(frame = dropnullfields3, connection_type = "s3", conn
    ection_options = {"path": "s3://chap8-lake-fishing/output
    "}, format = "parquet", transformation_ctx = "datasink4")
51: job.commit()
```

修正が終わったら［ジョブの実行］をクリックし、ポップアップされる画面で［ジョブを今すぐ保存して実行］をクリックします。再度ポップアップされる画面で［ジョブの実行］をクリックします。

今回の DPU=2 の設定ではジョブの終了に 26 分程度かかります。ジョブの実行時間は Glue の処理能力である DPU を増やしたり Spark ジョブコードをカスタマイズすることでチューニング可能です。

8.5.2 変換後のデータをクローリング

7.3.2「Glue クローラでスキーマを作成」と同じ手順で、Glue クローラを次の情報で作成し、実行します。

クローラの名前：chap8-crawler3
データストア：S3
インクルードパス：s3://chap8-lake-fishing/output_with_partition
IAM ロール：既存のロールで AWSGlueServiceRole-chap8
データベース：chap8
テーブルに追加されたプレフィックス (任意)：chap8_

8.5.3 変換後のデータを Athena で確認

Athenaの画面を開き、次のSQL文をテーブル“chap8_input”（データ変換前）、“chap8_output”（1回目のデータ変換後）、“chap8_output_with_partition”（2回目のデータ変換後）で実行します。クエリ実行時間とスキャン容量をデータ変換前と変換後でそれぞれ比較します。SQL文の内容は「レビュー日が2004年5月13日のデータを抽出」で、当然結果はすべて同じです。

- 変換前の［chap8_input］のクエリ結果は実行時間5.45秒でスキャンデータ容量は1.1GBです。

```
SELECT
    *
FROM
    "chap8"."chap8_input"
where
    review_date = '2004-05-13'
;
```

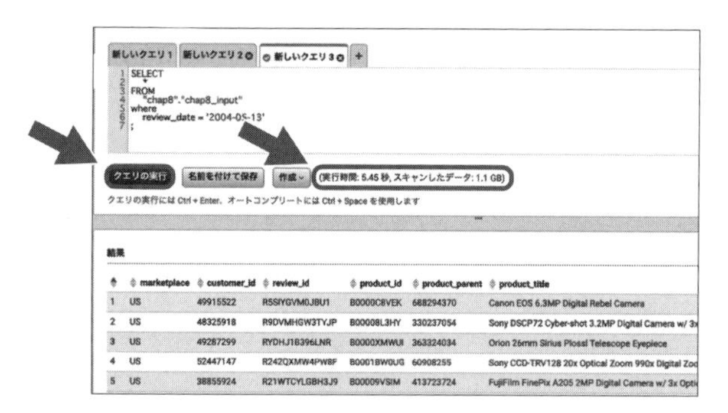

図 8.41 データ変換前

- 1回目の変換後の“chap8_output”のクエリ結果は実行時間4.57秒でスキャンデータ容量は50.07MBです。

```
SELECT
    *
FROM
    "chap8"."chap8_output"
```

```
where
    review_date = '2004-05-13'
;
```

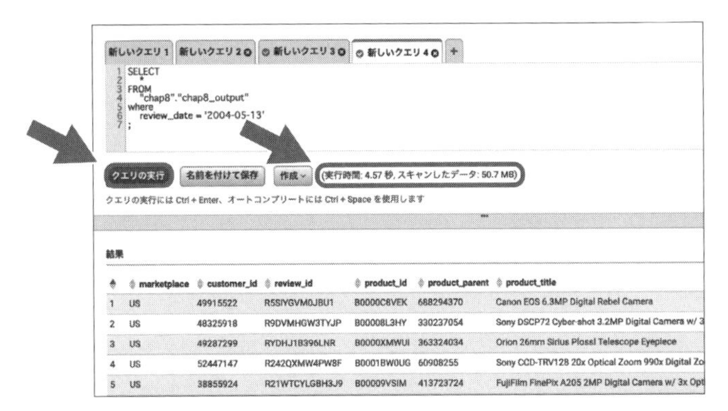

図 8.42　1 回目のデータ変換後

- 2 回目の変換後の “chap8_output_with_partition” のクエリ結果は実行時間 2.28 秒でスキャンデータ容量は 18.72KB です。また、“customer_id” の値が"********"にマスキングされていることも確認できます。

```
SELECT
    *
FROM
    "chap8"."chap8_output_with_partition"
where
    review_date = '2004-05-13'
;
```

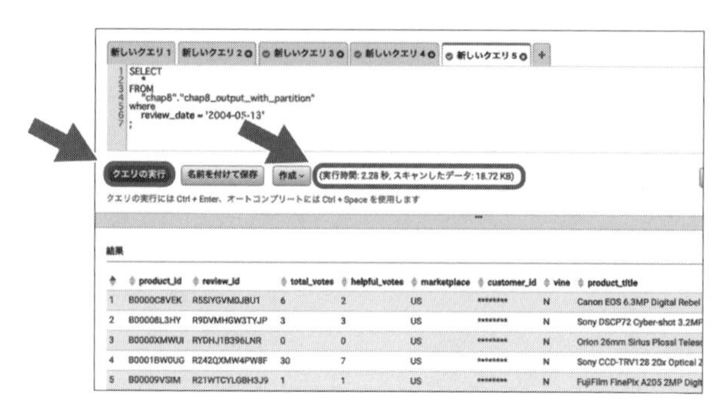

図 8.43　2 回目のデータ変換後

表 8.2 のように変換前の chap8_input が 1.1GB スキャンしているのに対して、2 回目の変換後の chap8_output_with_partition はスキャン容量が 18.72KB で大きく削減しています。

表 8.2　変換後のクエリ時間とスキャン量の変化

テーブル名	クエリ実行時間	スキャン容量
chap8_input	5.45 秒	1.1GB
chap8_output	4.57 秒	50.07MB
chap8_output_with_partition	2.28 秒	18.72KB

1 回目の変換では圧縮とファイルフォーマットの変換によりスキャン量を削減しました。2 回目の変換ではパーティション化しデータを配置することでスキャン量を削減しました。具体的には、SQL クエリの WHERE 句に指定する条件に合わせたフォルダ構成でデータを配置する手法です。例えば、2004 年 5 月 13 日の実データを s3://chap8-lake-fishing/output_with_partition/review_dater=2004-05-13/ に配置しておくと、今回のクエリの例のように WHERE で 2004 年 5 月 13 日を指定した場合 s3://chap8-lake-fishing/output_with_partition/review_dater=2004-05-13/ にあるデータだけをスキャンします。そのためスキャンの容量を大きく削減できました。

8.6 まとめ

この章では、Glue ジョブを使い S3 にアップロードしたデータを抽出／変換／再度 S3 にロードする ETL 処理をしました。データの圧縮や Parquet 変換など分析に適した形に変換することで、スキャン量を大きく減らしコスト面や性能面での効果を Athena で確認しました。今回はデータの容量が小さかったので性能面での効果が出ない場面もありましたが、より容量の大きなデータや増加が見込めるデータに対して効果が期待できます。また、コードをすこし修正しデータのマスキングやパーティション化をしました。このように、Glue はビジネス要件に合わせてコードを自由に記述することもできます。

Glue はサーバーレスなサービスです。従来のように分散処理基盤を 1 から構築する必要なく、分散処理のアプリケーションを従量課金で使いたいときに使うことができます。運用面での日々のメンテナンスや使っていないあいだのコストなどほとんど気にする必要はありません。今回は S3 をデータソースとデータターゲットにしましたが、Glue はほかにも Amazon RDS ／ Amazon Redshift ／ JDBC 接続できる EC2 やオンプレミスのデータベースなど幅広くに対応しています。

第9章 データを分析する（データウェアハウス）

多くの場合、ビジネスの拡大とともに扱うデータの規模は大きくなっていきます。ビジネスの改善や戦略プランニングのために分析するわけですが、その分析要件もビジネスの拡大とともに多角的になり、処理自体も複雑になっていきます。また、これらの分析結果は定期的に確認したいため、定期的な分析処理とレポーティングが必要になるケースがほとんどです。大規模なデータに対して複雑な分析処理を安定して実行できる環境は、継続的なビジネスの成長に欠かすことができません。

9.1 OLAP

第7章でもOLTP（Online Transaction Processing）とOLAP（Online Analytical Processing）についてすこし触れていますが、ここではOLAPについて補足します。

OLAPのおもな特徴は、多次元の複雑で分析的な問い合わせに素早く回答することです。 例えば、販売データ分析では定期的なレポーティングやBI（Business Intelligence）ツールからの操作などがあります。過去数カ月～数年ぶんの大量の販売データから、地域ごとの製品別売上、ユーザーの年代ごとの製品別売上、製品ごとの新規購入者の割合などを算出し販売戦略に役立てます。このような販売戦略を立てるためにはさまざまな軸で多次元な分析が必要になり、大量のデータに対してスループットの高いレスポンスが求められます。これは典型的なOLAPのワークロードと言えるでしょう。

OSSのMySQLやPostgreSQLなどはOLTPの代表的なデータベースです。これらを利用してSQLで分析するケースもありますが、OLAPとは特性が違うため、大規模なデータになると分析クエリに時間がかかり効率的ではありません。

大量データの分析には OLAP を得意とするサービスやデータベースが適しています。その中でも、DWH（Data Warehouse）は OLAP を専門とするデータベースです。ここでは、AWS の DWH サービス Redshift を使い、大規模なデータに対して OLAP 向けの SQL 実行環境を簡単に使い始められることを学んでいきます。

9.2 Amazon Redshift

9.2.1 AWS の DWH サービス

第 2 章でも説明しましたが、Redshift は数クリックで起動するクラウド上の DWH サービスです（図 9.1）。

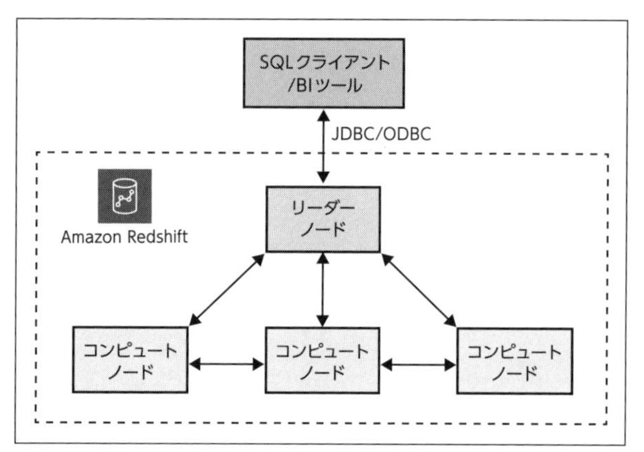

図 9.1　Redshift の全体像

Redshift は、リーダーノードと 1 つまたは複数のコンピューティングノードでクラスターを構成します。リーダーノードは、受け取ったクエリを解析し実行プランを作成します。次に、これらの実行プランの並列実行をコンピューティングノードと調整し、コンピューティングノードからの中間結果を集計して最終結果をクライアントに返します。コンピューティングノードは、クエリ実行プランを実行し中間結果をリーダーノードに返します。さらにコンピューティングノードは、ノード内でメモリと SSD を分割した論理的な処理単位（これをスライスと呼びます）を複数持つことで並列度をより高めています。これらによって、MPP（Massive Parallel Processing）と呼ばれる超並列処理を可能にし、大量のデータを短時間で読み出し分析することができます。

また、必要な列のみを読み取る列指向ストレージ、列ごとの高度なデータ圧縮、データが格納されるブロック上の最小値と最大値を記録し処理に不要なブロックを読み飛ばすゾーンマップなどを備えており、高速処理のための I/O 削減を実現しています。

インターフェイスとしては、各種 BI ツールや PostgreSQL クライアントや Redshift に備わっているクエリエディタで操作できます。

9.2.2 圧縮とゾーンマップ

圧縮は、データの格納時にそのサイズを小さくする列レベルの操作です。圧縮によってストレージ容量が削減され、ストレージから読み込まれるデータのサイズが小さくなり、その結果ディスク I/O が減少しクエリパフォーマンスが向上します。

設定するには、テーブル作成時に圧縮タイプをテーブルの列に手動で適用するか、COPY コマンドを使用して圧縮を自動的に適用できます。

Redshift に格納されるデータは、列ごとに 1MB 単位のブロックに格納します。

ゾーンマップは、1MB ブロックごとに、ブロック内の最小値と最大値をメモリ内にメタデータとして保存します（図 9.2）。このメタデータは、どのブロックがクエリに必要とされているかを識別するために、ディスクスキャンの前にアクセスされます。これによって不要なブロックを読み込む必要がなくなります。このあと登場するソートキーを使うことでこのゾーンマップを有効に使えます。

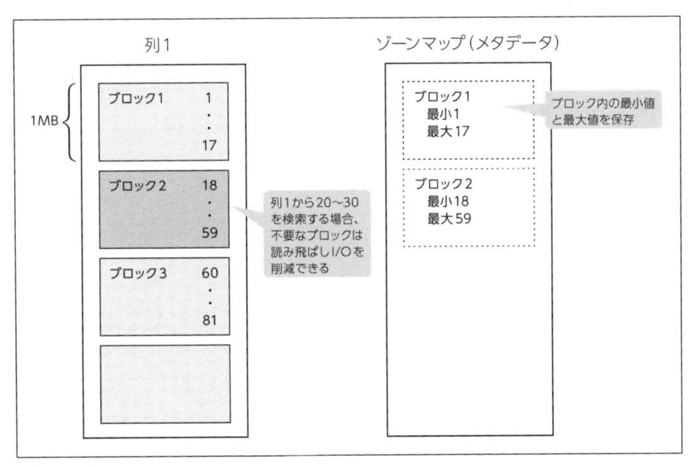

図 9.2　ゾーンマップ

今回はサンプルとしてSSB（Star Schema Benchmark）の販売管理データを使います[1][2]。このデータは`lineorder/customer/supplier/part/dwdate`というテーブルが含まれています。`lineorder`（販売履歴）テーブルを中心にして、仕入先情報や製品情報などのマスターテーブルが周りを囲み、中心の履歴テーブルと周囲のマスターテーブルを`JOIN`して分析します。これは図示するとテーブル同士の繋がりが星のような形に見えることからスタースキーマと呼ばれ、DWHでは一般的なデータモデルです。

今回は`lineorder`と`dwdate`だけを使います。このデータをRedshiftにロードし、SQLクエリのパフォーマンスをチューニングしていきます。

まず、AWS CloudFormationを使いRedshiftを構築するために必要なネットワーク環境を構築します。CloudFormationはEC2やVPCなどのAWSリソースを自動で作成するサービスです。次に、Redshiftクラスターを構築し、Redshiftのクエリエディタを使ってSSBデータをRedshiftにロードします。ロードしたデータの分散スタイルや圧縮状況を確認してからSQLクエリで分析します。ここからチューニングしてSQLクエリの速度を改善していきます。Redshiftのチューニングポイントは、ソートキーや圧縮方式によるディスクI/Oの削減、分散キーによるノード間通信の削減、WLM（Work Load Management）やSQA（Short Query Acceleration）によるクエリごとのリソース配分、リザルトキャッシュによるクエリ結果のキャッシュなどがあります。今回は、圧縮方式の変更とソートキーを設定することでSQLクエリのパフォーマンスが改善することを確認していきます。

また、RedshiftからS3にデータをエクスポートし、エクスポートしたデータにS3 SelectやRedshift Spectrumからクエリします。このようなデータレイクらしい連携ができることも確認していきましょう。

9.3 アクセス権限の付与

9.3.1 IAMロール作成

RedshiftにアタッチするIAMロールを作成します。これはRedshiftがデータロードするために必要になります。

---

[1] このデータはRedshiftのチュートリアルでも使われています。`https://docs.aws.amazon.com/ja_jp/redshift/latest/dg/tutorial-tuning-tables-create-test-data.html`

[2] SSBのデータは、一般的な売上データ分析のサンプルとして取り上げています。そのため、読者のみなさんは自社のデータに置き換えてこのあとの作業を試してもらうこともできます。

作成したIAMユーザーでAWSマネージメントコンソールにログインし、サービス一覧からIAMを選択します。IAMの画面で［ロール］をクリックし、右上の［ロールの作成］をクリックします。

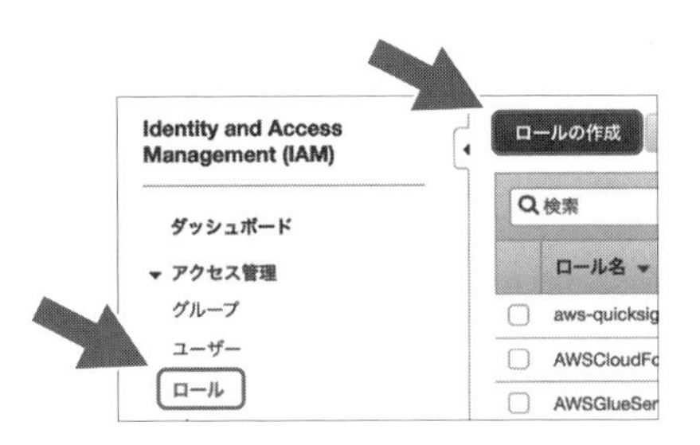

図9.3　IAMロールの作成

［AWSサービス］をクリックし、［このロールを使用するサービスを選択］から［Redshift］をクリックし、［ユースケースの選択］で［Redshift - Customizable］をクリックし、右下の［次のステップ：アクセス権限］をクリックします。

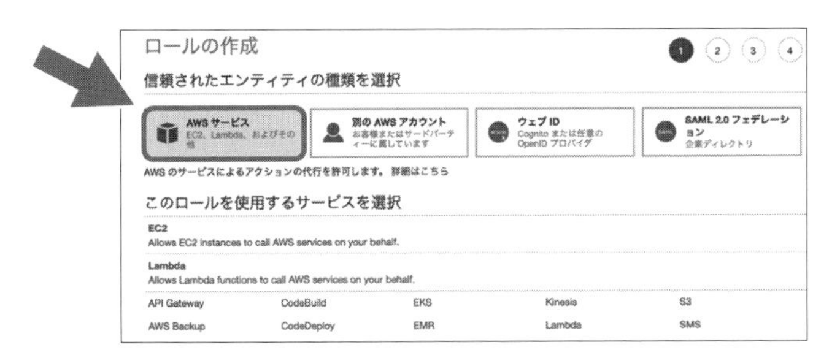

図9.4　サービスの選択

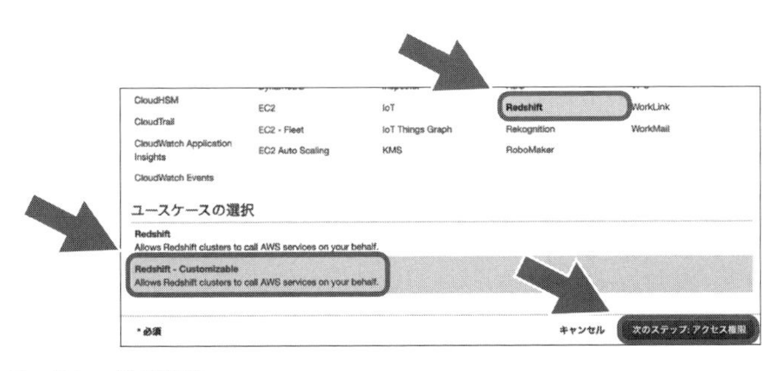

図9.5　ユースケースの選択

［AmazonS3FullAccess］ポリシーを検索欄から探しチェックを入れ、右下の

［次のステップ：タグ］をクリックします。次の画面は何もせず右下の［次のステップ：確認］をクリックします。

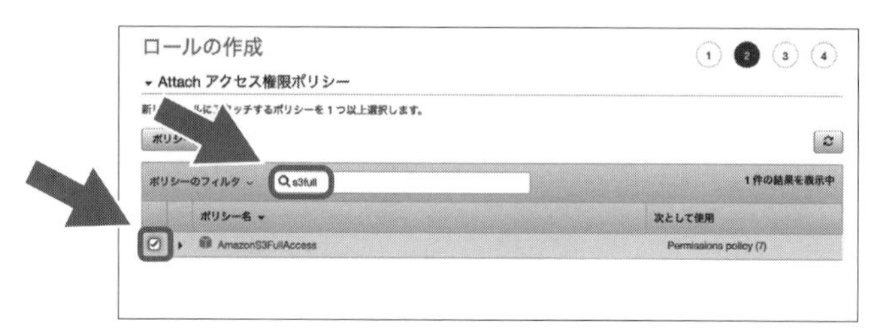

図 9.6　ポリシーの適用

ロール名に “chap9-role” を入力し、右下の［ロールの作成］をクリックします。

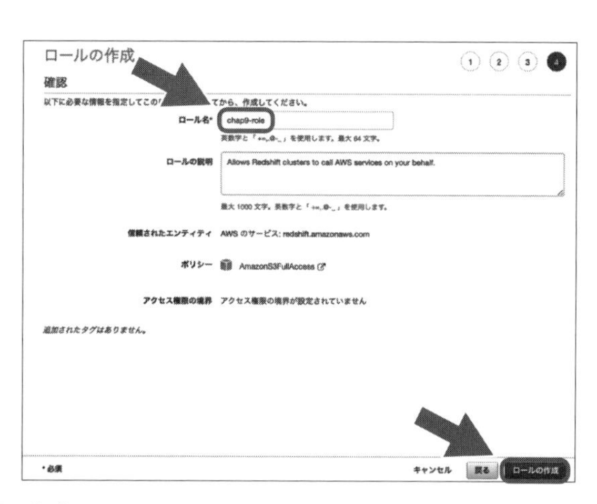

図 9.7　ロールの作成

作成したロール［chap9-role］をクリックし、ロール ARN の値をエディタなどにコピーして控えておきます。ARN は後ほど使います。

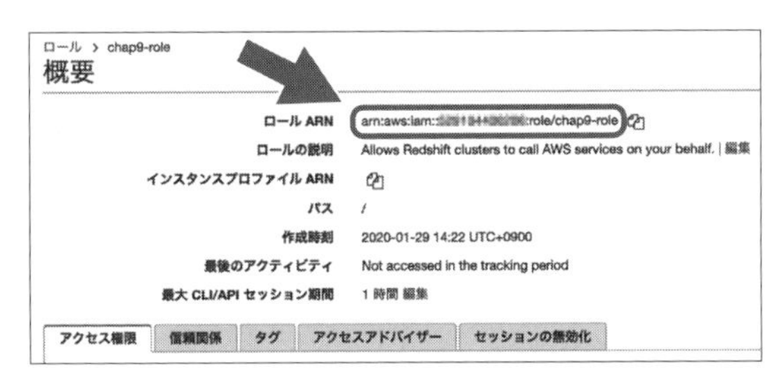

図 9.8　ロール ARN を控えておく

9.4 VPC と Redshift クラスターの作成

9.4.1 AWS CloudFormation による VPC の作成

CloudFormation は、EC2 や VPC などの AWS リソースを自動で作成するサービスです。テンプレートというかたちで AWS リソースの状態を YAML か JSON で記述し、それを実行することで AWS リソースを自動作成します。今回はこちらで用意したテンプレートを使い、Redshift を作成するのに必要な VPC ／ SecurityGroup ／サブネットグループなどおもにネットワーク関連のリソースを自動作成します。

サービス一覧から CloudFormation を選択します。左側メニューの［スタック］をクリックし、右上の［スタックの作成］をクリックし、［新しいリソースを使用（標準)］を選択します。

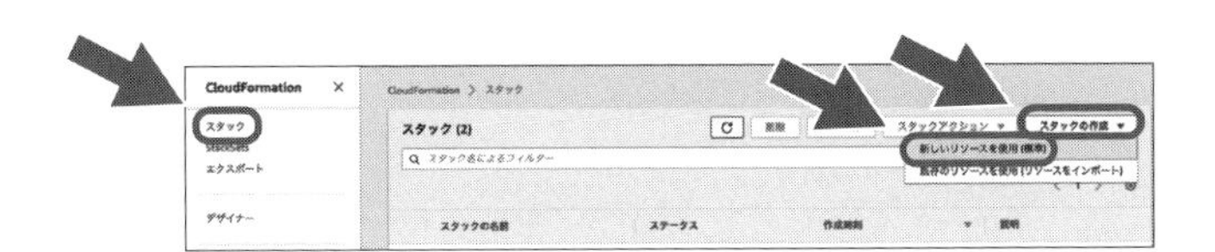

図 9.9　スタックを作成

［テンプレートの準備完了］とテンプレートソースの箇所の［Amazon S3 URL］にチェックを入れたままにし、Amazon S3 URL の欄に “https://aws-jp-datalake-book.s3-ap-northeast-1.amazonaws.com/chapter9/vpc.json” を入力し、右下の［次へ］をクリックします。

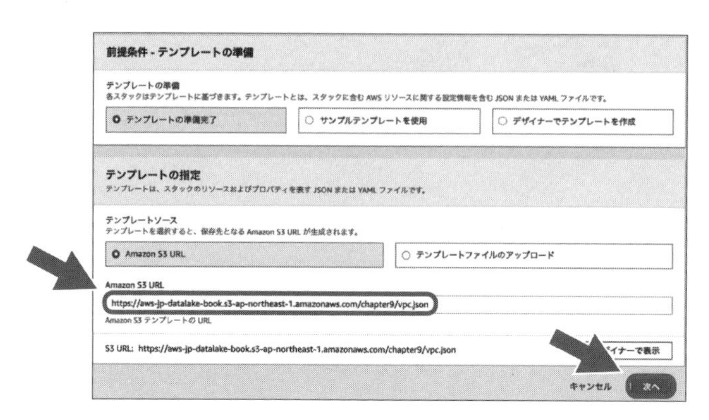

図 9.10　テンプレートソースの指定

スタック名に "chap9-stack" と入力し、AvailabilityZone は［ap-northeast-1a］のままにし、右下の［次へ］をクリックします。次の画面は何もせず右下の［次へ］をクリックし、次の画面で右下の［スタックの作成］をクリックします。数分すると VPC などが作成されます。完了してから次の手順に進みます。

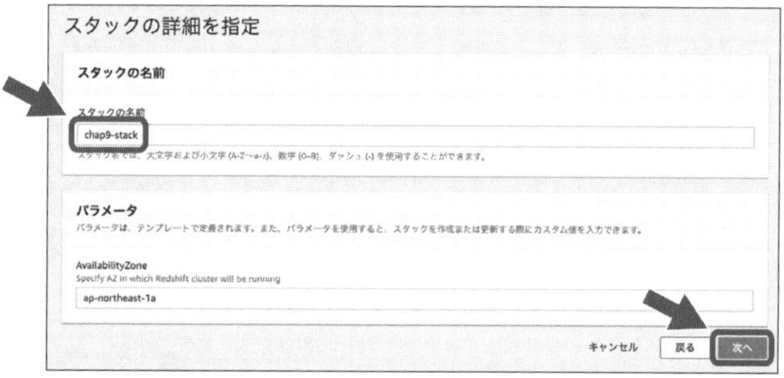

図 9.11　スタック作成を実行

9.4.2 Redshift クラスターの作成

Redshift クラスターを作成します。

サービス一覧から Redshift を選択します。左側メニューの［クラスター］をクリックし、右上の［クラスターを作成］をクリックします。

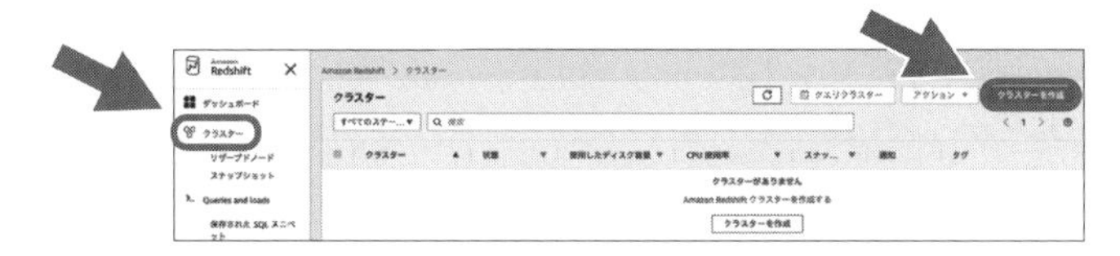

図 9.12　クラスターを作成

Column　RA3 ノードタイプ

今回は使いませんが RA3 というノードタイプについて補足します。RA3 ノードタイプは、AWS の高性能な独自ハイパーバイザー AWS Nitro System 上に構築され、ストレージに内蔵 SSD と S3 の 2 つを使います。内蔵 SSD はローカルキャッシュとして参照頻度の高いデータに使用します。S3 は Managed storage と呼ばれ更新や追加があるデータに使用します。これらの使い分けは自動で行われユーザーはとくに意識する必要はありません。これにより、ストレージ容量とコンピュート能力を必要に応じて別々にスケールすることができます。とてもクラウドらしいデザインで、よりリソース効率とコスト効率のいい使い方を可能にしています。

執筆時点ではまだノードが 1 種類しかないのですが、今後はノードの種類も増え、AWS としてお勧めのノードタイプになっていきます。

クラスター設定のクラスター識別子に「chap9-cluster」を入力し、ノードの種類で「dc2.large」にチェックを入れ、ノード数は「"」のままとします。

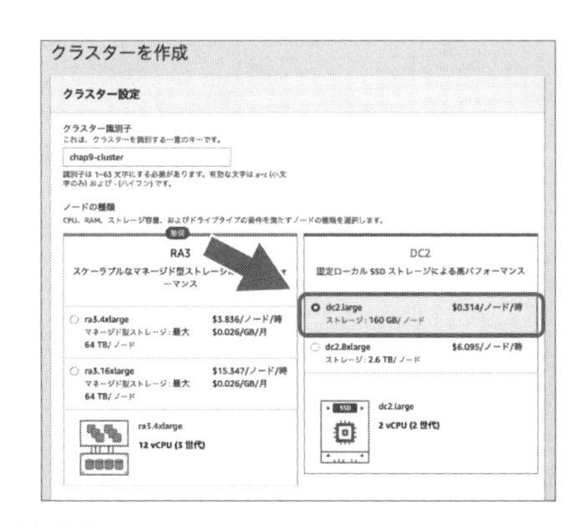

図 9.13　ノードの種類を指定

データベースの設定で［データベース名（オプション）］に「chap9db」と入力し、マスターユーザー名を「awsuser」のままとし、マスターユーザーのパスワードに任意のパスワードを入力します。

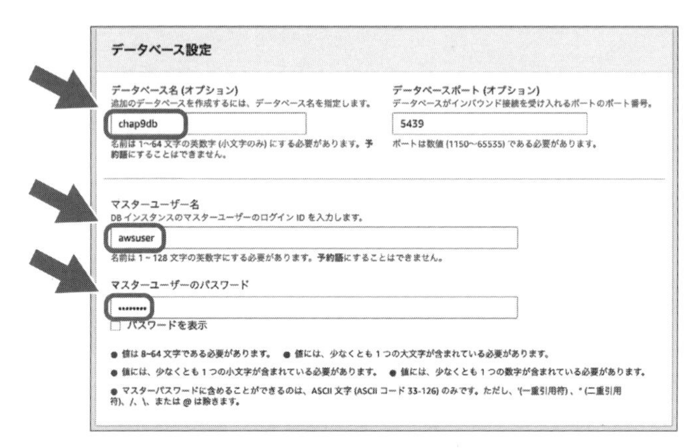

図 9.14　データベース設定

［クラスターのアクセス許可（オプション）］で、［使用可能な IAM ロール］をプルダウンからさきほど作成した IAM ロール［chap9-role］を選択し、［IAM ロールを追加］をクリックします。

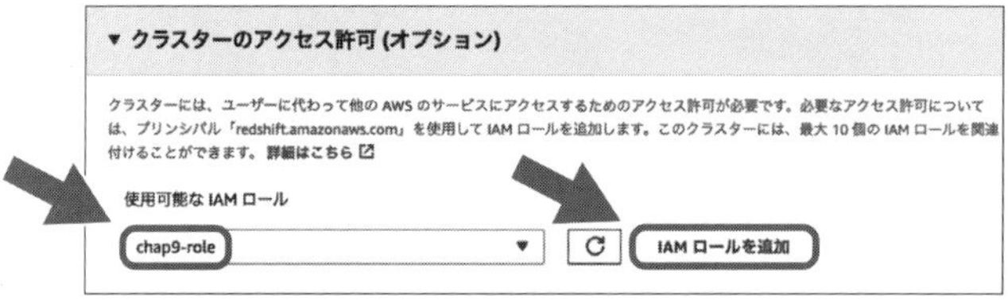

図 9.15　クラスターのアクセス許可

［追加設定］で［デフォルトを使用］をクリックしオフにします。
［ネットワークとセキュリティ］で次の項目を選択します。

Virtual Private Cloud（VPC）：CloudFormation で作成した chap9 で始まる名前の VPC を選択する
VPC セキュリティグループ：default というセキュリティグループを削除し、CloudFormation で作成した chap9 で始まる名前のセキュリティグループを選択するクラスターサブネットグループ：CloudFormation で作成した chap9 で始まる名前のクラスターサブネットグループを選択する[3]

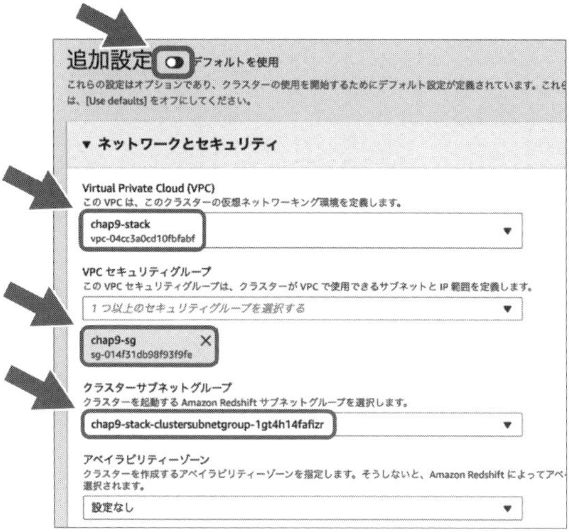

図 9.16　追加設定

画面右下の［クラスタ作成］をクリックします。数分でクラスタが作成されます。完了してから次の手順に進みます。

図 9.17　データベース設定

[3] 選択する値が不明な場合は、CloudFormation の画面に戻り、スタック［chap9-stack］をクリックし［出力］というタブをクリックし各項目の値を確認します。

9.5 Redshift の操作

9.5.1 テーブル作成

今回使うテーブルを2つ作成します。

［エディタ］をクリックし／［クラスター］／［データベース］／［データベースユーザー］／［データベースパスワード］にさきほど入力した値を入れ、右下の［データベースに接続］をクリックします。

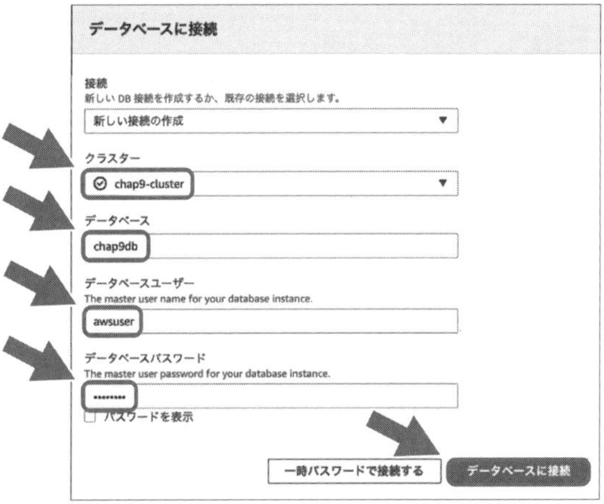

図 9.18　データベースに接続

［Select schema］で［public］を選択し、次の2つのDDL（Data Definition Language）を実行しテーブルを作成します。ここでは圧縮方式を従来からよく使われるLZOを指定しています。Redshift の INTEGER / CHAR / TIMESTAMP などは、圧縮方式に何も指定しないとデフォルトでAZ64の圧縮方式が割り当てられます。AZ64については後ほど説明します。

```
CREATE TABLE dwdate(
    d_datekey INTEGER NOT NULL ENCODE lzo,
    d_date VARCHAR(19) NOT NULL,
    d_dayofweek VARCHAR(10) NOT NULL,
    d_month VARCHAR(10) NOT NULL,
    d_year INTEGER NOT NULL ENCODE lzo,
```

```
    d_yearmonthnum INTEGER NOT NULL ENCODE lzo,
    d_yearmonth VARCHAR(8) NOT NULL,
    d_daynuminweek INTEGER NOT NULL ENCODE lzo,
    d_daynuminmonth INTEGER NOT NULL ENCODE lzo,
    d_daynuminyear INTEGER NOT NULL ENCODE lzo,
    d_monthnuminyear INTEGER NOT NULL ENCODE lzo,
    d_weeknuminyear INTEGER NOT NULL ENCODE lzo,
    d_sellingseason VARCHAR(13) NOT NULL,
    d_lastdayinweekfl VARCHAR(1) NOT NULL,
    d_lastdayinmonthfl VARCHAR(1) NOT NULL,
    d_holidayfl VARCHAR(1) NOT NULL,
    d_weekdayfl VARCHAR(1) NOT NULL
)
;
```

```
CREATE TABLE lineorder(
    lo_orderkey INTEGER NOT NULL ENCODE lzo,
    lo_linenumber INTEGER NOT NULL ENCODE lzo,
    lo_custkey INTEGER NOT NULL ENCODE lzo,
    lo_partkey INTEGER NOT NULL ENCODE lzo,
    lo_suppkey INTEGER NOT NULL ENCODE lzo,
    lo_orderdate INTEGER NOT NULL ENCODE lzo,
    lo_orderpriority VARCHAR(15) NOT NULL,
    lo_shippriority VARCHAR(1) NOT NULL,
    lo_quantity INTEGER NOT NULL ENCODE lzo,
    lo_extendedprice INTEGER NOT NULL ENCODE lzo,
    lo_ordertotalprice INTEGER NOT NULL ENCODE lzo,
    lo_discount INTEGER NOT NULL ENCODE lzo,
    lo_revenue INTEGER NOT NULL ENCODE lzo,
    lo_supplycost INTEGER NOT NULL ENCODE lzo,
    lo_tax INTEGER NOT NULL ENCODE lzo,
    lo_commitdate INTEGER NOT NULL ENCODE lzo,
    lo_shipmode VARCHAR(10) NOT NULL
)
;
```

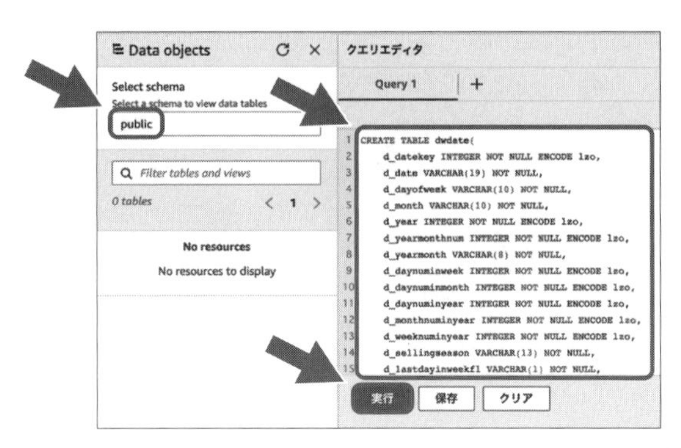

図 9.19 テーブルを作成

Schema に 2 つのテーブルが作成されたことを確認します。

図 9.20 作成したテーブルを確認

9.5.2 データロード

表 9.1 の 2 つのデータをロードします。Redshift のデータロードには、COPY コマンドを使います。FROM 句に S3 バケットを指定し、CREDENTIALS にさきほど IAM ロール作成時にコピーしておいた IAM ロールの ARN をセットし、コマンドを実行します（貼り付けるロール ARN の前後にカッコ [ ] は不要です)。

まずは dwdate.gz をロードします。次の SQL 文を IAM ロール ARN 部分を書き換えエディタに貼り付け、画面下の［実行］をクリックし COPY を実行します。

表 9.1 サンプルデータ

ファイル名	サイズ	行数
dwdate.gz	24.6 KiB	2,556
lineorder.gz	5.6 GiB	150,009,472

```
copy dwdate
FROM
    's3://aws-jp-datalake-book/chapter9/dwdate.gz' credentials
'aws_iam_role=[ここにロール ARN をペースト]' gzip compupdate off
;
```

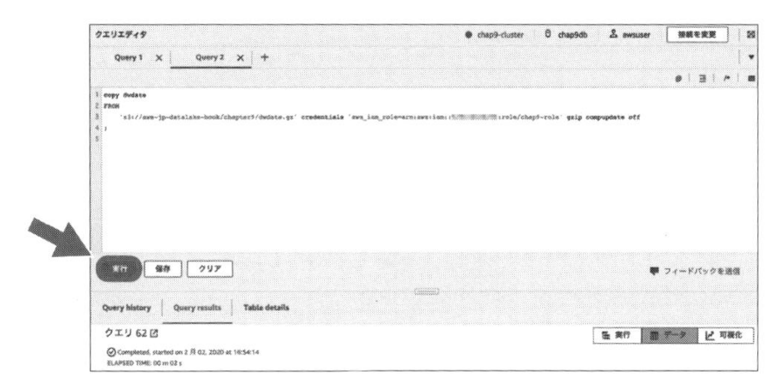

図 9.21 dwdate.gz をロード

ロード件数を確認します（2,556 件ロードされていることを確認）。

```
SELECT
    COUNT(*)
FROM
    dwdate
;
```

図 9.22　ロード件数を確認

次に lineorder.gz も同じように COPY を実行します。lineorder はレコードが多いためデータロードに 10 分ほどかかります。

```
copy lineorder
from
    's3://aws-jp-datalake-book/chapter9/lineorder.gz' credentia
ls 'aws_iam_role=[ここにロール ARN をペースト]' gzip compupdate off
;
```

copy が終わったら、このクエリの詳細情報を確認してみます。

lineorder をロードしたクエリエディタの画面下部の［Query history］タブをクリックし、［Queries and loads］のプルダウン箇所で［ロード］を選択します。［開始時刻］の横の▼マークをクリックして時刻の降順にソートし、一番上の直近で完了した該当の COPY クエリの番号をクリックします。表示されない場合は回転する矢印のアイコンを押して、画面をリフレッシュします。

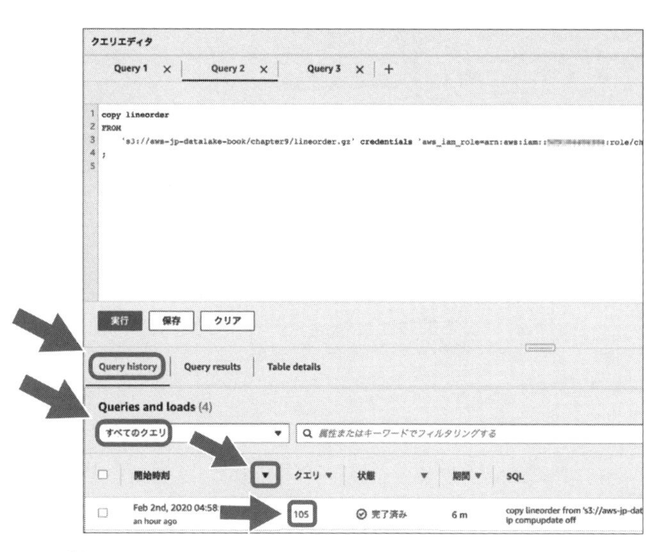

図 9.23　クエリ情報

［クエリ詳細］タブで、テーブルへのロードクエリの詳細情報を確認できます。

図 9.24　クエリ詳細

［クエリプラン］タブで、データロード時の Redshift クラスターのパフォーマンスを確認できます。

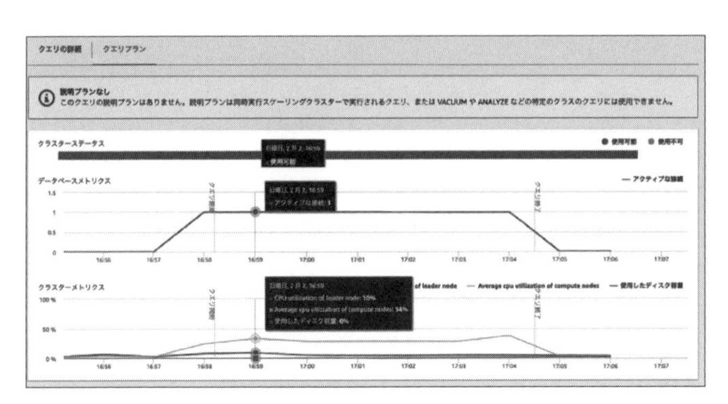

図 9.25　クエリプラン

データロード後に、データ件数を確認（150,009,472 件ロードされていることを確認）し、「vacuum;」と「analyze;」のコマンドを実行します。vacuum はテーブルのスペースを再利用するため不要なスペース削除と再ソートを実行します。analyze は効率的なクエリの実行計画を立てるためのテーブル統計情報を更新します。vacuum も analyze もテーブルごとに実行可能ですが、何も指定しない場合はデータベース全体が対象となります。

```
SELECT
    COUNT(*)
FROM
    lineorder
;
```

```
vacuum;
```

```
analyze;
```

ロードしたデータは Redshift のノードに分散配置されます。ここで簡単に Redshift ノードへの分散スタイル（データ配置パターン）について説明します。分散スタイルには AUTO/KEY/ALL/EVEN の 4 つがあり、何も指定しないと AUTO になります[4]。

AUTO 分散：テーブルデータのサイズに基づいて最適な分散スタイルを自動で割り当てる

KEY 分散：行の分散を特定の列に含まれている値（キー）に従って行う。共通の列からの一致する値が物理的にまとめて格納される

[4] https://docs.aws.amazon.com/ja_jp/redshift/latest/dg/c_choosing_dist_sort.html

ALL 分散：テーブル全体のコピーがすべてのノードに分散される。比較的移動の少ないテーブル、つまり更新頻度が低く更新範囲が広くないテーブルに適している

EVEN 分散：ラウンドロビン方式によって複数のスライス間で行を分散させる。EVEN 分散は、テーブルが結合に関与していない場合や、KEY 分散と ALL 分散のどちらを選択すべきかが明確でない場合に適している

次のクエリで、各テーブルの 圧縮状況、DIST STYLE（分散スタイル）、SORT KEY を確認します。

```
SELECT
    "table", encoded, diststyle, sortkey1
FROM
    svv_table_info ORDER BY 1;
```

各テーブルは圧縮されています。分散スタイルはデフォルトの AUTO のため、テーブルのサイズが小さなうちは ALL 分散、テーブルの成長とともに EVEN 分散へテーブルサイズに基づいて最適な分散スタイルを自動割り当てが行われています。また、SORT KEY は未設定なことが分かります。

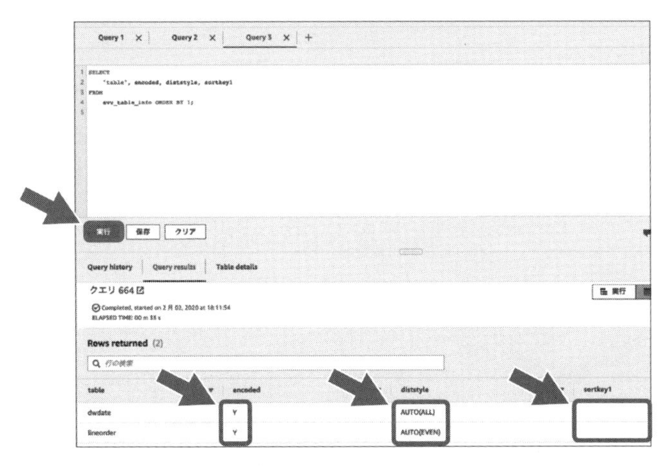

図 9.26　圧縮／分散／ SORT KEY を確認

次の SQL クエリで、ロードされたデータの配置を確認します。

```
SELECT
    trim(name) as table,
    stv_blocklist.slice,
    stv_slices.node,
```

```
    stv_tbl_perm.rows
FROM
    stv_blocklist,
    stv_tbl_perm,
    stv_slices
WHERE
    stv_blocklist.tbl = stv_tbl_perm.id
AND stv_tbl_perm.slice = stv_slices.slice
AND stv_tbl_perm.slice = stv_blocklist.slice
AND stv_blocklist.id > 10000
AND name not like '%#m%'
AND name not like 'systable%'
GROUP BY
    name,
    stv_blocklist.slice,
    stv_slices.node,
    stv_tbl_perm.rows
ORDER BY
    1,
    2,
    3 desc
;
```

各ノードに2つのスライスがあることが確認できます。lineorder テーブルはEVEN 分散で4つのスライスに分散され、dwdate テーブルは ALL 分散で2つのノードに分散されていることが分かります。

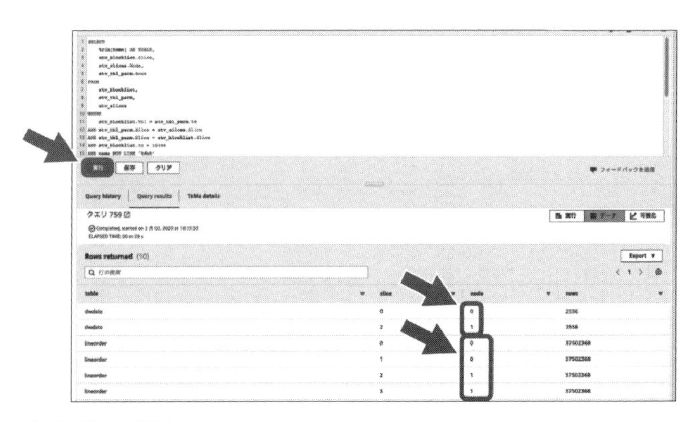

図 9.27 データ配置の確認

9.5.3 Redshift でクエリ

まず、デフォルトでリザルトキャッシュが有効になっていますので、クエリ性能を評価するためにこれを無効化しておきます。

```
ALTER USER awsuser
SET
    enable_result_cache_for_session = off
;
```

lineorder テーブルと dwdate テーブルのスキーマ構成です。次のクエリで lineorder の lo_orderdate と dwdate の d_datekey が同じデータに対して集計します。

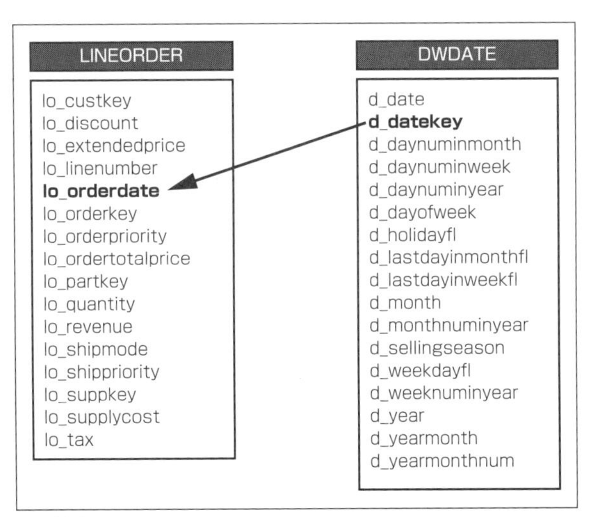

図 9.28　スキーマ構成

クエリで集計します。

いくつかの条件を含め 1995 年以降の割引を効かせた各年の売上の集計クエリ

```
SELECT
    d_year AS year,
    sum(lo_extendedprice * lo_discount) as revenue
FROM
    lineorder,
```

```
    dwdate
WHERE
    lo_orderdate = d_datekey
AND d_year > 1995
AND lo_discount between 1 and 5
AND lo_quantity < 100
GROUP BY
    d_year
;
```

これを4回クエリし計測します。初回のクエリは、SQLのコンパイルの時間が含まれるので使用せずに、2回目、3回目、4回目の平均を取得します。おおよそ5〜6秒という結果になります。

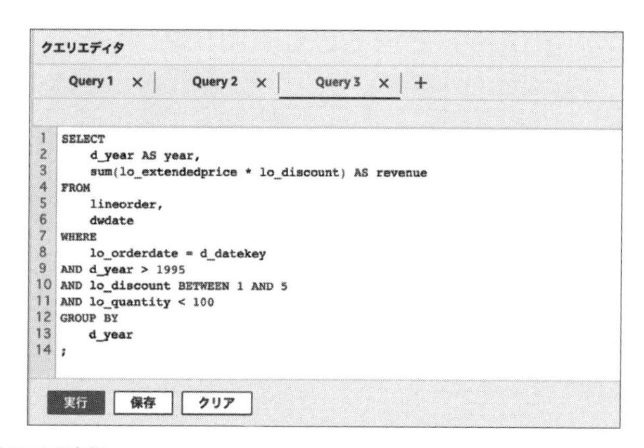

図 9.29　クエリの実行

Query history　Query results　Table details

クエリ 22204

Completed, started on 2 月 04, 2020 at 11:50:02
ELAPSED TIME: 00 m 06 s

Rows returned (3)

行の検索

year	revenue
1996	95161541042096
1998	55603727416604
1997	94950112445408

図 9.30　実行時間の計測

さきほどのクエリの先頭にEXPLAINを付けてクエリの実行計画を表示します。EXPLAINでは実際のクエリは実行されず、実行計画のみ表示します。lineorderテーブルのlo_orderdateにて等価結合されていることが確認できます。画面右側の［Export］から、CSV／HTML／TXTでエクスポートすることもできます。

```
EXPLAIN
SELECT
    d_year AS year,
    sum(lo_extendedprice * lo_discount) as revenue
FROM
    lineorder,
    dwdate
WHERE
    lo_orderdate = d_datekey
AND d_year > 1995
AND lo_discount between 1 and 5
AND lo_quantity < 100
GROUP BY
    d_year
;
```

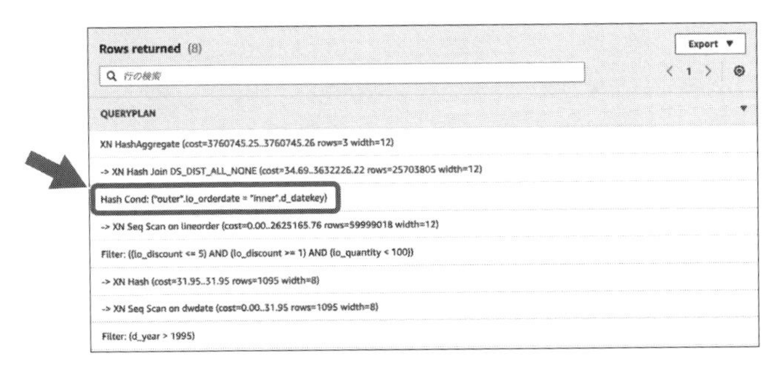

図9.31 実行計画の表示

この後のチューニングでこの集計クエリの速度を改善していきます。

9.5.4 チューニング1（圧縮）

圧縮方式をデフォルトのLZOからAZ64[5]に変更します。

はじめに、AZ64圧縮エンコーディングアルゴリズムについて簡単に説明します。AZ64は、高い圧縮率とクエリ処理能力の改善を実現するために設計されたAmazon独自の圧縮エンコードアルゴリズムです。AZ64アルゴリズムは、より小さなデータ値のグループを圧縮し並列処理を使用します。AZ64により、多くのケースで、従来からよく使われるLZOおよびZSTDエンコードに比べて、大幅にストレージを節約し高いパフォーマンスを実現できます

次のクエリを実行し、圧縮方式をデフォルトのLZOからAZ64に変更してテーブルを作成します。

dwdateについて圧縮方式を変更

```
CREATE TABLE zdwdate(
    d_datekey INTEGER NOT NULL ENCODE az64,
    d_date VARCHAR(19) NOT NULL,
    d_dayofweek VARCHAR(10) NOT NULL,
    d_month VARCHAR(10) NOT NULL,
    d_year INTEGER NOT NULL ENCODE az64,
    d_yearmonthnum INTEGER NOT NULL ENCODE az64,
    d_yearmonth VARCHAR(8) NOT NULL,
    d_daynuminweek INTEGER NOT NULL ENCODE az64,
    d_daynuminmonth INTEGER NOT NULL ENCODE az64,
    d_daynuminyear INTEGER NOT NULL ENCODE az64,
    d_monthnuminyear INTEGER NOT NULL ENCODE az64,
    d_weeknuminyear INTEGER NOT NULL ENCODE az64,
    d_sellingseason VARCHAR(13) NOT NULL,
    d_lastdayinweekfl VARCHAR(1) NOT NULL,
    d_lastdayinmonthfl VARCHAR(1) NOT NULL,
    d_holidayfl VARCHAR(1) NOT NULL,
    d_weekdayfl VARCHAR(1) NOT NULL
)
;
```

[5] https://docs.aws.amazon.com/ja_jp/redshift/latest/dg/az64-encoding.html

lineorder の圧縮方式を変更

```
CREATE TABLE zlineorder(
    lo_orderkey INTEGER NOT NULL ENCODE az64,
    lo_linenumber INTEGER NOT NULL ENCODE az64,
    lo_custkey INTEGER NOT NULL ENCODE az64,
    lo_partkey INTEGER NOT NULL ENCODE az64,
    lo_suppkey INTEGER NOT NULL ENCODE az64,
    lo_orderdate INTEGER NOT NULL ENCODE az64,
    lo_orderpriority VARCHAR(15) NOT NULL,
    lo_shippriority VARCHAR(1) NOT NULL,
    lo_quantity INTEGER NOT NULL ENCODE az64,
    lo_extendedprice INTEGER NOT NULL ENCODE az64,
    lo_ordertotalprice INTEGER NOT NULL ENCODE az64,
    lo_discount INTEGER NOT NULL ENCODE az64,
    lo_revenue INTEGER NOT NULL ENCODE az64,
    lo_supplycost INTEGER NOT NULL ENCODE az64,
    lo_tax INTEGER NOT NULL ENCODE az64,
    lo_commitdate INTEGER NOT NULL ENCODE az64,
    lo_shipmode VARCHAR(10) NOT NULL
)
;
```

新しく作成したテーブル zdwdate、zlineorder にデータをロードします。

zdwdate へのロード

```
COPY zdwdate
FROM
    's3://aws-jp-datalake-book/chapter9/dwdate.gz' credentia
ls 'aws_iam_role=[ここにロール ARN をペースト]' gzip compupdate of
f
;
```

zlineorder へのロード

```
COPY zlineorder
FROM
    's3://aws-jp-datalake-book/chapter9/lineorder.gz' creden
tials 'aws_iam_role=[ここにロール ARN をペースト]' gzip compupdate
off
;
```

ロード後にさきほどと同様の手順で、「vacuum;」と「analyze;」の2つも実行しておきます。

さきほどの集計クエリのテーブル名をzdwdate、zlineorderに変更して、数回クエリしパフォーマンスを確認します。だいたい3秒となり集計クエリのパフォーマンスが6秒から大きく改善しています。

```
SELECT
    d_year AS year,
    sum(lo_extendedprice * lo_discount) as revenue
FROM
    zlineorder,
    zdwdate
WHERE
    lo_orderdate = d_datekey
AND d_year > 1995
AND lo_discount between 1 and 5
AND lo_quantity < 100
GROUP BY
    d_year
;
```

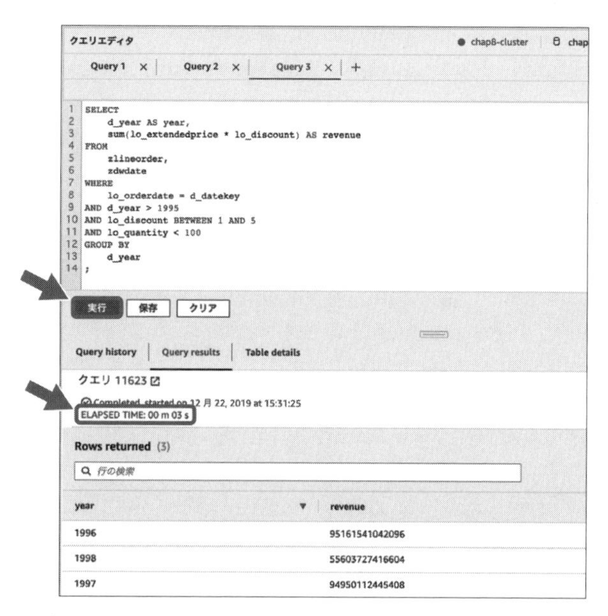

図 9.32　クエリパフォーマンスを確認する

9.5.5 チューニング2（圧縮&ソートキー）

テーブルにソートキーの設定を行います。

はじめに、Redshiftのソートキーについて簡単に説明します。Redshiftは、ソートキーに応じたソート順でデータをストレージに格納します。Redshiftクエリオプティマイザは、最適なクエリプランを決定する際にソート順を使用します。

例えば、最新のデータが最も頻繁にクエリ処理される場合は、タイムスタンプ列をソートキーの主要な列として指定します。ゾーンマップにより、クエリは時間範囲外のブロック全体をスキップできるので効率性が高まります。ほかの例では、SELECT * FROM orders WHERE orderdate BETWEEN '2020-01-01' AND '2020-03-31';のようなSQLクエリのケースです。2020/01/01〜2020/03/31の範囲でフィルタリングしてクエリしています。このような範囲フィルタリングを頻繁にする場合も、その列をソートキーに指定します。これによってRedshiftは、その列のブロック全体のデータを読み込む必要がなくなります。これも、ゾーンマップで各ブロックに保存された列の最小値と最大値を追跡し、BETWEENなどの述語範囲に当てはまらないブロックをスキップできるためです。

次のクエリで、zdwdateテーブルはd_datekey、zlineorderテーブルはlo_orderdateをソートキーに設定します。設定後にvacuum、analyzeも行います。

```
ALTER TABLE zdwdate ALTER COMPOUND SORTKEY ("d_datekey");
```

```
ALTER TABLE zlineorder ALTER COMPOUND SORTKEY ("lo_orderdate");
```

同様に「vacuum;」と「analyze;」の2つも実行しておきます。

テーブル名を変更したさきほどの集計クエリを数回クエリし、パフォーマンスを確認します。だいたい2秒となり集計クエリのパフォーマンスが3秒から改善しています。

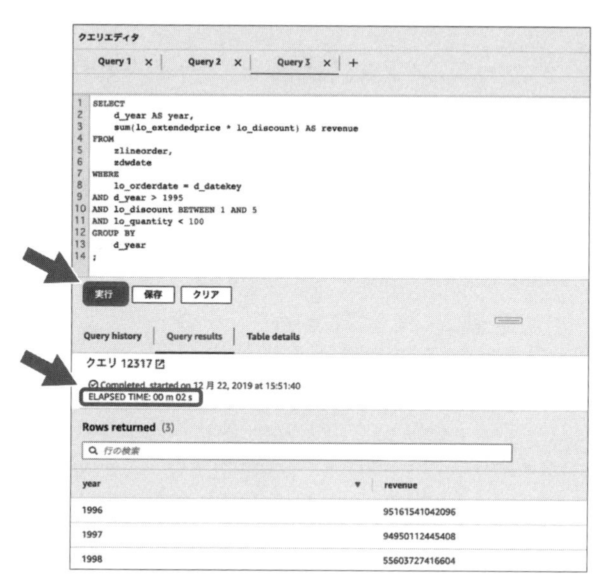

図 9.33　クエリパフォーマンスの改善を確認

9.6 データレイク連携

9.6.1 S3 バケット作成

7.3.1「S3 にデータをアップロード」と同じ手順で、S3 バケットを次の情報で作成します。

バケット名：`chap9-lake-fishing-`*xxxx*（*xxxx* の箇所にご自身の名前などを入れたグローバルでユニークな任意の名前）
フォルダ名：`datalakeexport`

9.6.2 S3 へエクスポート

次のクエリで、Redshift の `lo_orderdate` 列が 1992 年ぶんのデータを S3 にエクスポートします。オプションでデータフォーマットを Parquet に変換し、`lo_orderdate` でパーティション化しています。エクスポートは数分で完了します。

```
UNLOAD ('select * from lineorder where lo_orderdate LIKE \'1992%\'
')
TO 's3://chap9-lake-fishing/datalakeexport/'
FORMAT AS PARQUET
PARTITION BY (lo_orderdate)
CREDENTIALS 'aws_iam_role=[ここにロール ARN をペースト]';
```

サービス一覧から S3 を選択します。左側メニューの［バケット］をクリックし、［chap9-lake-fishing］をクリックし［datalakeexport］をクリックします。［lo_orderdate=19920101］などのフォルダがあり `lo_orderdate` でパーティション化されていることを確認します。

図 9.34　バケット

S3 Select で簡単にデータの内容を確認します。

S3 Select は、S3 バケット内に保存した単一のオブジェクトに対して、簡単な SQL 文でデータを参照する機能です。特に Parquet ファイルの中身も簡単に確認できるため便利な機能です。

任意のフォルダをクリックし、任意のファイルにチェックを入れ、［S3 Select］タブをクリックします。

Amazon S3 > chap9-lake-fishing > datalakeexport > lo_orderdate=19920101 > 0000_part_00.parquet
0000_part_00.parquet
最新バージョン
S3 Select
S3 Select では、SQL 式を使用して 1 つの CSV、JSON、または Parquet ファイルからレコードを抽出できます。
圧縮ファイルおよびサーバー側の暗号化ファイルがサポートされます。コンソールを使用して、最大 128 MB のソ
コードを抽出できます。より大きなファイルまたはより多くのレコードを操作するには、API を使用します。
より複雑な SQL 式を必要とするデータを S3 で分析する場合は、以下を参照してください。 Amazon Athena

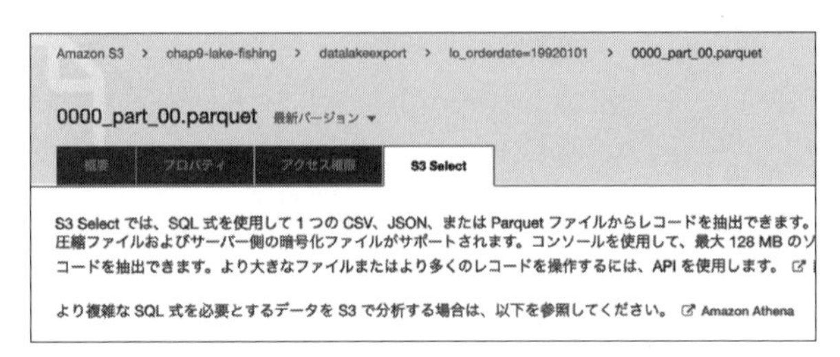

図 9.35　S3 Select

［Parquet］にチェックを入れ、［ファイルプレビューの表示］をクリックします。ファイルの中身が表示され Parquet ファイルとして出力されていることが確認できます。

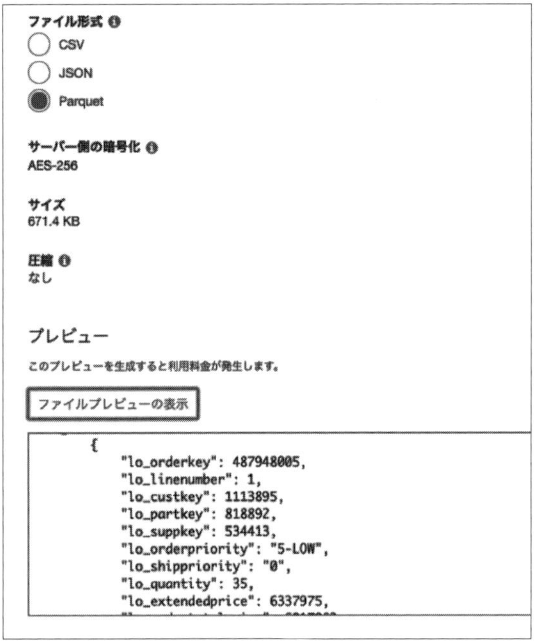

ファイル形式
CSV
JSON
Parquet
サーバー側の暗号化
AES-256
サイズ
671.4 KB
圧縮
なし
プレビュー
このプレビューを生成すると利用料金が発生します。
ファイルプレビューの表示
{
"lo_orderkey": 487948005,
"lo_linenumber": 1,
"lo_custkey": 1113895,
"lo_partkey": 818892,
"lo_suppkey": 534413,
"lo_orderpriority": "5-LOW",
"lo_shippriority": "0",
"lo_quantity": 35,
"lo_extendedprice": 6337975,

図 9.36　ファイルプレビューの表示

9.7 Redshift Spectrum

Redshift Spectrum は、Redshift から S3 上のデータを Redshift にロードすることなく直接クエリする機能です。詳しくは第 2 章にて説明していますのでそちらもご確認ください。

9.7.1 IAM ロールに IAM ポリシーを追加

作成した IAM ロール “chap9-role” に、IAM ポリシー「AWSGlueConsoleFullAccess」、「AWSGlueServiceRole」をアタッチします。

サービス一覧から IAM を選択します。IAM の画面で［ロール］をクリックし、［chap9-role］をクリックし、［ポリシーをアタッチします］をクリックし、［AWSGlueConsoleFullAccess］、［AWSGlueServiceRole］をアタッチします。

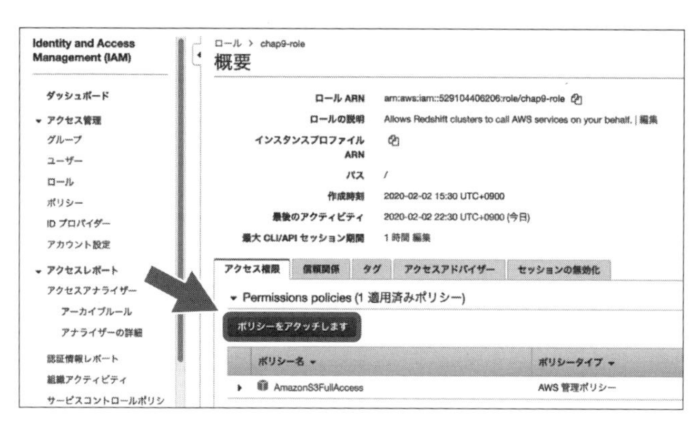

図 9.37　ポリシーの追加

9.7.2 Glue クローラでクローリングし Athena でクエリ

Redshift からエクスポートしたデータを Athena でクエリします。

7.3.2「Glue クローラでスキーマを作成」と同じ手順で、Glue クローラを次の情報で作成します。作成したら Glue クローラを実行します。

クローラ名：chap9-crawler
S3 パス：s3://chap9-lake-fishing/datalakeexport

IAM ロール：AWSGlueServiceRole-chap9（chap9 を入力）
データベース：chap9
プレフィックス：chap9_

7.4「SQL クエリで分析」と同じ手順により Athena でクエリします。

```
SELECT
    *
FROM
    "chap9"."chap9_datalakeexport"
limit 10
;
```

図 9.38　Athena でクエリ

9.7.3 Redshift Spectrum でクエリ

Redshift のクエリエディタを開きます。

次のクエリで、Athena で使った Glue データカタログのスキーマを Redshift の外部スキーマとして作成します。

```
CREATE external schema athena_schema
FROM
    data catalog database 'chap9' iam_role '[ここにロールARNをペースト]
' region 'ap-northeast-1'
;
```

次のクエリで、外部スキーマを使って S3 上にあるデータに対して直接クエリします。この機能が Redshift Spectrum です。

```
SELECT
    *
FROM
    "athena_schema"."chap9_datalakeexport" limit 10;
```

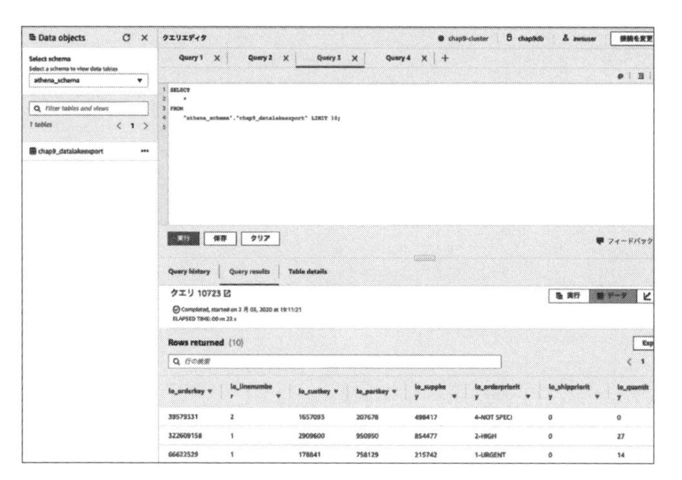

図 9.39 Redshift Spectrum でクエリ

9.8 まとめ

この章では、AWS の DWH サービスである Redshift を使いある程度大きなデータを分析しました。Redshift の並列分散処理に加えて、独自アルゴリズムによる圧縮やソートキーを設定することで、読み込むデータ量を削減しパフォーマンスを向上させました。また、紹介までとなりましたが RA3 という新しいインスタンスタイプは、コンピュートとストレージを分離することで効率的なスケーラビリティを実現しています。利用する場合はインスタンスタイプを選択するだけでよく、簡単に使い始められます。今後もこのように簡単に使える機能が増えていくことでしょう。

データレイクの観点では、Redshift から Parquet フォーマットで S3 に出力をすることで、ほかのサービスと連携しやすくなります。例えば今回の例のように、Redshift の古いデータを S3 に出力することで、Redshift の内蔵ストレージ容量を節約しながら、引き続き古いデータにも Redshift Spectrum で直接 S3 にクエリすることができます。ほかにも、S3 に出力したデータを Athena や EMR

などほかの AWS サービスから連携することができるため、データレイクらしい使い方と言えます。

OLAP のサービスとしては Athena と似ています。コスト面で比較してみると、Athena はサーバーレスでクエリしたぶんの従量課金です。Redshift はノードがありノードの起動している時間課金になります。そのため、Athena はトライアンドエラーのアドホックな分析環境に適しており、Redshift は定期的に実行する定型化されたクエリ実行環境に適しています。

BI サービスとの連携も気になるところだと思います。Redshift は、第 6 章で紹介した AWS の QuickSight や商用の Tableau など、多くの BI サービスと連携できます。ほかにも同時実行数を一時的に増加させる ConcurrencyScaling、ショートクエリを優先して実行させるショートクエリアクセラレーションなど多くの機能を備えています。

第3部

データレイクの実践（応用編）

第 10 章
システムの概要
— ログデータのデータレイク —

ここまでの章では、販売履歴データや発注履歴データ、Amazon.com のレビューデータなどのビジネスデータの分析を通して、データレイクの始め方を学んできました。

ここからの章では、もうすこし複雑で難しい、しかし実世界では欠かすことのできないログデータのデータレイクを考えていきます。

ログデータとは、システムやアプリケーションの振る舞いを時系列で記録したデータです。ここまでに扱った販売データは多くの場合、データベースのテーブルのような構造化データとして扱われます。一方で、これから扱うログデータはさまざまなシステムやアプリケーションが生み出すデータですので、その規模もデータ構造も多種多様です。このようなログデータのデータレイクをうまく作ることができれば、ほかにもセンサーデータやクリックストリームなど、実世界のさまざまなユースケースにも活用できるでしょう。

これからの第 10 章から第 14 章では、ログデータのデータレイクを構築していきます。データレイクの要件は次のようなものとします。

対象：Web システムのログデータ
データの保存期間／クエリスキャン範囲：5 年
セキュリティ：転送時／保管時の暗号化必須
分析：全ログデータについて横断して SQL で分析。分析系の統計／集約クエリが大部分を占める
カタログ：ログデータごとにテーブル定義を作成

各章との対応は次のとおりです。

第 10 章：データレイクの前提とするサンプルシステムの構築

第 11 章：ログを集めてデータレイクに格納する
第 12 章：格納したログを適切に保管し、カタログ化する
第 13 章：ビジネスとパフォーマンスの両面の要求に合わせてログを加工する
第 14 章：データレイクに格納した加工済みのログをさまざまなかたちで活用する方法を見る

最終的に目指すゴールは次のようなアーキテクチャです。

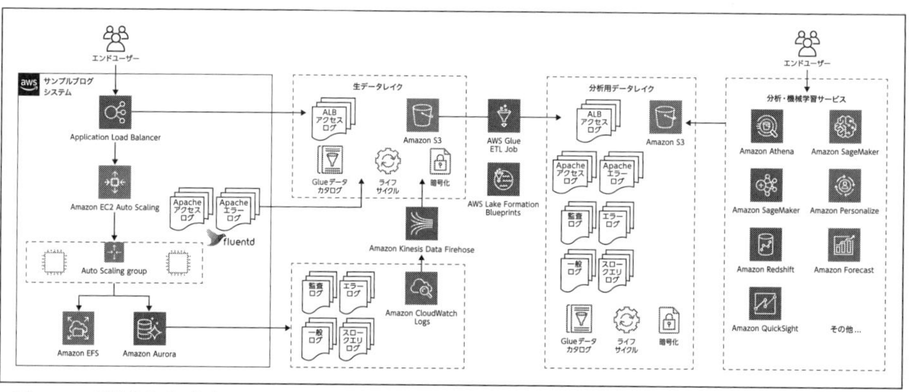

図 10.1　最終的に作成するシステムの全体像

このパートを読み終えるころには、あなたは実践的なデータレイクを作り出す達人になっていることでしょう！

10.1 事前準備：サンプル Web システムの構築

では、事前準備として、第 11 章以降で分析の対象とするサンプル Web システムを AWS 上に構築していきましょう。今回は、Web システムのサンプルとして、ブログや Web サイトの作成／管理ツールである WordPress[1] を選んでみました。アーキテクチャは次の図 10.2 のとおりで、スケーラビリティとアベイラビリティを考慮したクラウドらしい構成となっています。

[1] https://ja.wordpress.org/

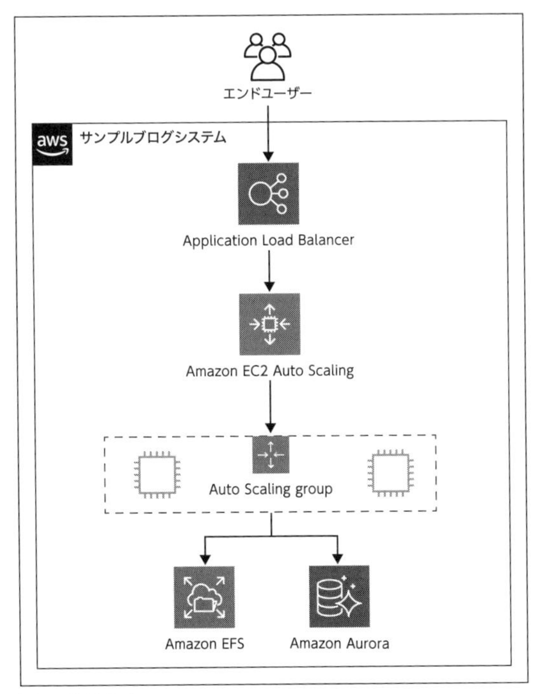

図 10.2　システムアーキテクチャ

- **ALB（Application Load Balancer）**：アプリケーションレイヤーの負荷分散サービス。エンドユーザーからの HTTP/HTTPS リクエストを後段の EC2 インスタンスに振り分ける
- **Amazon EC2**：仮想サーバーのサービス。今回の構成では、Apache と PHP をインストールして WordPress を動作させる
- **AWS Auto Scaling**：EC2 インスタンスの数を負荷に合わせて増減させるサービス。今回は 2 台から 10 台のあいだでスケーリングするよう設定している
- **Amazon Aurora**：クラウドに最適化されたリレーショナルデータベースのサービス。WordPress のバックエンドデータベースとして使用し、記事などのデータを格納する
- **Amazon EFS**：フルマネージド型の共有ファイルシステムサービス。WordPress のアセット（アップロードされた画像等）を格納する

この Web システムの各構成要素からログを集めてデータレイクを作っていきます。

なお、サンプルの Web システムの構築はスキップして、手っ取り早くログの

データレイクを作りたい方向けに、あらかじめログファイルを用意しておきました（表 10.1）

表 10.1　サンプル Web システムのログファイル

ログ名	URI
ロードバランサーログ	s3://aws-jp-datalake-book/chapter10/data/alb_logs/raw/
Web Server アクセスログ	s3://aws-jp-datalake-book/chapter10/data/apache_access/raw/
Web Server エラーログ	s3://aws-jp-datalake-book/chapter10/data/apache_error/raw/
データベース監査ログ	s3://aws-jp-datalake-book/chapter10/data/aurora_audit_logs/raw/
データベースエラーログ	s3://aws-jp-datalake-book/chapter10/data/aurora_error_logs/raw/
データベース一般ログ	s3://aws-jp-datalake-book/chapter10/data/aurora_general_logs/raw/
データベーススロークエリログ	s3://aws-jp-datalake-book/chapter10/data/aurora_slowquery_logs/raw/

このサンプルデータをご利用の場合は、本章と第 11 章に記載されたサンプルシステムの構築とログデータの収集に関する手順をスキップして、第 12 章や第 13 章、第 14 章に進むことができます。ただし、データレイク構築の全体像を掴むためには、第 10 章から第 14 章を一通り進めてみることをお勧めします。

10.2 EC2 キーペアの作成

EC2 インスタンスにログインするために、キーペアを用意します。

1. EC2 コンソールを開く
2. 左側メニューから［キーペア］をクリックする
3. ［キーペアの作成］ボタンをクリックする
4. キーペア名を入力し、［作成］ボタンをクリックする
5. ブラウザのファイルダウンロードのダイアログで、pem ファイルをダウンロードする

ここで作成した EC2 インスタンスに SSH ログインするときに利用しますので、保管しておきましょう。

詳細については、ドキュメント[2] に説明されています。

10.3 S3 バケットの作成

続く手順で必要となるファイルを配置するために、あらかじめ S3 バケットを作成しておきます。

1. S3 コンソールを開き、［バケットを作成する］ボタンをクリックする
2. バケット名にユニーク（一意）な名前を入力し、リージョンに［アジアパシフィック（東京）］を選択して、左下の［作成］ボタンをクリックする

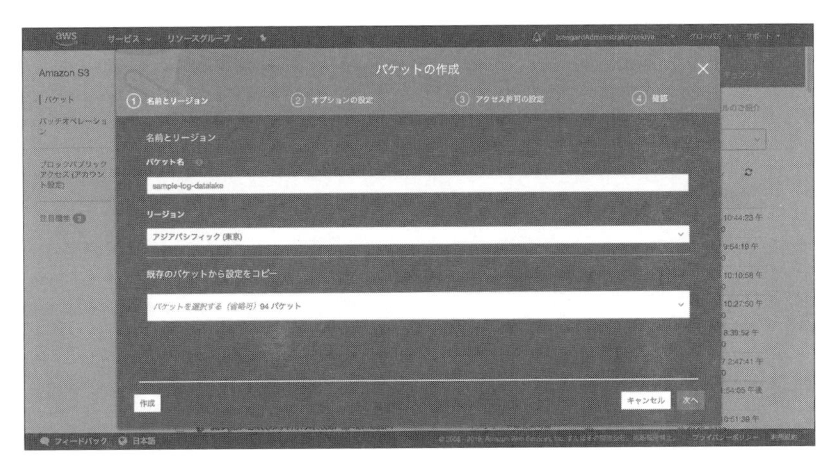

図 10.3　S3 バケットの作成

これで S3 バケットの作成が完了しました。

10.4 AWS CLI のセットアップ

AWS のリソースを操作するためのコマンドラインツールである AWS CLI v1[3] をインストールします。

---

[2] https://docs.aws.amazon.com/ja_jp/AWSEC2/latest/UserGuide/ec2-key-pairs.html

[3] 2020 年 2 月に AWS CLI v2 が一般利用可能となりました。本書の記述は v1 を想定していますが、基本的には v2 でも動作します。

10.4.1 AWS CLI のインストール

以降では Linux/Windows における代表的なインストール方法を紹介します。なお、その他の環境の場合など、より詳細な情報が必要でしたら、ドキュメント[4]を参照してください。

- Linux の場合
  pip をご利用の場合、次のコマンドでインストールできます。

```
$ pip3 install awscli --upgrade --user
```

  これで、シェルから aws コマンドを利用できるようになります。

- Windows の場合
  インストーラをダウンロード[5]できますので、こちらを実行してインストールします。

これで、コマンドプロンプトや Windows Powershell から aws コマンドを利用できるようになります。

10.4.2 認証情報の設定

次に、認証情報を設定します。ローカルのラップトップを使用する場合、IAM ユーザーのアクセスキーとシークレットキーを AWS CLI に認識させる必要があります。第 5 章で作成した IAM ユーザーのアクセスキーを作成するには次の手順を実行します。

1. IAM コンソールを開く
2. ［ユーザー］をクリックして、アクセスキーを作成する対象のユーザー名をクリックする
3. ［認証情報］タブをクリックする
4. ［アクセスキーの作成］ボタンをクリックする。［.csv ファイルのダウンロード］ボタンをクリックして、アクセスキーとシークレットキーの含まれる CSV ファイルを大切に保管しておく

[4]「AWS コマンドラインインターフェイス」https://aws.amazon.com/jp/cli/、「AWS CLI バージョン 1 のインストール」https://docs.aws.amazon.com/ja_jp/cli/latest/userguide/install-cliv1.html
[5]「Windows に AWS CLI バージョン 1 をインストールする」https://docs.aws.amazon.com/ja_jp/cli/latest/userguide/install-windows.html

5. 次のように `aws configure` コマンドを実行し、`.csv` ファイルに記載されたアクセスキーとシークレットキーを入力する

```
$ aws configure
AWS Access Key ID [None]: AKIAIOSFODNN7EXAMPLE
AWS Secret Access Key [None]: wJalrXUtnFEMI/K7MDENG/bPxRfiCYEXAMPLEKEY
Default region name [None]: ap-northeast-1
Default output format [None]: json
```


10.5 CloudFormation スタックのデプロイ

AWS CloudFormation とは、テンプレート（YAML/JSON）ファイルに定義された AWS リソースをプロビジョニングするサービスです。今回、前述の Web システム全体をデプロイする CloudFormation テンプレートを用意しておきました。このテンプレートを利用することで、Web システムを自分の AWS アカウントに簡単に用意できます。

10.5.1 CloudFormation テンプレートのパッケージング

まず、Lambda 関数用ソースコード `code/index.py` と CloudFormation テンプレート `template/sample_wordpress_with_logging.yaml` をダウンロードします。本書のソースコードやサンプルなどは S3 バケット[6] からダウンロード可能です。次のコマンドを実行して `datalake-book-workdir/chapter10/` ディレクトリを作成し、そのディレクトリ配下にソースコードやサンプルをダウンロードしていきます。

```
$ mkdir -p datalake-book-workdir/chapter10/
$ cd datalake-book-workdir/chapter10/
$ mkdir code
$ mkdir template
$ aws s3 sync s3://aws-jp-datalake-book/chapter10/code/ ./code/
$ aws s3 sync s3://aws-jp-datalake-book/chapter10/template/ ./template/
```

`chapter10` ディレクトリ以下のファイルの階層は次のようになります。

```
.
├──code
│   └── index.py
└──template
    ├── sample_wordpress_with_logging.yaml
```

[6] aws-jp-datalake-book

次に template ディレクトリに移動し、AWS CLI から次のコマンドを実行して、CloudFormation テンプレートをパッケージングします。bucket_name はさきほど作成したバケット名に置換します。

```
$ cd template/
$ aws cloudformation package \
> --template ./sample_wordpress_with_logging.yaml \
> --s3-bucket bucket_name --s3-prefix cfn-package \
> --output-template-file tmp.yaml
```

10.5.2 AWS CLI

では、AWS CLI から次のコマンドを実行して、パッケージングした CloudFormation テンプレートをデプロイしましょう。WordPress パスワード changeit とメールアドレス your_email_address@your_company.com、キーペア名 your_keypair_name は置き換えます。

```
$ aws cloudformation deploy --template-file ./tmp.yaml \
> --stack-name lake-fishing \
> --parameter-overrides BlogAdminPassword=changeit \
> BlogAdminEMail=your_email_address@your_company.com \
> Ec2KeyPair=your_keypair_name \
> --capabilities CAPABILITY_IAM
```

10.5.3 CloudFormation コンソール

AWS CLI ではなく AWS コンソールで CloudFormation スタックをデプロイしたい場合は、次の手順となります。

1. CloudFormation コンソールを開く
2. ［スタックの作成］ボタンをクリックし、プルダウンから［新しいリソースを使用（標準)］をクリックする
3. テンプレートの指定
   (a) ［テンプレートソース］に［テンプレートファイルのアップロード］を選択し、［ファイルの選択］ボタンからさきほど AWS CLI で作成した tmp.yaml を指定する
   (b) ［次へ］ボタンをクリックする
4. スタックの詳細を指定

(a) ［スタックの名前］に lake-fishing[7] と入力する

(b) 各種パラメータを入力する

- BlogAdminPassword に任意のパスワードを入力する
- BlogAdminEMail に自分のメールアドレスを入力する
- Ec2KeyPair に作成済みのキーペアを選択する
- その他のパラメータを必要に応じて設定する（任意）

(c) ［次へ］ボタンをクリックする

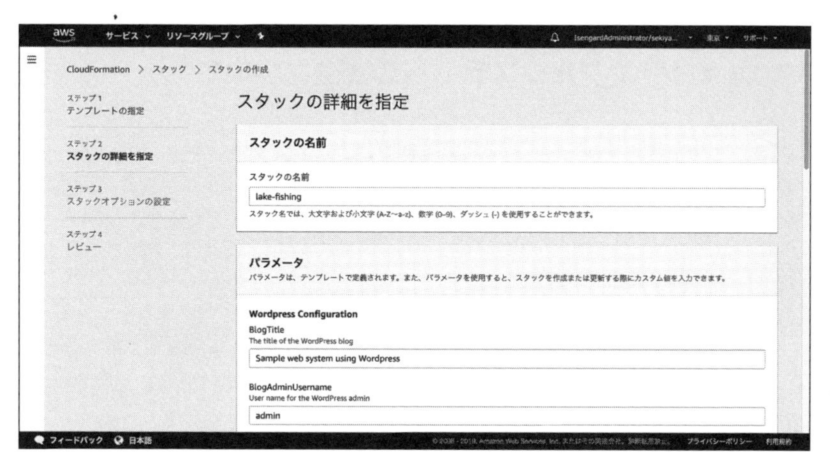

図 10.4　コンソールによるデプロイ

5. スタックオプションの設定

   (a) ［次へ］ボタンをクリックする

6. レビュー

   (a) チェックボックス［AWS CloudFormation によって IAM リソースが作成される場合があることを承認します。］をチェックする

   (b) ［スタックの作成］ボタンをクリックする

7. スタックが CREATE_COMPLETE となるまで待つ（数分）

8. ［出力］タブ

   (a) ［Url］欄の URL をクリックする

   (b) ブラウザで WordPress 画面が表示される

[7] 繰り返しスタック作成する場合、スタックを削除してから再作成する場合でも、作成済みの S3 バケット等のリソースと競合してエラーとなる可能性があります。2 回目以降にスタック作成される場合は、過去に使ったことのない名前（lake-fishing2 など）に書き換えることをお勧めします。

注:最初にWordPressにアクセスした際に「The file wp-config.php already exists. If you need to reset any of the configuration items in this file, please delete it first. You may try installing now.」と表示される場合があります。この場合、ブラウザで再度、URLにアクセスしてみてください。

10.6 注意点

10.6.1 サンプルシステムへの課金について

本 CloudFormation テンプレート sample_wordpress_with_logging.yaml は次の AWS リソースを作成します。このうち、一部は課金対象となります。継続的な課金を防ぎたい場合は、本書の手順を終えたのち、リソースを削除してください。

- S3 バケット
- VPC
- Internet Gateway
- Subnet
- Route Table
- ALB
- Auto Scaling グループ
- EC2 インスタンス
- セキュリティグループ
- IAM ロール
- Aurora クラスター
- EFS
- Kinesis Data Firehose 配信ストリーム
- Lambda 関数
- CloudWatch アラーム
- CloudWatch ロググループ

利用料金の詳細については、各サービスの料金ページ[8]を確認してください。

[8] 例えば、EC2 の料金ページは「Amazon EC2 の料金」https://aws.amazon.com/jp/ec2/pricing/ となります。

10.6.2 リソースの削除

リソースを削除する場合は次のように実行します。

1. S3 コンソールを開き、S3 バケットを削除する
2. CloudFormation コンソールを開き、CloudFormation スタックを削除する

これにより、CloudFormation によって生成されたリソースをすべて芋づる式に削除することができます。

10.7 まとめ

本章では、次のことを実施しました。

- サンプル Web システムのセットアップ

以降の章では、このサンプル Web システムのログを保管して活用するデータレイクの作成に取り掛かりましょう。

第 11 章 ログを集める

ここまでで、分析対象のサンプルシステムを構築できました。これから、このサンプルシステムの中で出力されるログをどう集めて分析するかについて考えていきましょう。

今回、分析を行うログファイルを生成するシステムは次のようになります。

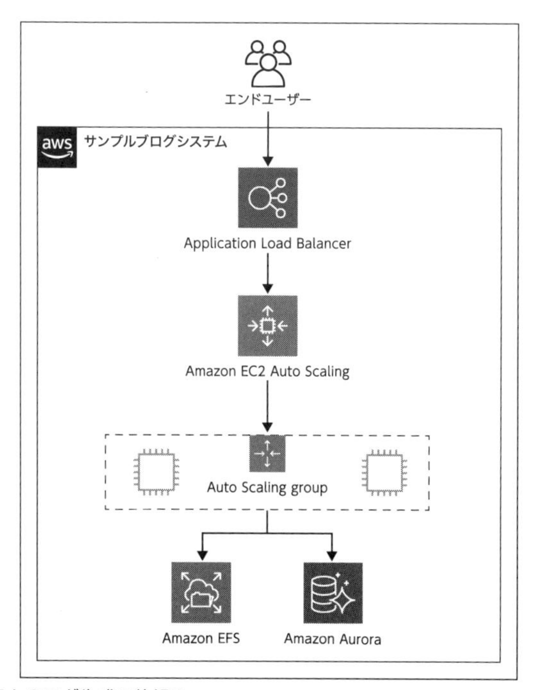

図 11.1　システムのログ生成の仕組み

まず考えたいのは、これから構築するデータレイクでの分析を実現するには、どのようなログを、どの程度の期間、どのような粒度で集める必要があるかです。

一言にログと言っても、システムのログからユーザーのログまで多種多様なログがあります。

OSシステムログ：Linuxのsyslog[1]やWindowsのイベントログ[2]などのオペレーティングシステムの動作状況を記録したログ
ネットワークトラフィックログ：特定ネットワーク内で発生する通信をキャプチャしたログ
Webサーバーアクセスログ：ApacheやNginxなどのWebサーバーへのアクセスを記録したログ
ユーザー行動ログ／クリックストリームログ：ブラウザやアプリケーション画面でユーザーが操作した内容を記録したログ
アプリケーションログ：開発した運用中のアプリケーションの動作状況を記録したログ

ちなみに、AWSのサービスもさまざまなログを出力します。代表的なものは次のものです。

ロードバランサー[3]アクセスログ：ELB（CLB/ALB）へのアクセスを記録したログ
CDN[4]アクセスログ：CloudFrontへのアクセスを記録したログ
APIログ：AWSのAPI実行や、マネジメントコンソールへのログインなどのイベントを記録するサービスであるAWS CloudTrailのログ
仮想ネットワークトラフィックログ：仮想ネットワーク内のトラフィックを記録したVPCフローログ

もちろん、ログの種類によって、ログの在りかと形式も変わってきます。

- ローカルストレージ上のファイル

[1] ログメッセージをIPネットワーク上で転送するための標準規格、プロトコル。LinuxのOSログファイル（/var/log/messages）の出力に使用されています。
[2] WindowsのOSログを出力する仕組み、またはログのこと。Windows OSに搭載されているイベントビューアというツールで閲覧可能です。
[3] 負荷分散装置。受け取ったリクエストを後段のサーバーに分配して、サーバーごとの負荷を分散するコンポーネント
[4] Content Delivery Networkの略。グローバルに多数配置されたWebサイトを配信するためのキャッシュロケーションを活用して、Webサイトにアクセスしようとするエンドユーザーに最も近いロケーションからレスポンスを返す仕組み

- syslog プロトコルの通信
- クラウドのオブジェクトストレージ（Amazon S3 など）上のファイル
- クラウドの監視サービスのストレージ（Amazon CloudWatch Logs など）

これらのさまざまなログを、要件に合わせて 1 箇所に集めていく必要があります。

この章では、一般的な Web システムを AWS 上に用意し、そこに出力されるログの中から次のログに焦点を当ててデータレイクに取り込んでいきます。

Web サーバーアクセスログ：Apache アクセスログ（ローカルストレージ）
ロードバランサーアクセスログ：ALB アクセスログ（S3）
データベースログ：RDS クエリログ（CloudWatch Logs）

サンプルシステムにおけるログの収集方法の概観は次のようになります。

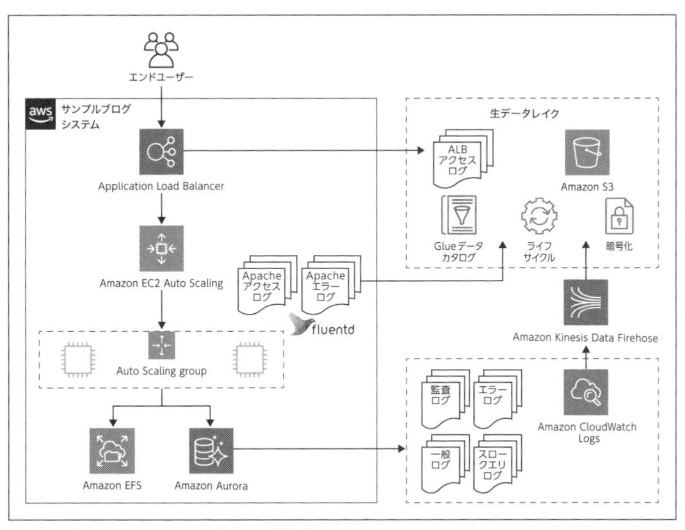

図 11.2　サンプルシステムにおけるログ収集

11.1 アップロード用の S3 バケットの作成

注：S3 バケットは CloudFormation テンプレートから自動で作成できるため、次の手順は CloudFormation テンプレートを使用した方には不要ですが、テンプレートの内容の理

解を進めるために解説していきます。

本章では、各種ログをS3にアップロードします。このため、あらかじめS3バケットを作成しておきます。

1. S3コンソールを開き、［バケットを作成する］ボタンをクリックする
2. バケット名にユニークな名前を入力し、リージョンに［アジアパシフィック（東京）］を選択して、左下の［作成］ボタンをクリックする

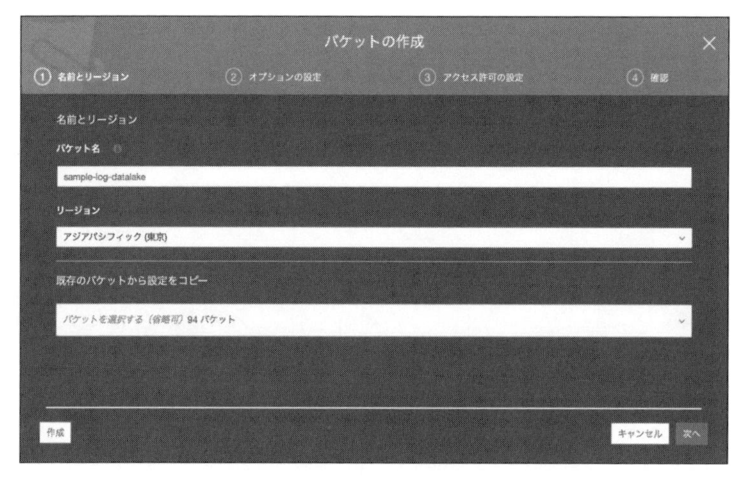

図 11.3　S3バケットの準備

これでS3バケットの作成が完了しました。

11.2 Webサーバーアクセスログを集める

Apacheのアクセスログは、Apacheが動作するWebサーバーのローカルストレージ上に出力されます。Linuxのデフォルトでは、アクセスログファイルが`/var/log/httpd/access_log`、エラーログファイルが`/var/log/httpd/error_log`に設定されています。

一般に、このようなログを収集するには、Webサーバー上に専用のミドルウェアを導入します。広く使われているログ収集ミドルウェアには、次のようなものがあります。

- fluentd（https://www.fluentd.org/）
- Logstash（https://www.elastic.co/jp/products/logstash）
- CloudWatchエージェント
- Kinesisエージェント

今回の構成では、Amazon Linux 2[5]のEC2インスタンス上にfluentdをインストールし、ローカルストレージ上のApacheアクセスログファイルをAmazon S3にアップロードするように設定しています。

注：次の手順はCloudFormationテンプレートを使用した方には不要ですが、テンプレートの内容の理解を進めるために解説していきます。

11

まず、WebサーバーのEC2インスタンスにSSHで接続します。

なお、CloudFormationでデプロイしたEC2インスタンスの環境にSSH接続したい場合は、デフォルトでTCP/22ポートを開放していないため、EC2インスタンスに設定されたセキュリティグループに追加のインバウンドルールを設定する必要があります。

1. EC2コンソールを開き、左側メニューの［インスタンス］をクリックする
2. EC2インスタンスを選択して、画面下部の詳細情報の［セキュリティグループ］の右のセキュリティグループIDをクリックする
3. 画面下部の詳細情報の［インバウンド］タブを開き、［編集］ボタンをクリックする
4. 画面下部の［ルールの追加］ボタンをクリックし、次のように入力したあとで［保存］ボタンをクリックする
   - SSH
   - TCP
   - 22
   - マイIP

ターミナルから、次のようなコマンドを実行してSSHログインします。

```
$ ssh -i path_to_keypair.pem ec2-user@[Public DNS]
```

SSHでのログイン方法の詳細についてはドキュメント[6]を確認してください。

---

[5] AWSが提供するLinux OS。EC2の最新機能がサポートされており、AWSと簡単に統合できるパッケージを含む仮想マシンイメージ（またはDockerコンテナイメージ）として利用可能です。

[6] https://docs.aws.amazon.com/ja_jp/AWSEC2/latest/UserGuide/AccessingInstancesLinux.html

今回、Web サーバーの EC2 インスタンスには Amazon Linux 2 を使用しています。Amazon Linux 2 に fluentd をインストールするには、次のコマンドを実行します。

```
$ curl -L https://toolbelt.treasuredata.com/sh/\
> install-amazon2-td-agent3.sh | sh
```

続いて、/etc/td-agent/td-agent.conf として次のような内容のファイルを配置し、Apache が出力する 2 種類のログファイル（アクセスログ／エラーログ）をそれぞれ JSON 形式で S3 にアップロードするように設定します。

/etc/td-agent/td-agent.conf

```
<source>
  @type tail
  @label @META
  @id input_tail_access_log
  <parse>
    @type apache2
    keep_time_key true
  </parse>
  path /var/log/httpd/access_log
  pos_file /var/log/td-agent/access.log.pos
  tag apache.access
</source>

<source>
  @type tail
  @label @META
  @id input_tail_error_log
  <parse>
    @type apache_error
    keep_time_key true
  </parse>
  path /var/log/httpd/error_log
  pos_file /var/log/td-agent/error.log.pos
  tag apache.error
</source>

<label @META>
```

```
    <match **>
      @type ec2_metadata
      @label @S3
      output_tag ${tag}.${instance_id}
      <record>
        instance_id   ${instance_id}
      </record>
    </match>
  </label>

  <label @S3>
    <match apache.**>
      @type s3
      s3_bucket ${Bucket}
      s3_region ${Region}
      path ${tag[0]}_${tag[1]}/instanceId=${instance_id}/
      <format>
        @type json
      </format>
      <buffer tag,time,instance_id>
        @type file
        path /var/log/td-agent/buffer/${tag[0]}
        timekey 60
        timekey_wait 30
        chunk_limit_size 256m
        timekey_use_utc true
      </buffer>
      time_slice_format %Y%m%d%H%M
    </match>
  </label>
```

/etc/init.d/td-agent と /lib/systemd/system/td-agent.service に定義された実効ユーザー名／グループ名を td-agent から root に変更します。

/etc/init.d/td-agent

```
TD_AGENT_USER=root
TD_AGENT_GROUP=root
```

/lib/systemd/system/td-agent.service

```
User=root
Group=root
```

fluent-plugin-ec2-metadata をインストールします。これは、今回の構成が Auto Scaling 環境で、ログファイルの出力先にインスタンス ID を含めるために追加しています。

```
# td-agent-gem install fluent-plugin-ec2-metadata --no-document
```

fluentd の自動起動を有効化します。

```
# systemctl enable td-agent.service
```

fluentd を起動します。

```
# systemctl start td-agent.service
```

これで、Apache にアクセスが発生すると、アクセスログが記録され、S3 にアップロードされるようになります。

fluentd のインストール方法の詳細は URL[7] を参照してください。なお、今回 CloudFormation でデプロイした環境は Auto Scaling が有効となっています。このように、Auto Scaling によってサーバーが自動的に増減する環境で fluentd のようなソフトウェアを設定する場合は、上記のように SSH 接続して手動でコマンドを実行するのではなく、起動設定を使用して自動的に設定されるよう設計する必要があります。CloudFormation テンプレートではこの点も考慮されていますので、興味のある方はテンプレートの内容を確認してみてください。

11.3 ロードバランサーアクセスログを集める

ALB にはアクセスログを出力する機能があり、デフォルトでは無効となっています。こちらのアクセスログを有効化すると、S3 上に出力されるようになります。

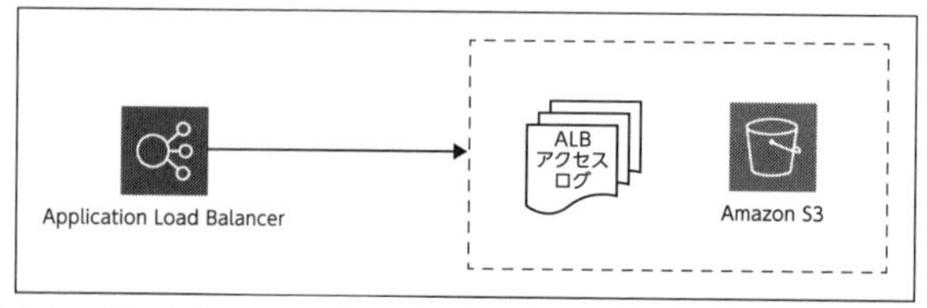

図 11.4 アクセスログの収集

[7] 「Installation - Fluentd」 https://docs.fluentd.org/installation

注：次の手順は CloudFormation テンプレートを使用した方には不要ですが、テンプレートの内容の理解を進めるために解説していきます。

ALB で S3 へのログ配信を有効化したい場合、次の手順を実行します。

1. ALB を選択し、プルダウンリストから［属性の編集］アクションをクリックする
2. アクセスログの［有効化］にチェックを入れ、バケット名を入力する
3. ［保存］ボタンをクリックする

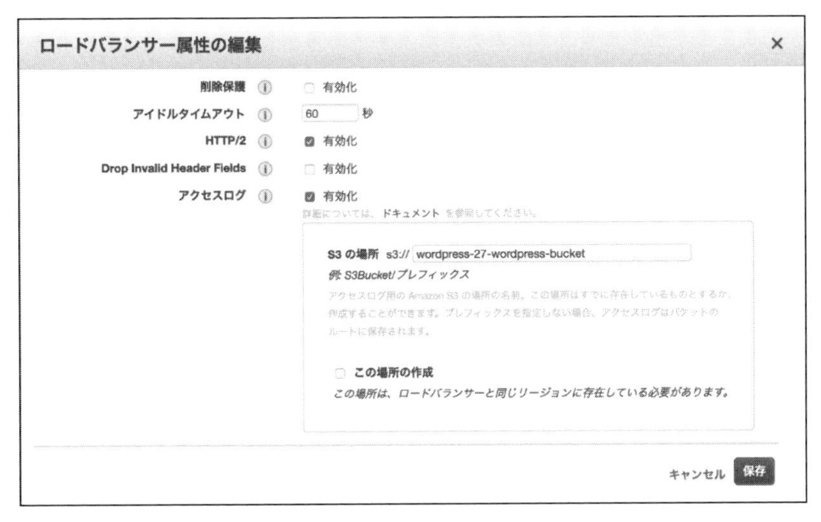

図 11.5　ALB のログ配信を有効化する

なお、ここで指定するアクセスログ書き込み先の S3 バケットには、あらかじめバケットポリシー[8] を設定しておく必要があります。ここに出てくる［aws-account-id］は ELB サービスアカウント番号となっており、リージョンごとに固有です。例えば、東京リージョンの場合は次のようなバケットポリシーになります。このポリシーは ELB アカウント 582318560864 から `s3://bucket-name/prefix/` へのオブジェクト（ここではログファイルのこと）の書き込みを許可するということを意味します。

```
{
  "Version": "2012-10-17",
```

[8] S3 バケットへのアクセスを認可するための仕組み。これを設定することで、アカウントをまたいだ読み書きや、特定の VPC からのアクセスの拒否などが実現可能です。

```
  "Statement": [
    {
      "Effect": "Allow",
      "Principal": {
        "AWS": "arn:aws:iam::582318560864:root"
      },
      "Action": "s3:PutObject",
      "Resource": "arn:aws:s3:::bucket-name/prefix/*"
    }
  ]
}
```

ALB のアクセスログ機能の詳細はドキュメント[9] を参照してください。

11.4 データベースログを集める

Amazon RDS MySQL/MariaDB や Amazon Aurora のデータベースのログは Amazon CloudWatch Logs[10] 上に出力できます。

注：次の手順は CloudFormation テンプレートを使用した方には不要ですが、テンプレートの内容の理解を進めるために解説していきます。

Aurora MySQL の DB クラスターで CloudWatch Logs へのログ配信を有効化したい場合、次の手順を実行します。

1. DB クラスター作成時、または変更時に次のチェックボックスにチェックを入れて反映させる

[9] https://docs.aws.amazon.com/ja_jp/elasticloadbalancing/latest/application/load-balancer-access-logs.html
[10] ログデータを収集、保管／蓄積、活用するためのサービス。さまざまな AWS サービスがここにログを出力します。

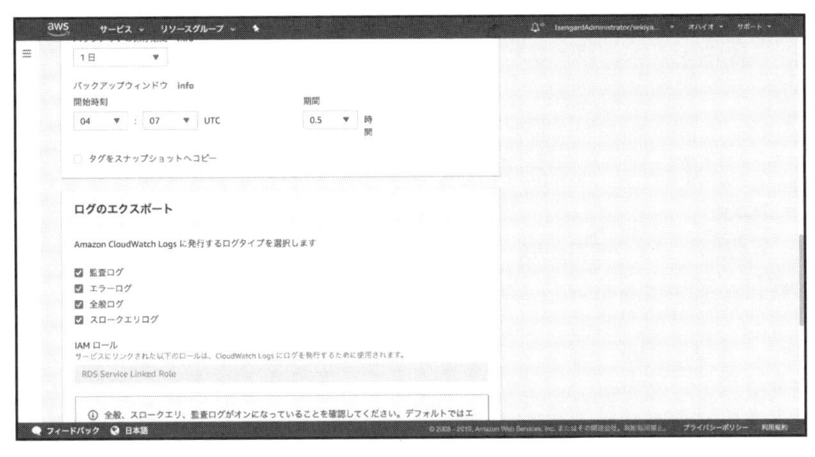

図 11.6 Aurora MySQL のログ配信を有効にする

2. DB パラメータグループで次のように設定する
   - server_audit_logging：1
   - server_audit_events：QUERY
   - general_log：1
   - slow_query_log：1
   - long_query_time：0
3. 次の CloudWatch Logs ロググループにログが出力されることを確認する

ログ	ロケーション
監査ログ	`/aws/rds/cluster/[ClusterName]/audit`
エラーログ	`/aws/rds/cluster/[ClusterName]/error`
一般ロググログ	`/aws/rds/cluster/[ClusterName]/general`
スロークエリログ	`/aws/rds/cluster/[ClusterName]/slowquery`

Aurora のロギングの詳細についてはドキュメント[11] を参照してください。

11.4.1 CloudWatch Logs に出力されるログを転送する

CloudWatch Logs はサブスクリプションフィルタという機能により、届いたログデータを Kinesis Data Firehose にストリーミング配信できます。この Ki-

[11] `https://docs.aws.amazon.com/ja_jp/AmazonRDS/latest/AuroraUserGuide/AuroraMySQL.Integrating.CloudWatch.html`

nesis Data Firehose は受け取ったデータを Amazon S3 や Amazon Redshift、Amazon Elasticsearch Service 等に配信するサービスです。

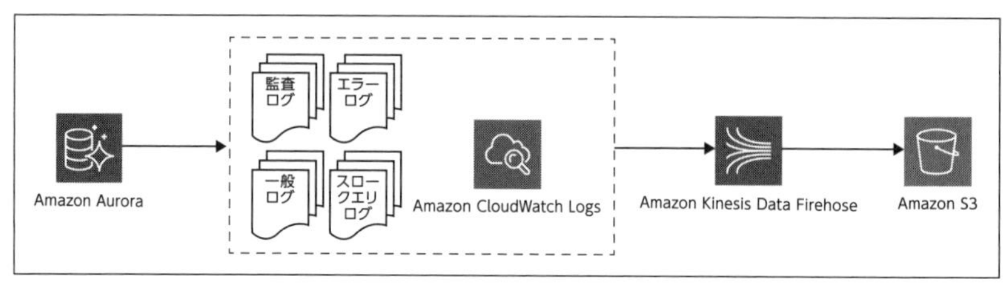

図 11.7　Kinesis Data Firehose

Kinesis Data Firehose は CloudWatch Logs 以外にも、Kinesis Data Streams や AWS IoT、AWS WAF、Kinesis エージェントなどさまざまなデータソースを入力とすることができます。特に、配信先に S3 を設定できることから、ストリーミング処理を伴うデータレイクの構築においても欠かせないサービスです[12]。

注：次の手順は CloudFormation テンプレートを使用した方には不要ですが、テンプレートの内容の理解を進めるために解説していきます。

1. Kinesis Data Firehose 用の IAM ロールの作成

IAM ロールを作成し、Kinesis Data Firehose から S3 バケットにデータを配信するための権限を付与します。

まず、テキストエディタで次の信頼ポリシー[13] ファイルを作成します。次のような内容で `/TrustPolicyForFirehose.json` を作成します。`account-id` は自身の AWS アカウント ID で置き換えます。

```
{
  "Statement": {
    "Effect": "Allow",
    "Principal": { "Service": "firehose.amazonaws.com" },
    "Action": "sts:AssumeRole",
    "Condition": { "StringEquals": { "sts:ExternalId":"account-
```

[12] https://docs.aws.amazon.com/ja_jp/firehose/latest/dev/basic-create.html
https://docs.aws.amazon.com/ja_jp/AmazonCloudWatch/latest/logs/SubscriptionFilters.html#FirehoseExample

[13] ロールを引き受けることができるアカウントやユーザー、サービスなどを設定する機能。ここでは、Kinesis Data Firehose が後述の IAM ロールを活用できるように設定しています。

```
id" } }
    }
  }
```

AWS CLI で create-role コマンドを実行し、信頼ポリシーファイルを指定して IAM ロールを作成します。

```
$ aws iam create-role \
> --role-name FirehosetoS3Role \
> --assume-role-policy-document file://~/TrustPolicyForFirehose.json
```


2. Kinesis Data Firehose 用の IAM ロールへの権限の付与

権限ポリシーを作成し、Kinesis Data Firehose がアカウント内で実行できるアクションを定義します。

テキストエディタで次の権限ポリシーファイル PermissionsForFirehose.json を作成します。my-bucket は自身のバケット名に置換します。

```
{
  "Statement": [
    {
      "Effect": "Allow",
      "Action": [
          "s3:AbortMultipartUpload",
          "s3:GetBucketLocation",
          "s3:GetObject",
          "s3:ListBucket",
          "s3:ListBucketMultipartUploads",
          "s3:PutObject" ],
      "Resource": [
          "arn:aws:s3:::my-bucket",
          "arn:aws:s3:::my-bucket/*" ]
    }
  ]
}
```

AWS CLI で put-role-policy コマンドを実行し、権限ポリシーをロールに関連付けます。

```
$ aws iam put-role-policy \
> --role-name FirehosetoS3Role \
> --policy-name Permissions-Policy-For-Firehose \
> --policy-document file://~/PermissionsForFirehose.json
```

3. 配信ストリームの作成

Kinesis Data Firehoseの配信ストリームを作成します。RoleARNの123456789012を自身のアカウントIDに、BucketARNのmy-bucketを自身のバケット名に置き換えます。

```
$ aws firehose create-delivery-stream \
> --delivery-stream-name 'my-delivery-stream' \
> --s3-destination-configuration \
> '{"RoleARN": "arn:aws:iam::123456789012:role/FirehosetoS3Role", \
> "BucketARN": "arn:aws:s3:::my-bucket"}'
```

4. 配信ストリームの有効化

配信ストリームがアクティブになるまで数分程度待ちます。AWS CLIのdescribe-delivery-streamコマンドでDeliveryStreamDescription.DeliveryStreamStatusプロパティをチェックし、ACTIVEになったらOKです。

```
$ aws firehose describe-delivery-stream \
> --delivery-stream-name "my-delivery-stream"
```

5. CloudWatch Logs用のIAMロールの作成

IAMロールを作成し、CloudWatch LogsにKinesis Data Firehose配信ストリームからデータを送る権限を付与します。

テキストエディタを使用して、次の信頼ポリシーファイルTrustPolicyForCWL.jsonを作成します。regionはご利用のリージョン(東京の場合はap-northeast-1)に置き換えます。

```
{
  "Statement": {
    "Effect": "Allow",
    "Principal": { "Service": "logs.region.amazonaws.com" },
    "Action": "sts:AssumeRole"
  }
```

```
}
```

AWS CLI で create-role コマンドを実行して、信頼ポリシーファイルを指定して IAM ロールを作成します。

```
$ aws iam create-role \
> --role-name CWLtoKinesisFirehoseRole \
> --assume-role-policy-document file://~/TrustPolicyForCWL.json
```

6. CloudWatch Logs 用の IAM ロールへの権限の付与

権限ポリシーを作成し、CloudWatch Logs がアカウントで実行できるアクションを定義します。

テキストエディタを使用して、次の権限ポリシーファイル PermissionsForCWL.json を作成します。region は利用しているリージョン（東京の場合は ap-northeast-1）に、123456789012 は自身のアカウント ID に置き換えます。

```
{
    "Statement":[
      {
        "Effect":"Allow",
        "Action":["firehose:*"],
        "Resource":["arn:aws:firehose:region:123456789012:*"]
      },
      {
        "Effect":"Allow",
        "Action":["iam:PassRole"],
        "Resource":["arn:aws:iam::123456789012:role/CWLtoKinesi
sFirehoseRole"]
      }
    ]
}
```

AWS CLI で put-role-policy コマンドを使用して、権限ポリシーをロールに関連付けます。

```
$ aws iam put-role-policy --role-name CWLtoKinesisFirehoseRole \
> --policy-name Permissions-Policy-For-CWL \
> --policy-document file://~/PermissionsForCWL.json
```

7. CloudWatch Logs サブスクリプションフィルタの作成

Kinesis Data Firehose 配信ストリームがアクティブ状態になり、IAM ロールを作成したら、CloudWatch Logs サブスクリプションフィルタを作成します。

サブスクリプションフィルタにより、選択されたロググループから Kinesis Data Firehose 配信ストリームへのリアルタイムログデータの流れがすぐに開始されます。データは、Kinesis Data Firehose 配信ストリームに設定された時間の間隔（デフォルトで 5 分、1 分～15 分）に基づいて、S3 に送信されます。

AWS CLI で `put-subscription-filter` コマンドを実行してサブスクリプションフィルタを作成します。123456789012 は自身のアカウント ID に、`my-delivery-stream` は自身の Firehose 配信ストリーム名に置き換えます。

```
$ aws logs put-subscription-filter \
> --log-group-name "/aws/rds/cluster/[Cluster Name]/error" \
> --filter-name "Destination" \
> --filter-pattern "" \
> --destination-arn "arn:aws:firehose:region:123456789012:\
> deliverystream/my-delivery-stream" \
>  --role-arn "arn:aws:iam::123456789012:role/CWLtoKinesisFirehoseRole"
```

8. データを確認

十分な時間（設定に応じて数分～十数分）が経過すると、S3 バケットをチェックしてデータを確認できます。

```
$ aws s3 ls s3://my-bucket/
```

なお、実際にこの手順で S3 にファイルを出力し始めると、次のようにレコードの区切りが何もない（改行もカンマもない）連続した JSON 形式となり、Athena や Glue でそのまま読み取ることができません。

```
{"messageType":"DATA_MESSAGE","owner":"970154250367","logGroup":"/a
ws/rds/cluster/lake-fishing-wordpress-databasecluster-ry1k5u99huui/a
udit","logStream":"wd12op6s2wy1kza.audit.log.1.2019-12-03-04-00.3.3"
,"subscriptionFilters":["lake-fishing-wordpress-SubscriptionFilterFo
rAuroraAuditLogs-1UP07FFWPSZB4"],"logEvents":[{"id":"351313826096873
72929204349630958097832364168483635003392","timestamp":1575345680018
,"message":"1575345680018407,wd12op6s2wy1kza,rdsadmin,localhost,4,13
298,QUERY,,'SELECT durable_lsn, current_read_point, server_id, last_
update_timestamp FROM information_schema.replica_host_status',0"}]}{
"messageType":"DATA_MESSAGE","owner":"970154250367","logGroup":"/aws
/rds/cluster/lake-fishing-wordpress-databasecluster-ry1k5u99huui/aud
```

```
it","logStream":"wdxegb1xtd5l2i.audit.log.2.2019-12-03-04-00.3.1","s
ubscriptionFilters":["lake-fishing-wordpress-SubscriptionFilterForAu
roraAuditLogs-1UP07FFWPSZB4"],"logEvents":[{"id":"35131382610400996
75557329571472509417606144179769049088","timestamp":1575345680050,"m
essage":"1575345680050865,wdxegb1xtd5l2i,rdsadmin,localhost,1,2633,Q
UERY,,'set local oscar_local_only_replica_host_status=1',0"},{"id":"
35131382610423297520755860194614045135878792541275029505","timestamp
":1575345680051,"message":"1575345680051340,wdxegb1xtd5l2i,rdsadmin,
localhost,1,2634,QUERY,,'SELECT durable_lsn, current_read_point, ser
ver_id, last_update_timestamp FROM information_schema.replica_host_s
tatus',0"},{"id":"35131382610423297520755860194614045135878792541275
029506","timestamp":1575345680051,"message":"1575345680051803,wdxegb
1xtd5l2i,rdsadmin,localhost,1,2635,QUERY,,'set local oscar_local_onl
y_replica_host_status=0',0"}]}
```


このため、Kinesis Data Firehose のデータ変換機能を活用して、ログイベントのレコードごとに改行した JSON 形式に変換する必要があります。データ変換用のサンプルスクリプトを用意していますので、こちらを利用するだけで目的を実現できます。Kinesis Data Firehose によるデータ変換についてはドキュメント[14] を確認してください。

これで、CloudWatch Logs 上に蓄積されたデータを Kinesis Data Firehose 経由で S3 に継続的に配信し続ける仕組みを用意できました。

11.5 まとめ

本章では、次のことを実施しました。

- ログの種類と収集方法の解説
- ログを収集する仕組みの実装（CloudFormation およびその内容の解説）

以上の手順により、S3 バケットの次の Prefix 配下にそれぞれのログが集まる仕組みを用意することができました。

[14] https://docs.aws.amazon.com/ja_jp/firehose/latest/dev/data-transformation.html#lambda-blueprints

表 11.1　ログとロケーション

ログ	ロケーション
ALB アクセスログ	s3://[bucket_name]/AWSLogs/[account_ID]/elasticloadbalancing/
Web サーバーアクセスログ	s3://[bucket_name]/apache_access/
Web サーバーエラーログ	s3://[bucket_name]/apache_error/
データベース監査ログ	s3://[bucket_name]/firehose/aurora_audit_logs/
データベースエラーログ	s3://[bucket_name]/firehose/aurora_error_logs/
データベース一般ログ	s3://[bucket_name]/firehose/aurora_general_logs/
データベーススロークエリログ	s3://[bucket_name]/firehose/aurora_slowquery_logs/

これらのログは次章以降でも活用していきます。

第 12 章 ログの保管とカタログ化

前章では、多種多様なログを収集する方法について見てきました。本章では収集したログを適切なかたちで“保管”し、分析などに活用しやすくするために、“カタログ化”していきましょう。

保管とカタログ化の観点で考えていきたいおもなトピックには、次のものがあります。

- ログデータの保存方法と保存期間を管理する
- ログのカタログを生成する
- ログのデータ／メタデータのアクセスを管理する
- ログのデータへのアクセスを監査する
- ログのデータ／メタデータを暗号化する

本章では図 12.1 のアーキテクチャのように S3 データレイクの保管／カタログ化を進めていきます。

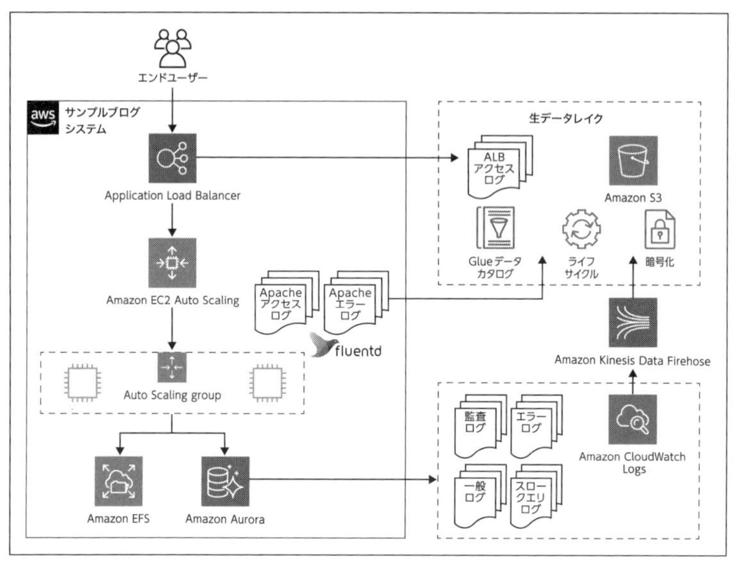

図 12.1　ログの保管／カタログ化

12.1 ログの保存方法と保存期間を管理する

今回、ログデータは Amazon S3 にアップロードしています。第 1 章で説明したとおり、S3 では、さまざまな異なるユースケース向けに、複数のストレージクラスが提供されます。これらのストレージクラスは S3 ライフサイクルポリシーによって自動的に移行できます。詳細についてはドキュメント[1] で説明されています。

典型的なデータレイクのユースケースでは、ユースケースに対するアクセスパターンをある程度推定できる場合もあります。アクセスパターンを元に、要件と費用感に見合ったストレージクラスを選定できるとよいでしょう。

ここで、保存期間についても併せて検討したいところです。保存期間に対する要件や分析時のクエリの対象期間に関するパターンから、保存期間を決定できます。

また、データの経過時間、鮮度を元に保存方法を段階的にカスタマイズできます。例えば、出力されてから 1 年間のデータはアドホッククエリで頻繁にアクセスされるため「S3 標準」に、5 年間のデータは BI ツールを用いた傾向分析に参照されるため「S3 標準 - IA」に、それより古いデータはアーカイブ目的での保管となり普段は参照されないため「S3 Glacier Deep Archive」に、といった段

[1] https://aws.amazon.com/jp/s3/storage-classes/

階的な使い分けができます。あるいは、一定期間を超えたデータをアーカイブせずに削除してしまうこともできます。

今回、ログデータの分析要件では5年ぶんのデータをクエリするとなっていますので、出力されてから1年以内のデータをS3標準に、1～5年以内のデータをS3標準 - IAに、それ以前のデータは自動的に削除するようにしてみます。

1. S3バケットを選択し、［管理］タブの［ライフサイクルルールの追加］をクリックする

図12.2　ライフサイクルルールの追加

2. ［ルール名］をlake-fishingと入力し、［バケット内のすべてのオブジェクトに適用］を選択して、［次へ］をクリックする

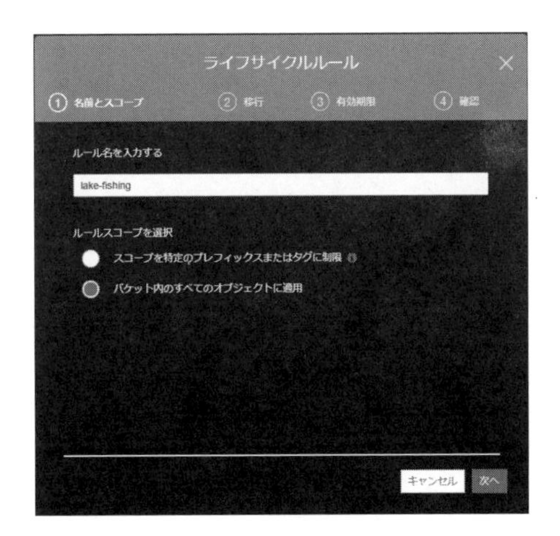

図12.3　ルール名の入力

3. ［ストレージクラスの移行］で、［現行バージョン］にチェックを入れる。［オブジェクトの現行バージョン］の右の［+ 移行を追加する］をクリックし、［標準 -IA への移行の期限］を選択し、［オブジェクト作成からの日数］を 365 と入力して［次へ］をクリックする

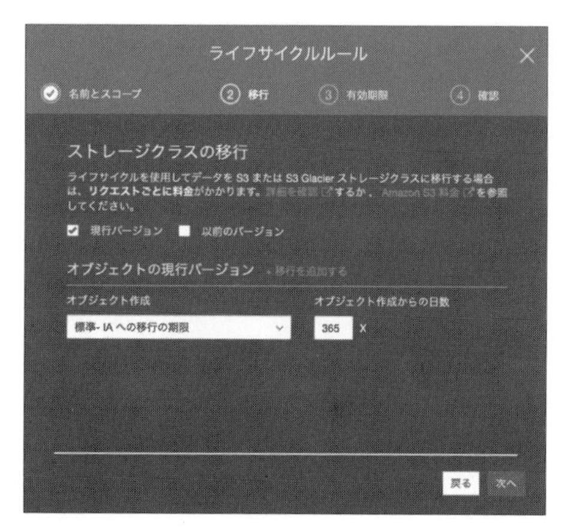

図 12.4　ストレージクラスの移行

4. ［失効の設定］で、［現行バージョン］にチェックを入れ、［オブジェクトの現行バージョンを失効する］の［日間オブジェクト作成からの日数］に "1825" を入力する。［次へ］をクリックする

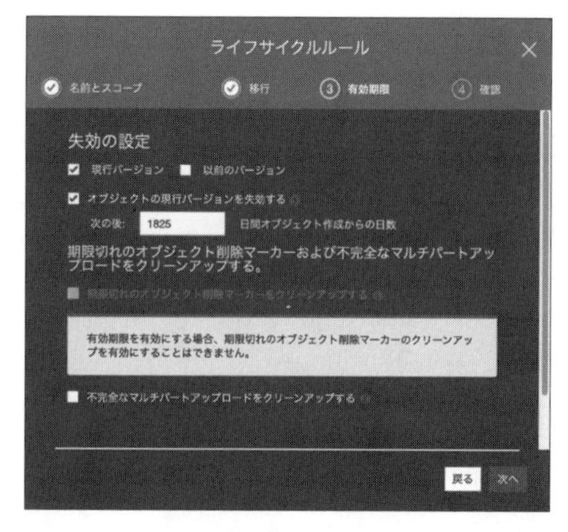

図 12.5　失効の設定

5. ［保存］をクリックする

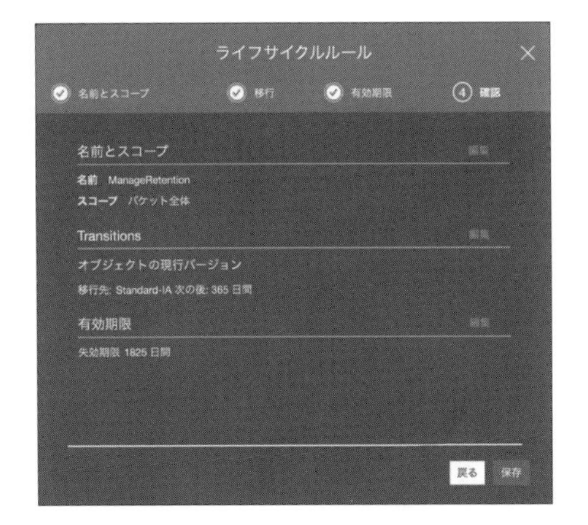

図 12.6　保存

これで目的のライフサイクルルールを設定できました。

12.2 ログのカタログを生成する

一般的に、ログデータはタイムスタンプやログレベル、メッセージなど、多様なフィールドを含みます。このため、ログデータを直接確認しても、各フィールドが何を意味しているのか、その行とカラム名だけから読み取ることが難しい場合が多いです。このようなログデータの各フィールドの意味情報を抽出し、タグ付けし、検索可能にしておくことは、ログデータのデータレイクを構築するうえで欠かすことのできないステップと言えるでしょう。

分析用のメタデータカタログを作成する方法には、次のような手段があります。

- メタデータ定義から事前に生成（例：DDL[2]）
- データから動的に生成（例：クローリング）

メタデータ定義を静的に決定でき、将来に変更の可能性がない場合、前者のように事前に定義しておくことで十分でしょう。一方で、ログデータのように将来

[2] Data Definition Languageの略。`CREATE TABLE`など、データベースのテーブルやビューを定義するためのSQL文。なお、データの検索／新規登録／更新／削除に使用するのはDML (Data Manipulation Language)

カラムが追加されたり変更されたりする可能性のあるデータについては、後者のように動的に生成できる仕組みを用意しておくと便利です。

AWS ではいずれの場合でも、カタログデータの保存先に AWS Glue データカタログがおすすめです。以降で具体的な手順を見ていきます。

12.2.1 事前準備: Glue 用の IAM ロールを作成する

1. IAM コンソールを開く
2. 左側メニューから［ロール］をクリックする
3. ［ロールの作成］ボタンをクリックする
4. ［信頼されたエンティティの種類を選択］で［AWS サービス］を選択し、［このロールを使用するサービスを選択］で［Glue］を選択して、［次のステップ：アクセス権限］ボタンをクリックする
5. ［アクセス権限ポリシーをアタッチする］で次の管理ポリシーを検索して選択し、［次のステップ：タグ］ボタンをクリックする
   - AWSGlueServiceRole
   - AmazonS3FullAccess
6. （とくに何も設定せず）［次のステップ：確認］ボタンをクリックする
7. ［ロール名］に GlueServiceRole と入力し、［ロールの作成］ボタンをクリックする
8. 再度、左側メニューから［ロール］をクリックし、［GlueServiceRole］を検索してクリックする
9. ［インラインポリシーの追加］をクリックする
10. ［JSON］タブで次のポリシーを入力する

```
{
    "Version": "2012-10-17",
    "Statement": [
        {
            "Sid": "Lakeformation",
            "Effect": "Allow",
            "Action": [
                "lakeformation:GetDataAccess",
                "lakeformation:GrantPermissions"
            ],
            "Resource": "*"
        }
    ]
```

```
}
```

11. ［名前］に "DatalakeDataAccess" を入力し、［ポリシーの作成］ボタンをクリックする
12. 再度、［ロール］で［GlueServiceRole］を検索してクリックする
13. ［インラインポリシーの追加］をクリックする
14. ［JSON］タブで次のポリシーを入力する（`<account-id>` の部分は 12 桁のアカウント ID に置換します）

```
{
    "Version": "2012-10-17",
    "Statement": [
        {
            "Sid": "PassRolePermissions",
            "Effect": "Allow",
            "Action": ["iam:PassRole"],
            "Resource": [
                "arn:aws:iam::<account-id>:role/GlueServiceRole"
            ]
        }
    ]
}
```

15. ［名前］に DatalakePassRole を入力し、［ポリシーの作成］ボタンをクリックする
16. 再度、［ロール］で［GlueServiceRole］を検索してクリックする
17. ［インラインポリシーの追加］をクリックする
18. ［JSON］タブで次のポリシーを入力する

```
{
    "Version": "2012-10-17",
    "Statement": {
        "Effect": "Allow",
        "Action": [
            "kms:GenerateDataKey",
            "kms:Decrypt",
            "kms:Encrypt"
```

```
            ],
            "Resource": "*"
        }
    }
```

19. ［名前］にDatalakeEncryptionを入力し、［ポリシーの作成］ボタンをクリックする

12.2.2 Glueクローラによりカタログを生成する

ALB以外のログについては、Glueクローラを使って、ログデータのメタデータをデータから動的に自動生成したいと思います。Glueクローラについては Glue コンソール、AWS SDK、AWS CLIなどで作成できますが、今回は複数のクローラをまとめて作りたいのでAWS CLIで操作していきます。

まず、Glueクローラが出力するテーブル定義を保存する入れ物として、データベースを作成します。

```
$ aws glue create-database --database-input Name=lake-fishing
```

次に、ログ種別ごとにGlueクローラを設定します。基本となるコマンドは次のようになります。

```
$ aws glue create-crawler --name log-type --database lake-fishing \
> --role GlueServiceRole \
> --targets '{"S3Targets":[{"Path":"s3://path_to_each_log/"}]}'
```

このコマンドの中で、`log-type` および `path_to_each_log` については各種ログごとに置換します。`path_to_each_log` は、第10章でCloudFormationテンプレートで設定した環境の場合、表12.1のようになります。

表12.1　前章で設定したログのロケーション

ログ	ロケーション
Web Server アクセスログ	s3://[bucket_name]/apache_access/
Web Server エラーログ	s3://[bucket_name]/apache_error/
データベース監査ログ	s3://[bucket_name]/firehose/aurora_audit_logs/
データベースエラーログ	s3://[bucket_name]/firehose/aurora_error_logs/
データベース一般ログ	s3://[bucket_name]/firehose/aurora_general_logs/
データベーススロークエリログ	s3://[bucket_name]/firehose/aurora_slowquery_logs/

それぞれについてコマンドを実行すると、次のようになります。

```
$ aws glue create-crawler --name webserver_apache_access \
> --database lake-fishing --role GlueServiceRole \
> --targets '{"S3Targets":[{"Path":"s3://[bucket_name]/apache_access"}]}'
$ aws glue create-crawler --name webserver_apache_error \
> --database lake-fishing --role GlueServiceRole \
> --targets '{"S3Targets":[{"Path":"s3://[bucket_name]/apache_error"}]}'
$ aws glue create-crawler --name dbserver_aurora_audit_logs \
> --database lake-fishing --role GlueServiceRole \
> --targets '{"S3Targets":[{"Path":"s3://[bucket_name]/firehose/\
> aurora_audit_logs/"}]}'
$ aws glue create-crawler --name dbserver_aurora_error_logs \
> --database lake-fishing --role GlueServiceRole \
> --targets '{"S3Targets":[{"Path":"s3://[bucket_name]/firehose/\
> aurora_error_logs/"}]}'
$ aws glue create-crawler --name dbserver_aurora_general_logs \
> --database lake-fishing --role GlueServiceRole \
> --targets '{"S3Targets":[{"Path":"s3://[bucket_name]/firehose/\
> aurora_general_logs/"}]}'
$ aws glue create-crawler --name dbserver_aurora_slowquery_logs \
> --database lake-fishing --role GlueServiceRole \
> --targets '{"S3Targets":[{"Path":"s3://[bucket_name]/firehose/\
> aurora_slowquery_logs/"}]}'
```

各 Glue クローラを実行します。

```
$ aws glue start-crawler --name log-type
```

それぞれについてコマンドを実行すると、次のようになります。

```
$ aws glue start-crawler --name webserver_apache_access
$ aws glue start-crawler --name webserver_apache_error
$ aws glue start-crawler --name dbserver_aurora_audit_logs
$ aws glue start-crawler --name dbserver_aurora_error_logs
$ aws glue start-crawler --name dbserver_aurora_general_logs
$ aws glue start-crawler --name dbserver_aurora_slowquery_logs
```

なお、生成したログデータのカタログのテーブルやカラムに説明コメントを追加したいといったユースケースも多くあります。そのような場合、テーブル定義やそのカラム、パーティションなどにコメントなどを付与することが一般的です。

Glue の Data Catalog ではテーブル／パーティションのカラムに対してコメ

ントを付与できます。例えば、カラムに対して、そのカラムの具体的な内容と使い方を説明します。また、個人情報を含むカラムにはPIIのようなタグをコメントすることで、分析ユーザーに注意喚起することができます。

12.2.3 Blueprints でカタログを生成する

ここまで、Web Server ログやデータベースログのカタログを生成するために、Glue クローラを使用してきました。これは、この時点でS3に格納されたデータがJSONで、特別な設定なしに簡単にGlue クローラを利用できたためです。

一方で、ALBのアクセスログのような半構造化データを扱う場合、次のような方法があります。

- Glue クローラでカスタム分類子（Grok パターン）[3] を利用する
- DDL で正規表現ベースのテーブル定義を作成する

さらに、Lake Formation は Blueprints という仕組みがあり、ALB のアクセスログのためには専用の Blueprint が用意されているため、こちらがもっともおすすめです。Lake Formation Blueprints は典型的なデータ入力を自動化する機能で、Glue Workflow ／ ETL ジョブ／クローラ等の Glue の機能を使用します。

今回は、Lake Formation Blueprints を活用して ALB ログのカタログを生成していきます。

1. Data Lake Administrator の登録

第5章で作成した IAM ユーザーを Data Lake Administrator として登録します。

1. Lake Formation コンソールを開く
2. 左側メニューから［Admins and database creators］を開く（初めて Lake Formation を利用する場合は、［Welcome to Lake Formation］ダイアログから［Add administrators］ボタンをクリックし、4に進みます）
3. ［Data lake administrators］の［Grant］ボタンをクリックする
4. ［Manage data lake administrators］ダイアログで、第5章で作成したIAMユーザーを追加し［Save］をクリックする

[3] https://docs.aws.amazon.com/ja_jp/glue/latest/dg/custom-classifier.html#custom-classifier-grok

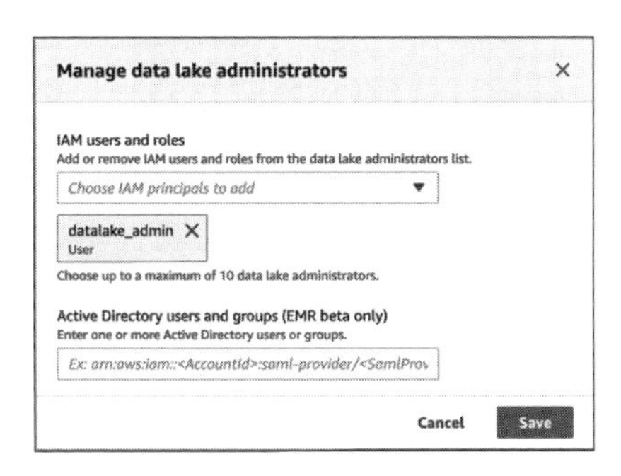

図 12.7　IAM ユーザーの追加

2. S3 パスの登録

1. Lake Formation コンソールで左側メニューから［Data lake locations］を開く
2. ［Register location］ボタンをクリックする
3. s3://[bucket_name] を入力し、［Register location］ボタンをクリックする

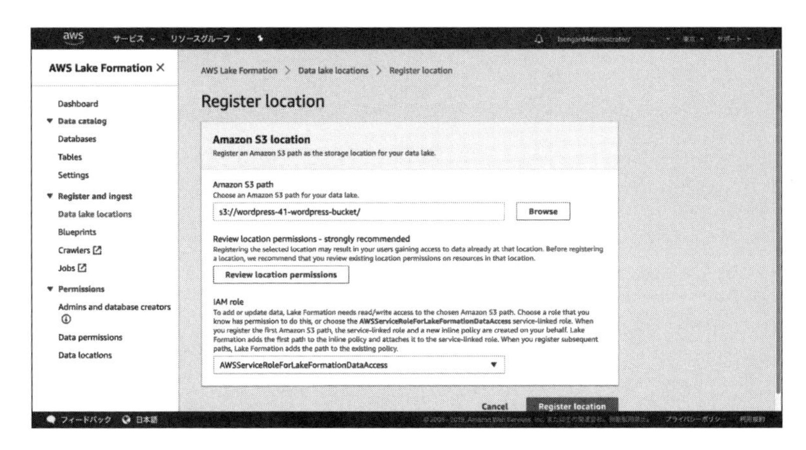

図 12.8　Register location

3. Data Location 権限の付与

1. Lake Formation コンソールで左側メニューから［Data locations］を開く
2. ［Grant］ボタンをクリックする
3. ［IAM user and roles］に 5 章で作成した IAM ユーザーと［GlueService-Role］を選択し、［Storage locations］に s3://[bucket_name] を入力し、［Grant］ボタンをクリックする

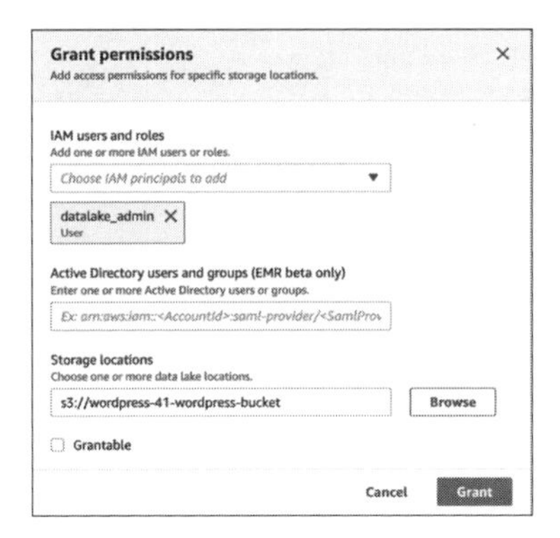

図 12.9　Data locations

4. Data Permission の付与

1. Lake Formation コンソールでメニューから［Data permissions］を開く
2. ［Grant］ボタンをクリックする
3. ［IAM user and roles］に［GlueServiceRole］を、［Database］に［lake-fishing］を、［Database permissions］に［Create table］［Alter］［Drop］を選択し、［Grant］ボタンをクリックする

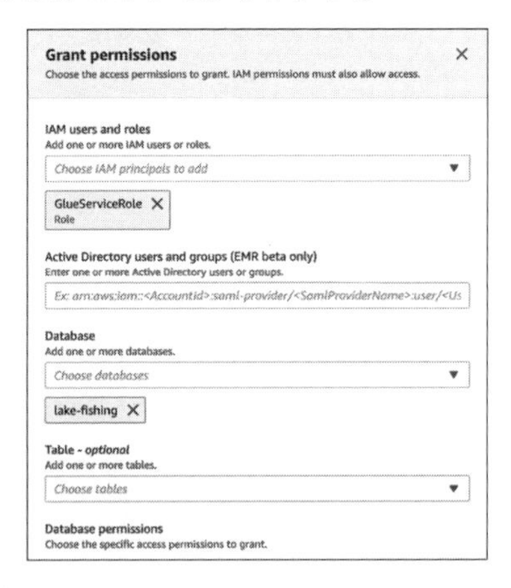

図 12.10　Data permissions

5. Workflow の作成

1. Lake Formation コンソールで左側メニューから［Blueprints］を開く
2. ［Use blueprint］ボタンをクリックする
3. ［Use a blueprint］ウィザードで次のように入力する
    - ［Blueprint type］で［Application Load Balancer logs］を選択する

- ［Import source］の［Choose your Application Load Balancer log in Amazon S3］で次の S3 パスを入力する[4]。
  - (a) `s3://[bucket_name]/AWSLogs/[account_ID]/elasticloadbalancing/`
  - (b) ［Import source］の［Start date］にインポートを開始したい日付を入力する
  - (c) ［Import target］の［Target database］に［lake-fishing］を選択する
- ［Import target］の［Target storage location］に次のパスを入力する
  - `s3://[bucket_name]/imported_alb_logs/`
- ［Import options］の［Workflow name］に lakeformation-alb を入力する
- ［Import options］の［IAM role］に［GlueServiceRole］を選択する
- ［Import options］の［Table prefix］に alb を入力する
- ［Create］ボタンをクリックする

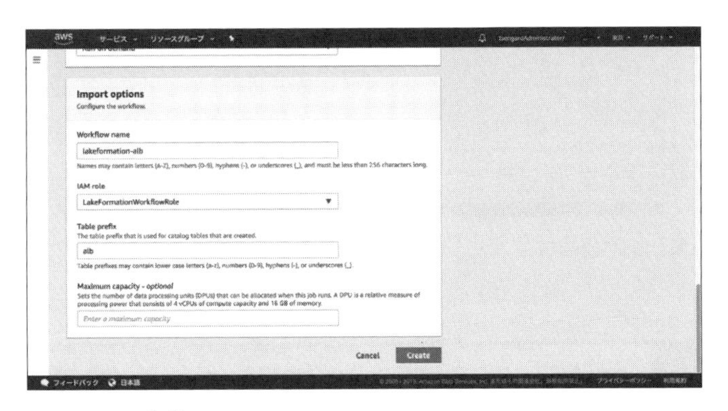

図 12.11　Workflow の作成

数分待つと Blueprint の作成が完了するため、［Start it now?］ダイアログが表示されたことを確認します。

確認したら［Start it now?］をクリックします。これにより、Lake Formation Blueprint によって作成された Glue workflow が実行されます。以上の手順により、Lake Formation Blueprint を利用して ALB のログをカタログ化することができます。

[4] パスに region 名まで含めないよう注意してください。次のようなパスを設定すると途中のジョブが失敗します。`s3://[bucket_name]/AWSLogs/[account_ID]/elasticloadbalancing/[region_name]/`

12.2.4 作成したカタログを確認する

これまで、Glue クローラおよび Lake Formation Blueprints を活用してカタログを作成してきました。ここで、作成したカタログデータを見ていきたいと思います。

1. Glue コンソールを開く
2. 左側メニューから［データベース］をクリックする
3. ［lake-fishing］をクリックし、［lake-fishing のテーブル］をクリックする
4. 8 つのテーブルが作成されていることを確認する

図 12.12　カタログを確認する

12.3 ログ／メタデータのアクセス管理

データレイクのアクセスコントロールを考える場合、データストレージとメタデータの 2 つの観点でそれぞれ検討が必要です。

12.3.1 データのアクセスをコントロールする

S3 バケットに格納されたデータのアクセスをコントロールするには、次のような手段があります。

IAM Policy（ユーザーポリシー）：IAM ユーザーやロール単位で権限をコントロールする仕組み

S3 Bucket Policy（バケットポリシー）：S3 バケット単位で権限をコントロー

ルする仕組み

S3 Object ACL：S3 バケット上のオブジェクト単位で権限をコントロールする仕組み

S3 Block Public Access：S3 バケットを誤って公開設定にしないよう権限をコントロールする仕組み

S3 Access Points：VPC やチームなどのさまざまな単位で S3 バケットへ権限をコントロールする仕組み

Lake Formation permission：データレイクとして S3 を使う場合に、RDBMS ライクに権限を定義して一元管理する仕組み

データレイクとして使用する S3 バケットへのアクセス権限をシンプルに管理するには、Lake Formation によるアクセスコントロールが便利です。これは、おもに次の理由によります。

- テーブルレベルの権限管理
  Lake Formation 登場前までは、S3 のオブジェクトやパス単位での権限管理が一般的でした。一方でデータレイクでは（RDBMS のように）データベースやテーブルとして抽象化しデータを扱います。Lake Formation permission により、このデータベースやテーブルという粒度で、RDBMS ライクな記法で権限管理できるようになりました。

- 権限の一元管理
  Lake Formation 登場前までは、データレイクの IAM ユーザーやデータレイクのストレージとして使用する S3 バケットのバケットポリシーなど、さまざまな箇所に特定のリソースへの権限設定が必要でした。Lake Formation により、この権限を Lake Formation permission に集約できるようになりました。

今回は、前述の手順で ALB ログのメタデータを作成した際、S3 バケットを Lake Formation に登録し、Data location および Data permission を設定しました。以降の手順では Lake Formation パーミッションを使用して対象のデータを活用していきます。

12.3.2 メタデータのアクセスをコントロールする

メタデータのアクセスをコントロールするには、次のような手段があります。

- Glue Catalog Policy

今回は特にポリシーを設定せず制限しないこととします。

12.4 ログのデータへのアクセスを監査する

要件によっては、ログデータへのアクセスを厳密に監査する必要がある場合もあります。そのような場合、S3 バケットへのすべてのアクセスを記録するよう、あらかじめ設定しておく必要があります。

S3 バケットへのアクセスを記録する方法には次の 2 つがあります。

- CloudTrail データイベント
- S3 サーバーアクセスログ

CloudTrail はデフォルトでは S3 のデータレベルの操作（Put/Get 等）を記録せず、データイベントを有効化することで記録するようになります。S3 サーバーアクセスログについては事前にバケットの設定で有効としておく必要があります。なお、データイベントを有効化すると追加の料金が発生します。詳細については CloudTrail 料金ページ[5] を確認してください。

2020 年 2 月現在、CloudTrail でデータイベントを記録した場合、リクエスト情報のみが記録され、レスポンス情報は記録されません。各リクエストのアクセスの成否（HTTP ステータスコード等）についても記録したい場合、S3 サーバーアクセスログを利用しましょう。

12.5 ログ／メタデータを暗号化する

12.5.1 転送時の暗号化（encryption on the fly）

S3 はデフォルトで HTTP リクエストと HTTPS リクエストの両方を許可します。aws:SecureTransport 条件を設定することで、明示的に HTTPS のみを許可し HTTP を拒否するように設定できます。

現在使用している `s3://[bucket_name]/` のバケットポリシーで HTTPS のみを許可するよう設定します。

1. S3 コンソールを開き、対象のバケットをクリックする

[5] https://aws.amazon.com/jp/cloudtrail/pricing/?nc1=h_ls

2. ［アクセス権限］タブを開き、［バケットポリシー］ボタンをクリックする
3. 次のポリシーを入力して［保存］ボタンをクリックする

```
{
  "Version": "2012-10-17",
  "Statement": [
    {
      "Sid": "AllowSSLRequestsOnly",
      "Action": "s3:*",
      "Effect": "Deny",
      "Resource": [
        "arn:aws:s3:::[bucket_name]/",
        "arn:aws:s3:::[bucket_name]/*"
      ],
      "Condition": {
        "Bool": {
          "aws:SecureTransport": "false"
        }
      },
      "Principal": "*"
    }
  ]
}
```


注：CloudFormation で自動設定した場合は ALB ログ書き込み用のポリシーが設定されていますので、次のように Statement を追加するかたちで編集します。

```
{
    "Version": "2012-10-17",
    "Statement": [
        {
            "Effect": "Allow",
            "Principal": {
                "AWS": "arn:aws:iam::[ALB account ID]:root"
            },
            "Action": "s3:PutObject",
            "Resource": "arn:aws:s3:::[bucket_name]/*"
```

```
            },
            {
                "Effect": "Deny",
                "Action": "s3:*",
                "Resource": [
                    "arn:aws:s3:::[bucket_name]",
                    "arn:aws:s3:::[bucket_name]/*"
                ],
                "Condition": {
                    "Bool": {
                        "aws:SecureTransport": "false"
                    }
                },
                "Principal": "*"
            }
        ]
    }
```

なお、AWS Config[6] のマネージドルール s3-bucket-ssl-requests-only を設定することで、S3 バケットの設定が HTTPS のみに準拠しているかどうかチェックすることもできます。

12.6 保管時の暗号化（encryption at rest）

12.6.1 データの暗号化

S3 で保管されたデータを暗号化する手段としては以下があります。

サーバー側の暗号化：クライアント側で（暗号化せずに）データをアップロードし S3 側で暗号化する方法

[6] AWSリソースの設定を評価、監査、審査できるサービス。「s3-bucket-ssl-requests-only」 https://docs.aws.amazon.com/ja_jp/config/latest/developerguide/s3-bucket-ssl-requests-only.html、「AWS Config ルール s3-bucket-ssl-requests-only に準拠するには、どの S3 バケットポリシーを使用する必要がありますか?」 https://aws.amazon.com/jp/premiumsupport/knowledge-center/s3-bucket-policy-for-config-rule/

　　SSE-S3：S3 が暗号化キーを管理する
　　SSE-KMS：ユーザーが AWS KMS[7] で暗号化キーを管理する
　　SSE-C：ユーザーが独自の暗号化キーを管理する

クライアント側の暗号化：クライアント側でデータを暗号化してから S3 にアップロードする方法

データレイクの利用シーンでは異なる分散処理エンジンや機械学習フレームワークが使用される場合があるため、多くのケースで SSE-S3 や SSE-KMS のようなサーバー側の暗号化を用いることになるかと思います。

今回、S3 上のデータの暗号化にはシンプルに SSE-S3 を使用します。

1. S3 デフォルト暗号化の設定

1. S3 コンソールを開き、対象のバケットをクリックする
2. ［プロパティ］タブを開き、［デフォルト暗号化］をクリックする
3. ［AES-256］を選択して、［保存］ボタンをクリックする

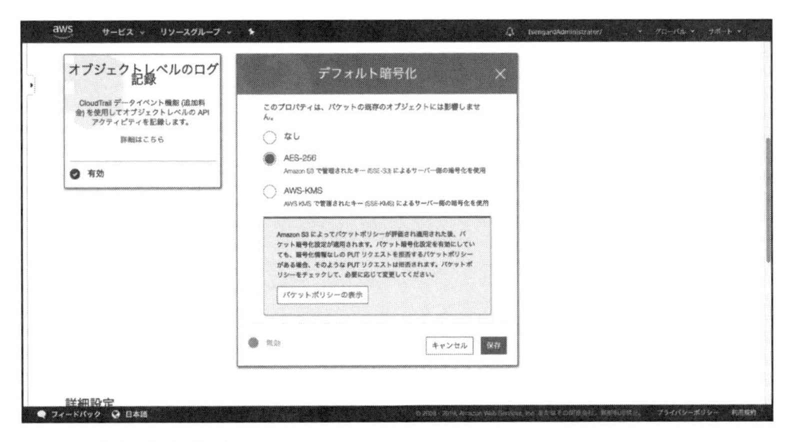

図 12.13　デフォルト暗号化

2. S3 バケット上の既存オブジェクトの暗号化

1. S3 コンソールを開き、対象のフォルダを選択する
2. ［アクション］から［暗号化の変更］をクリックする
3. ［AES-256］を選択して、［保存］ボタンをクリックする

[7] AWS KMS: データの暗号化やデジタル署名に使用するキーを簡単に作成して管理するサービス

12.6.2 メタデータの暗号化

Glue に格納されたメタデータについては、設定で次の要素を暗号化できます。

- データベース
- テーブル
- パーティション
- バージョン
- コネクション
- ユーザー定義関数
- Data Catalog の暗号化[8]

1. KMS CMK の作成

まず、暗号化のために KMS CMK を用意します。

1. KMS コンソールを開き、左側メニューから［カスタマー管理型のキー］をクリックする
2. ［キーの作成］ボタンをクリックする
3. ［対称］を選択し、［次へ］をクリックする

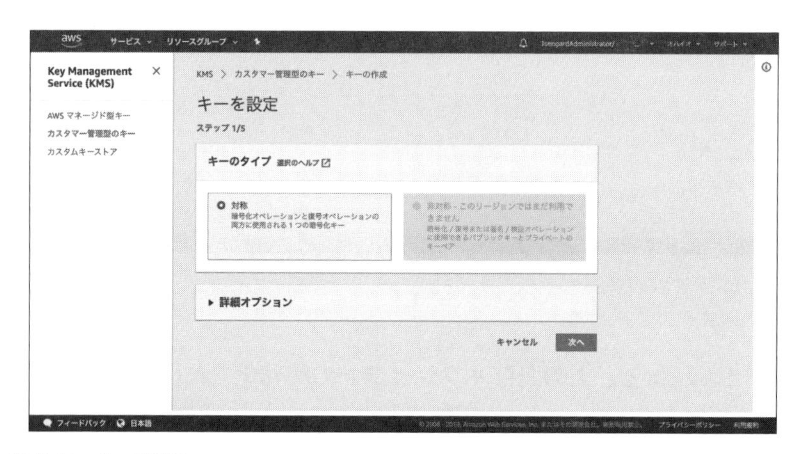

図 12.14 キーを設定

[8] https://docs.aws.amazon.com/ja_jp/glue/latest/dg/encrypt-glue-data-catalog.html

4. ［エイリアス］に datalake と入力し、［次へ］をクリックする

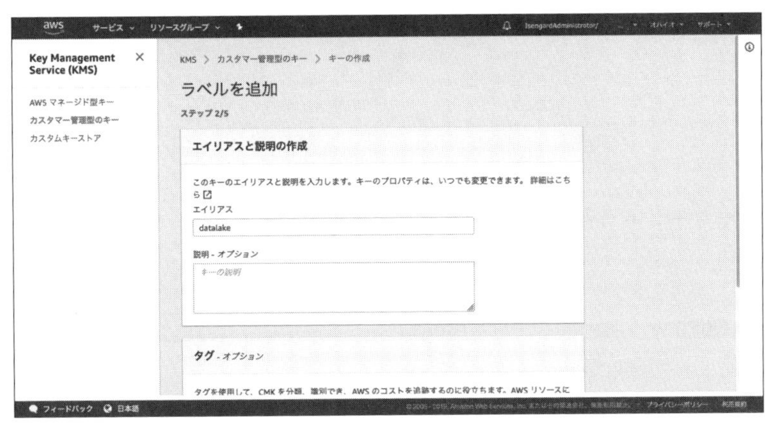

図 12.15　ラベルを追加

5. ［キー管理者］に第 5 章で作成した IAM ユーザーを選択し、［次へ］をクリックする

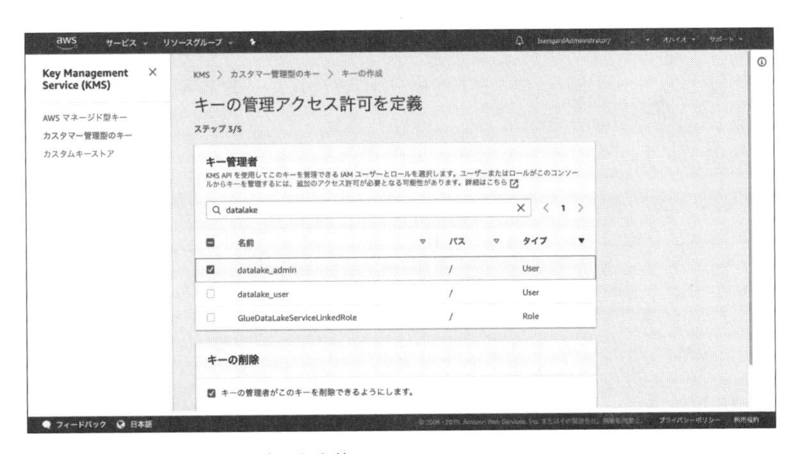

図 12.16　キーの管理アクセス許可を定義

6. ［キーの使用アクセス許可を定義］でキーを使用する IAM ロール［Glue-ServiceRole］を選択し、［次へ］をクリックする

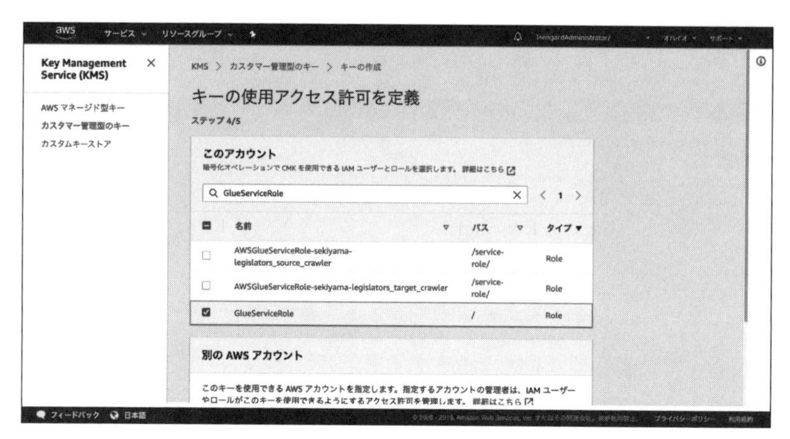

図 12.17　キーの使用アクセス許可を定義

7. ［完了］ボタンをクリックする

2. Glue メタデータの暗号化

それでは、暗号化していきましょう。

1. Glue コンソールを開き、左側メニューから［設定］を開く
2. ［メタデータの暗号化］にチェックを入れ、［AWS KMS キー］にエイリアス［datalake］を選択し、［保存］ボタンをクリックする

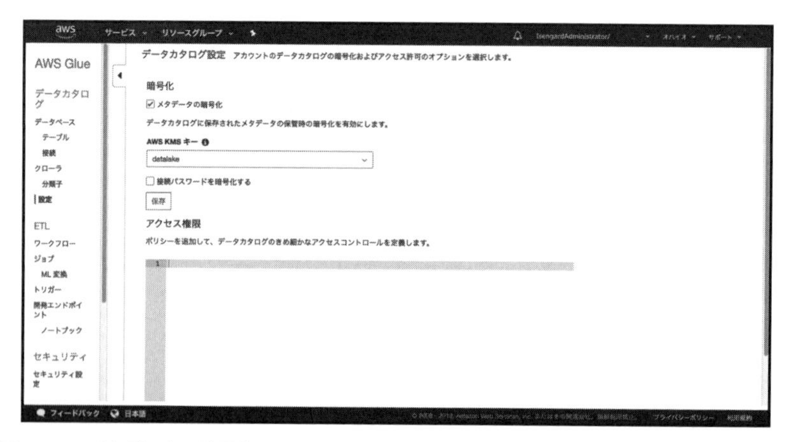

図 12.18　メタデータの暗号化

12.7 まとめ

本章では、次のことを実施しました。

- ログの保管（保存方法と保存期間の管理）、カタログ化、アクセス管理、暗号化の方法の解説
- ログのライフサイクル設定、クローラによるカタログ生成、暗号化

以上の手順により、データレイク用のS3バケットをベストプラクティスに沿って設定できました。このバケットは次章以降でも使用していきます。

第13章 ログを加工する

前章までで、ログのカタログ化が完了しました。分析をするときには、このカタログを確認することで、どのような分析が可能か簡単に確認できるようになりました。つまり、もう分析はできる状態になったわけです。

しかしながら、実世界の課題を解決するためにデータレイクを活用するとき、このままのデータではデータレイクの真価を発揮することができません。本章では、生データのデータレイクの課題を理解したうえで、分析用のデータレイクを構築していきます。パフォーマンス面とビジネス面の両方の観点でデータを加工し、後段の分析で使いやすい、効果的なデータレイクを作る方法を考えます。

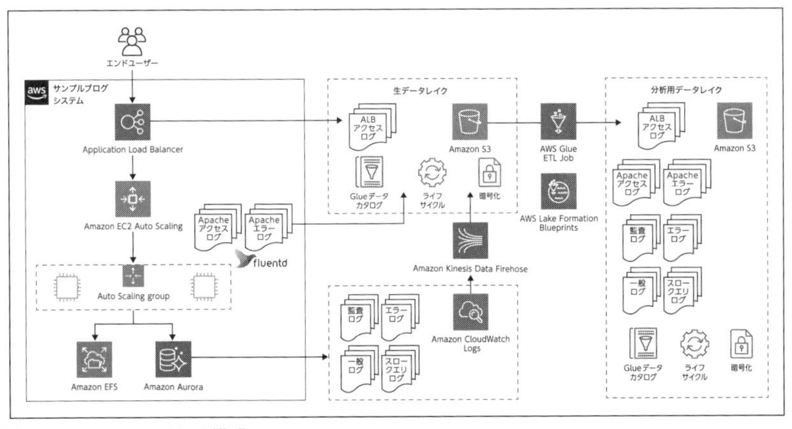

図 13.1　ETL システムの構成

なお、本章では各節にて ETL 用のコードスニペットを紹介し、最後に完成したETLコードを紹介し、カタログを再作成する構成としています。

13.1 生データの分析

前章までで、データレイクを構築し、生データを格納できました。こちらのデータレイクを試しに分析に使ってみます。

13.1.1 Amazon Athenaからのクエリ

ここでは、生データに対してAmazon Athenaからクエリします。カタログ化したメタデータはGlueのデータカタログに配置してあるので、Amazon Athenaからそのカタログを参照してクエリできます。では、実際に統計的なクエリを実行してみましょう。

1. Athenaコンソールを開く
2. 左側の［データベース］に［lake-fishing］を選択する
3. 次のクエリをAthenaコンソール上のエディタに貼り付ける

```
SELECT
    host,
    count(*)
FROM apache_access
GROUP BY host;
...
```

4. ［クエリの実行］ボタンをクリックすると、結果がテーブル形式で表示される

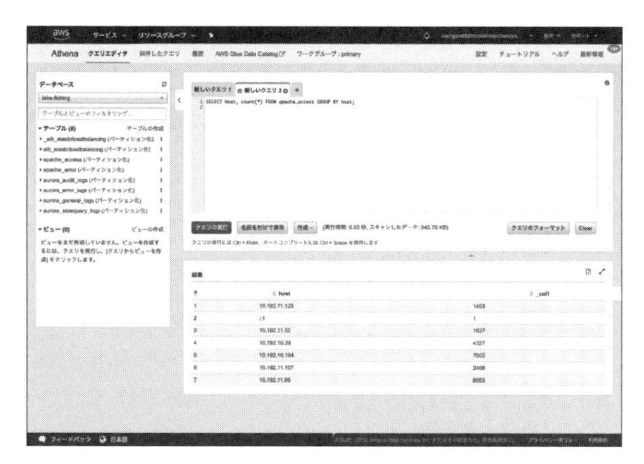

図 13.2 クエリの実行結果

今回はデータ量がまだ少ないので 6.63 秒でクエリが完了していますが、この後データ量が増大していく場合はパフォーマンス的に最適化する必要があるでしょう。

また、時間別に集計したいようなシチュエーションの場合、現状の Apache アクセスログのタイムスタンプそのままでは活用が難しいため、適切な型に変換していきたいところです。

13.1.2 生データ分析における課題

このように、生データを分析した場合、データの内容や分析の仕方によってはさまざまな課題が発生します。典型的な問題としては以下のようなものがあります。

- データの一部だけをクエリに使いたいのに、データのフルスキャンが発生してしまいパフォーマンスが想定よりも低い
- 大量の小さなファイルが出力されてしまい、クエリ時のオーバーヘッドが大きくなりパフォーマンスが想定より低い (※後述のコラムにて詳細を解説しています)
- データのタイムスタンプを分析時に使いたいのに、タイムスタンプのフォーマットが独自形式でうまくパース、キャストできない

このように、生データをそのままクエリするだけでは不足している部分を、パフォーマンス面とビジネス面の双方の観点で最適化していきましょう。

Column Small file issue とは

多くのHadoop系分散エンジンは、多数のサイズの小さなファイルを処理するのを苦手とし、パフォーマンスがあまり出ない傾向があります。これには、複数の理由があります。

- **分散処理アプリケーションへの影響**
  HadoopやSparkは先述のとおり入力ファイルをスプリットという単位に分割し、並列でそれを読み取り処理します。デフォルトでは、このスプリットのサイズはHDFSで128MB、S3で64MBまたは32MBです。このとき、大きなファイルはスプリットサイズをもとに複数のスプリットに分割されますが、スプリットサイズと比べて非常に小さなファイルについても1スプリットとして扱われます。例えば、MapReduceでは1KBのような小さなファイルも1つのスプリットとして扱われ、そこに1つのMapタスクが割り当てられるわけです。Sparkでも同様に、1つのスプリットが1つのRDDパーティションとして扱われれ、そこに1つのタスクが割り当てられます。これにより、タスク数が大きくなり、タスクごとのオーバーヘッドが積み重なって、分散処理アプリケーション全体のタスクスケジューリングのオーバーヘッドが増大します。

- **ストレージへの影響**
  HDFSにおいて、多数のサイズの小さなファイルを格納すると、HDFSのマスターノードであるNameNodeのメモリ使用量が増大します。また、アプリケーションからHDFS上の多数のファイルを参照する場合、NameNodeへのリクエストが増大し、高負荷につながります。HDFSのスレーブノードであるDataNodeからNameNodeへの通信も増大し、こちらもNameNodeの負荷につながります。

一方で、S3の場合、HDFSのNameNodeのように管理する必要のあるコンポーネントはないため、メモリ使用量のような値はとくに気にする必要はありません。別の観点として、S3はリクエスト数について課金します。多数のファイルを読み書きする場合、結果としてリクエスト数が大きくなり、その部分の料金が高くなる可能性があります。

13.2 分析用データレイクの構築

これまでで、生データを用いた分析についてはいったんの目処が立ちました。しかし、データの量が大幅に増大した場合、分析クエリのパフォーマンスやコストに改善の余地がありそうです。

それでは、この生データのデータレイクを、分析用データレイクに加工していきます。

第10章に記載したとおり、今回の分析要件は次のとおりです。

データの保存期間／クエリスキャン範囲：5年

13.2.1 パフォーマンス観点の加工

ここでは、データを前処理して最適化し、パフォーマンスとコストを改善します。具体的な方法としては、おもに次のものがあります。

- ファイルフォーマット変換／圧縮
- 集約（コンパクション）
- パーティショニング
- バケッティング

これから、それぞれの具体的な内容と実現方法を見ていきます。

13.2.2 ファイルフォーマット変換／圧縮

今回、ログデータを分析する際には分析系の統計／集約クエリが大部分を占める想定ですので、列指向フォーマットのParquetを選択します。これにより、特定のカラムについて分析する際に、必要なカラムだけをスキャンすることで、計算量を減らしコストを抑えることができます。この、特定のカラムだけをスキャンすることをProjection Pushdownと呼びます。後段の分析クエリに最適化されたファイルフォーマットに変換し、Projection Pushdownを活用できるようにするのが狙いです。

一般に、ファイルフォーマット変換には次のような手段がとられます。

- プログラマティックなETL
    Pandas（PyArrow）：

Apache Hive：Hive QL+UDF
Apache Spark：DataFrame

- SQLベースのETL
  Apache Hive：CTAS（Hive QL）
  Presto：CTAS（SQL）
  Apache Spark：CTAS（Spark SQL）

ここではGlue上のApache Sparkで、S3上にアップロードしたログデータのフォーマットをParquetに変換していきます。

1. Glueコンソールを開き、左側メニューの［ジョブ］をクリックする
2. 画面上部の［ジョブの追加］ボタンをクリックする
3. ［ジョブプロパティの設定］ダイアログで以下を設定し、［次へ］ボタンをクリックする
   - ［名前］にlake-fishing-aurora_audit_logs-json2parquetと入力する
   - ［IAMロール］に［GlueServiceRole］を選択する
   - ［Type］に［Spark］を、［Glue version］に［Spark 2.4, Python 3 (Glue Version 1.0)］を選択する
   - ［このジョブ実行］で［ユーザーが作成する新しいスクリプト］を選択する
4. ［接続］ダイアログで（何も変更せずに）［ジョブを保存してスクリプトを編集する］ボタンをクリックする
5. スクリプト編集画面で、次のソースコードを入力する
   - `[bucket_name]`を置換する

```
from pyspark.context import SparkContext
from awsglue.context import GlueContext
from awsglue.job import Job

glue_context = GlueContext(SparkContext.getOrCreate())
spark = glue_context.spark_session
job = Job(glue_context)
job.init('conversion')

# Create DynamicFrame from Catalog
dyf = glue_context.create_dynamic_frame.from_catalog(
    name_space='lake-fishing',
    table_name='aurora_audit_logs',
```

```
    transformation_ctx='dyf'
)

# Write DynamicFrame to S3 in glueparquet
glue_context.write_dynamic_frame_from_options(
    frame= dyf,
    connection_type='s3',
    connection_options= {
        'path': 's3://[bucket_name]/conversion/aurora_a
udit_logs/'
    },
    format='glueparquet'
)

job.commit()
```

6. 画面上部の［保存］ボタンをクリックしたのち、［ジョブの実行］ボタンをクリックする

これで、10分ほど待つと、ジョブの実行が完了し、出力先のS3パスに新しいファイルが作成されます。

このスクリプトは、これまでに作成したGlueデータカタログのテーブル情報から、AWS Glueのデータ表現であるDynamicFrameを作成し、このDynamicFrameをParquetフォーマットで別のS3パスに書き出す、という内容となっています。

なお、Glueジョブを作成するための詳細についてはドキュメント[1]で説明しています。

DynamicFrameはGlue独自のデータ表現で、Sparkのデータ表現であるDataFrameと相互に変換可能です。SparkのDataFrameがテーブル操作のために設計されたのに対して、GlueのDynamicFrameはETLのために設計されています。DynamicFrameではDataFrameと異なり、最初にスキーマを必要とせず、必要に応じてスキーマを計算します。つまり、読み込んだデータの要件とユースケースに合わせて、あとから自由にスキーマを決定できます。ほかにもETLワークロードのためのさまざまな機能を提供していますので、適宜DataFrameと組み合わせて使い分けると便利です。

ところで、GlueでDynamicFrameをS3に書き出す場合、出力ファイルのフォー

[1] https://docs.aws.amazon.com/ja_jp/glue/latest/dg/add-job.html

マットを指定するオプションがあります。Parquet フォーマットに変換したい場合、`parquet` と `glueparquet` の 2 種類を設定できるようになっています。このうち、`glueparquet` がおすすめです。これは、`glueparquet` が DynamicFrame の書き出しにパフォーマンス面で最適化されているためです。`glueparquet` を指定した場合、圧縮コーデックにはデフォルトで Snappy が使用されます。

書き出した Parquet ファイルの内容を確認する方法としては、Spark のほかにも次のような方法があります。

- parquet-tools[2]
- parquet-cli[3]
- S3 SELECT
- Pandas[4]

ファイルの中身を見るだけであれば S3 SELECT が手っ取り早いです。S3 SELECT とは、S3 上に保管したファイルにクエリしてデータを参照する S3 の機能です。CSV / JSON / Parquet 形式に対応していますので、この機能を使うだけで Parquet データを参照できます。

1. S3 コンソールで対象のファイルを開く

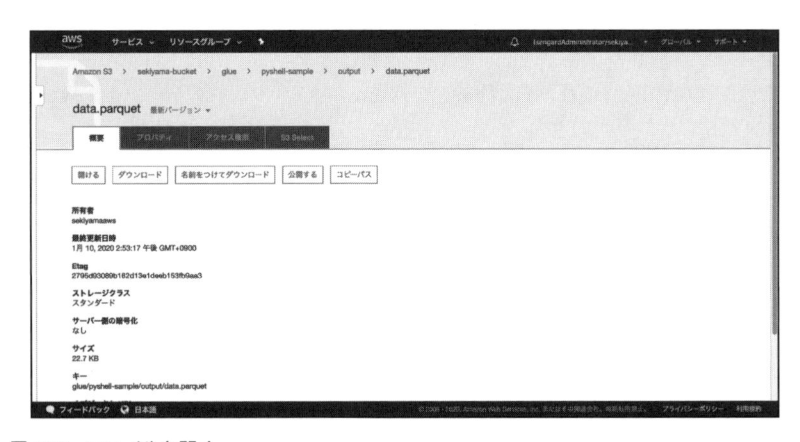

図 13.3　ファイルを開く

[2] https://github.com/apache/parquet-mr/tree/master/parquet-tools
[3] https://github.com/apache/parquet-mr/tree/master/parquet-cli
[4] https://pandas.pydata.org/

2. ［S3 Select］タブを開き、次のようなクエリを実行する

```
select * from s3object s limit 5
```

図 13.4 クエリの実行

S3 SELECT の詳細についてはブログ記事[5] を確認してください。

13.2.3 Pandas と PyArrow を用いたフォーマット変換

先ほどまでは Glue ETL ジョブの 2 種類のジョブ（Spark / Python Shell）のうち、Spark ジョブを使用しました。Spark ジョブは並列処理を簡単にスケールできますが、入力データが小さな場合[6] はオーバースペックになることがあります。そのような小規模な ETL の場合は、Python Shell で簡潔にジョブを記述することで、クイックな ETL を実現できます。

1. PyArrow 用に外部ライブラリの Wheel ファイルを用意する
   - ローカルに `setup.py` という名前で新規のファイルを作成し、次のコードを入力する

```
from setuptools import setup
```

[5] https://aws.amazon.com/jp/blogs/news/s3-glacier-select/

[6] 多くの場合、100MB 未満あれば Python Shell、10GB 以上であれば Spark、そのあいだについてはユースケースをもとに実測して判断するというのがベースラインとなるでしょう。

```
setup(
    name="pyarrow_module",
    version="0.1",
    packages=['pyarrow_module'],
    install_requires=['pyarrow', 'pandas']
)
```

2. pyarrow_module という名前で新規ディレクトリを作成し、次のようにコマンドを実行する

```
$ mkdir pyarrow_module
$ python3 setup.py bdist_wheel -d whl
```

3. whl ディレクトリに出力された.whl ファイルを S3 にアップロードする

```
$ aws s3 cp ./pyarrow-0.15-py3-none-any.whl \
> s3://[bucket_name]/[path_to_prefix]/
```

4. Glue コンソールを開き、左側メニューから［ジョブ］をクリックする
5. ［ジョブの追加］ボタンをクリックする
6. 各種設定値を入力して、［次へ］ボタンをクリックする
    - ［名前］に pyshell-sample を入力する
    - ［IAM ロール］に［GlueServiceRole］を選択する
    - ［Type］に［Python shell］を選択する
    - ［ユーザーが作成する新しいスクリプト］を選択する
    - ［セキュリティ設定、スクリプトライブラリおよびジョブパラメータ（任意）］の［参照されるファイルパス］に、さきほどアップロードした.whl ファイルのパス s3://[bucket_name]/[path_to_prefix]/pyarrow-0.15-py3-none-any.whl を指定する
7. ［接続］ダイアログで（何も変更せずに）［ジョブを保存してスクリプトを編集する］ボタンをクリックする
8. 次のサンプルコードを入力して、［保存］ボタンをクリックし、［ジョブの実行］ボタンをクリックする

次のサンプルコードでは、Pandas[7] と PyArrow[8] という 2 種類のライブラリを併用して、ファイルフォーマットを変換しています。

なお、サンプルコードを動作させるには、コードを次のように編集したうえで、ジョブスクリプトに入力します。

[7] Python でデータ解析を支援するライブラリ
[8] インメモリデータ表現 Apache Arrow を Python から扱うライブラリ

- [path_to_output]/data.parquet を目的のファイルパスに置換する

```
import pyarrow as pa
import pyarrow.parquet as pq
import pandas as pd
import boto3
import urllib
import os

s3 = boto3.resource('s3')

# Download: S3 (TSV) -> Local
input_url = 's3://amazon-reviews-pds/tsv/sample_us.tsv'
input_o = urllib.parse.urlparse(input_url)
input_bucket = input_o.netloc
input_key = urllib.parse.unquote(input_o.path)[1:]
tmp_input_filename = os.path.basename(input_key)
tmp_local_path = '/tmp/' + tmp_input_filename

s3.Object(input_bucket, input_key).download_file(tmp_local_p
ath)

# Convert: TSV -> Pandas DataFrame
pdf = pd.read_csv(tmp_local_path, sep='\t')

# Convert: Pandas DataFrame -> Arrow Table
table = pa.Table.from_pandas(pdf)

# Convert: Pandas DataFrame -> Parquet
root, ext = os.path.splitext(tmp_input_filename)
tmp_output_filename = root + '.parquet'
pq.write_table(table, tmp_output_filename)

# Upload: Local (Parquet) -> S3
output_url = 's3://[path_to_output]/data.parquet'
output_o = urllib.parse.urlparse(output_url)
output_bucket = output_o.netloc
output_key = urllib.parse.unquote(output_o.path)[1:]
s3.Object(output_bucket, output_key).upload_file(tmp_output_
filename)
```

ジョブ完了後、Parquetファイルが生成されますので、前述の手順でS3 SELECTによりファイル内容を確認してみましょう。

Column ファイルフォーマット／圧縮形式とスプリット可否

ファイルスプリット（file split）は、HadoopやSparkなどの分散エンジンが個別に読み取れるファイルの一部分を指します。これらの分散処理エンジンは、ひとかたまりのファイルをスプリット単位で分割して、並列に読み取って処理します。例えば、Hadoop MapReduceでは、このファイルスプリット単位でMapタスクが実行されます。

このファイルのスプリッティングは、あらゆるファイルフォーマット／圧縮形式で可能なわけではありません。例えば、CSVやJSONなどのテキストフォーマットに加えて、bzip2のようなブロックベースの圧縮フォーマットでは、スプリットが可能です。一方で、gzipのような圧縮フォーマットの場合、ファイルの区切りを識別する方法がないことからスプリットできないため、数十GB、数百GBのgzipファイルは複数のタスクで分担して処理することができず、1つのタスクが処理せざるを得ません。HadoopやSparkではこのような状態はパフォーマンスの問題やメモリ枯渇によるジョブ失敗を引き起こすことになります。このような形式のファイルは、単一の大きなファイルにするのではなく、あらかじめ複数の中規模（HDFSなら128MB未満、S3なら64MB未満）のファイルに分けておくことが重要です。

アルゴリズム	スプリット可否	圧縮の度合い	圧縮＋解凍速度
GZIP（DEFLATE）	いいえ	高い	普通
bzip2	はい	非常に高い	遅い
LZO	いいえ[a]	低い	速い
Snappy	いいえ	低い	とても速い

なお、ParquetやORCなどのカラムナフォーマットやAvro / SequenceFileのようなフォーマットでも、スプリットが可能です。これらの場合、圧縮形式が（本来スプリットできないはずの）SnappyやGZIPであったとしても、各ファイルフォーマットのメタデータなどを使用することでブロックの境界を識別し、スプリットできるようになっています。

[a] ただし、前処理の際にインデックス化されたLZOはスプリット可能です。

13.2.4 集約（コンパクション）

ログデータはその性質上、サイズの小さな複数のファイルから構成される場合がよくあります。ただ、このサイズの小さなファイルが大量に出力されてしまうと、多くの Hadoop 系分散エンジンでパフォーマンスが出ない傾向があります。詳細については後述のコラムを参照してください。このため、サイズの小さなファイルについては、ETL であらかじめひとまとめにまとめておくことで、その後の解析時のパフォーマンスを向上できます。

一般に、コンパクションには次のような手段がとられます。

- ファイルを出力する時点でのコンパクション
  - バッファリング
  - fluentd (バッファリング)
  - Kinesis Data Firehose (バッファリング)
- ファイルが出力されたあと、ETL におけるコンパクション
  - DistCP
  - Apache Spark

ここでは、Glue 上の Apache Spark を活用して、ファイルあたり 128MB から 1GB 程度となるようにコンパクションしていきます。

Apache Spark および Glue においてコンパクションのキーとなるメソッドが repartition（または coalesce）[9] です。例えば、

```
df = df.repartition(5)
```

とすると、対象の DataFrame/RDD のパーティション数が 5 になるように、シャッフルが実行されます。このとき、パーティションは均等に分散するように、ラウンドロビンで作成されます。

```
df = df.repartition(5, column_A)
```

[9] repartition および coalesce はいずれも Spark のパーティション数を変更するメソッド。repartition は必ずシャッフルを発生させるのに対して、coalesce はシャッフルを伴いません。ただし、coalesce はパーティション数を減らすときにのみ利用でき、増やすときには利用できません。また、パーティションごとのデータを分散しないため、データの偏りを引き起こす可能性があります。

Column ファイルサイズを指定したいとき

ちなみに、Apache Spark および Glue には、書き出し対象のファイルサイズを指定する機能はありません。あくまで、指定できるのは次のような要素です。

- パーティション数とパーティションカラム、書き出し先のパーティションスキーマ
- ファイルあたりの最大レコード数（Apache Spark 2.2 から導入された maxRecordsPerFile オプション）

ファイルフォーマット変換を伴わない場合、出力ファイルサイズは入力ファイルサイズとファイル数、パーティションの関係性からある程度事前に予測できます。一方で、ファイルフォーマット変換を伴う場合、特に圧縮を伴う場合は、あらかじめ出力ファイルサイズを予測するのは困難です。そのような状況でもファイルサイズをコントロールしたい場合は、いったん変換して書き出したファイルのサイズをチェックして、おおよそのパーティション数やレコード数とファイルサイズの関係性を推定するといったアプローチが可能です。

このようにすると、パーティションを作成するキーとして `column_A` カラムが使用されます。ラウンドロビンではなく任意のカラムをキーとすることで、DataFrame/RDD のデータ配置をコントロールし、そのあとに JOIN 等の処理に最適化できます。ただし、対象のカラムのカーディナリティが低いとパーティションがうまく分割されないため、カラムのカーディナリティについては事前に確認しましょう。

こちらの DataFrame を後述のパーティショニングにて year/month/day をキーに書き出した場合、`year/month/day` のディレクトリが作成され、1 ディレクトリあたり 500 ファイルが出力されることになります。これを、

```
df = df.repartition(['year','month','day'])
```

とすると、`year/month/day` のディレクトリ配下のファイルがひとつずつ出力されるようになります。これにより、ファイルをひとまとめにコンパクションすることが可能です。

今回は、出力ファイル数を 1 にしてみます。`create_dynamic_frame.from_cat`

alog と cwrite_dynamic_frame_from_options のあいだに 1 行加えるだけです。

```
dyf = dyf.repartition(1)
```

13.2.5 パーティショニング

ログデータは典型的な時系列データです。このデータをすべてのクエリで全ファイルスキャンするのは、パフォーマンスの観点で無駄が多く、現実的ではありません。Apache Hive ではこの課題に対処するために、特定のキーでディレクトリを分けて、クエリに関係するディレクトリ配下のファイルのみをスキャンする仕組みをとりました。このディレクトリのことを Hive パーティション、特定のキーでディレクトリを分けてデータを配置することをパーティショニングと呼びます。

Apache Hive の流儀でパーティショニングした場合、ディレクトリ構成は次のようにキー・バリューを含むかたちとなります。このパーティショニングの方法を Apache Hive スタイルのパーティショニングと呼びます。


```
path_to_output/[key1]=[value1]/[key2]=[value2]/[key3]=[value3]/...
```

この Apache Hive スタイルのパーティショニングは Apache Hive だけにとどまらず、Apache Spark や Presto などさまざまな分散処理エンジンでも採用されており、今日のパーティショニングのデファクトスタンダードとなっています。

Apache Hive スタイルでパーティショニングする際は、そのキーに日付カラムを選ぶことが一般的です。これは、一般に大部分の分析クエリが特定の期間を横断してカラムを集計／統計処理するクエリであるためです。日付でパーティショニングする場合は、次のようなパーティションスキーマのいずれかを選択する場合が多いです。なお、ここでは year/month/day でパーティショニングした例を紹介していますが、もちろん hour や minute 単位、あるいは週番号単位でのパーティショニングも可能です。

```
path_to_output/year=2020/month=3/day=1/...
```

```
path_to_output/dt=20200301/...
```

Column Nested Partitioning vs Flat Partitioning

Apache Hive スタイルでタイムスタンプをベースにパーティショニングする場合、おもに次の 2 種類の方法があります。

- Nested Partitioning
  `path_to_data/year=2019/month=12/day=9/`
- Flat Partitioning
  `path_to_data/dt=20191209/`

これらの 2 つの方法には、どのような違いがあるのでしょうか？

Partition Pruning[a] はいずれの場合でも有効です。また、パーティション配下のファイル数にも差はありません。違いがあるのは、おもに以下についてです。

- クエリの書き方
- Hive メタストアへの負荷

まず、クエリの書き方の違いについてみていきましょう。例えば、2019 年の 12 月のデータを参照したい場合、Nested Partitioning では次のようなクエリになります。

```
SELECT * FROM t WHERE year=2019 AND month=12
```

一方、Flat Partitioning では次のようなクエリになります。

```
SELECT * FROM t WHERE dt LIKE '201912%'
```

また、2019 年 10 月から 12 月のデータを参照したい場合、Nested Partitioning では次のようなクエリになります。

```
SELECT * FROM t WHERE year=2019 AND (month=10 OR month=11 O
R month=12)
```

一方、Flat Partitioning では次のようなクエリになります。

```
SELECT * FROM t WHERE dt BETWEEN '20191001' AND '20191231'
```

以上のような性質を踏まえると、年月粒度でのクエリが多い場合は Nested Partitioning がクエリをよりシンプルに書けますし、日付粒度でのクエリが多い場合や日付に対して BETWEEN/IN/LIKE 句を使用したい場合は Flat Partitioning がベターでしょう。

次に、Hive メタストアへの負荷について考えます。Apache Hive では新しいパーティションを作るということは、新しいフォルダが作られることを意味します。dt=20191209 の場合に 1 フォルダが作られるのに対して、year=2019/month=12/day=9 の場合は 3 フォルダが作られます。これにより、Hive メタストアにより多くのエントリが作られ、より多くの負荷につながります。なお、Hive メタストアとして Glue Data Catalog を使用している場合は、マネージドサービスのためこの影響について考える必要はありません。

[a] 必要なパーティションだけを読み取り、それ以外を処理対象から除外すること。

一般に、パーティショニングしてファイルを配置するには次のような手段がとられます。

- ファイルを出力する時点でのパーティショニング
  - Kinesis Data Firehose（出力先ファイルパスのカスタマイズ）
- ファイルが出力されたあとの時点での ETL におけるパーティショニング
  - Apache Hive
  - Apache Spark

ここでは、Glue 上の Apache Spark を活用して、Firehose 経由で出力された Aurora Audit Logs をパーティショニングしていきます。データの保存期間／クエリスキャン範囲を 5 年とする分析要件を踏まえて、パーティションスキーマは year/month/day とします。この場合、5 年ぶんのデータを蓄積した際のパーティション数は 5 × 365=1825 となり、多すぎない適切な数です。

ジョブスクリプトに次のコードをコピー&ペーストし、[bucket_name] を置換します。

```
from pyspark.sql.functions import *
from pyspark.context import SparkContext
from awsglue.transforms import *
from awsglue.context import GlueContext
from awsglue.job import Job
from awsglue.dynamicframe import DynamicFrame
```

```
glue_context = GlueContext(SparkContext.getOrCreate())
spark = glue_context.spark_session
job = Job(glue_context)
job.init('partitioning')

# Create DynamicFrame from Catalog
dyf = glue_context.create_dynamic_frame.from_catalog(
    name_space='lake-fishing',
    table_name='aurora_audit_logs',
    transformation_ctx='dyf'
)

# Rename fields into human readable format
dyf = dyf.rename_field("partition_0", "year") \
         .rename_field("partition_1", "month") \
         .rename_field("partition_2", "day") \
         .rename_field("partition_3", "hour")

# Repartition based on partition columns
df = dyf.toDF().repartition(1, "year", "month", "day")
dyf = DynamicFrame.fromDF(df, glue_context, "dyf")

# Write DynamicFrame to S3 in glueparquet
glue_context.write_dynamic_frame_from_options(
    frame= dyf,
    connection_type='s3',
    connection_options= {
        'path': 's3://[bucket_name]/partitioning/aurora_audit_l
ogs/',
        'partitionKeys': ["year", "month", "day"]
    },
    format='glueparquet'
)
```

DataFrameの場合は次のようにパーティションキーを指定します。

```
df.write.mode('overwrite')\
    .partitionBy('year','month','day')\
    .parquet('s3://path_to_output/')
```

Column 日付カラムがない…!?

元データにもともと year/month/day や dt などの日付カラムがある場合、既存のカラムをベースにパーティショニングすればいいので楽です。一方、特にログデータには ISO さまざまなタイムスタンプフォーマットが存在し、そのままではパーティションカラムに使えないものも多々あります。

- ISO 8601 (e.g. 2020-03-01T13:50:40+09:00)
- unix time (e.g. 1574424823)
- Apache log style

このような場合、該当するタイムスタンプカラムを TIMESTAMP 型に変換／キャストして、year/month/day を抽出するアプローチがお勧めです。いったん TIMESTAMP 型にさえ変換してしまえば、Apache Spark の強力なタイムスタンプ系関数を活用して、目的を実現できます。

DataFrame の場合は withColumn、DynamicFrame の場合は Map クラスを活用することで、新規のカラムを追加できます。さきほどのように抽出した情報をもとに、パーティションカラムを追加し、パーティショニングに利用します。

例えば、TIMESTAMP 型に変換したカラムの名前が timestamp_column の場合、DataFrame では次のようにカラムを追加します。

```
df = df\
    .withColumn('year', year("timestamp_column"))\
    .withColumn('month', month("timestamp_column"))\
    .withColumn('day', dayofmonth("timestamp_column"))
```

DynamicFrame の場合は次のようになります。

```
def add_timestamp_column(record):
    dt = record["timestamp_column"]
    record["year"] = dt.year
    record["month"] = dt.month
```

```
        record["day"] = dt.day
        return record

    dyf = dyf.map(add_timestamp_column)
```

なお、ここでの record は DynamicRecord、'record["timestamp_column"]' は TIMESTAMP 型に変更済みのカラムなので型は datetime.datetime です。

パーティショニングしてデータを書き込んでおくと、分析時のフィルタに便利ということはご理解いただけたかと思います。それでは、できるだけたくさんのパーティションを作れば作るほどよいのでしょうか？ …そんなことはありません。

パーティションが多いということは、パーティションのスキャンに時間がかかるということです。Glue では単一テーブルのパーティション数の上限値はデフォルトで 1000 万となっています。ただ、1000 万パーティションを推奨しているというわけではありません。Glue に限らず一般的な傾向として、100 万パーティションを超えたあたりから徐々にパフォーマンスインパクトが顕著になり始めます。実際に利用する分析クエリにて検証しつつ、ちょうどよいパーティション数となるようにチューニングすることをお勧めします。

13.2.6 バケッティング

パーティショニング以外にパフォーマンスを最適化するためのテクノロジーに、バケッティングがあります。バケッティングでは、ひとつ以上のカラムを指定して、それらのカラムの値に基づいてデータを複数のファイルに分けます。つまり、指定したカラムの値が同じレコードは、すべて同じファイルに書き出されます。この処理によって、カラムに特定の値を含むレコードのみをクエリ対象としたときに、読み込むデータ量を大幅に削減することができます。

例えば、2 つのテーブルを JOIN する場合、同じカラムでバケット化されていて JOIN のキーにそのカラムを使うと、通常よりも効率のよい JOIN（Map-side JOIN）となります。これは、Map-side JOIN はデータのシャッフリングを回避できるためです。データのシャッフリングは多くの JOIN クエリのボトルネックとなるため、そのようなクエリが多い場合はバケッティングの効果が期待できます。一方で、書き込みのパフォーマンスはバケッティングしない場合のほうが優れています。ユースケースに応じてバケッティングの利用を検討するとよいでしょう。

一般に、バケッティングには次のような手段がとられます。

- Apache Hive
- Apache Spark

ここでは、Glue 上の Apache Spark を活用して、DataFrame でバケッティングしてみます[10]。

```
df.write.bucketBy(10, " id" ).saveAsTable("bucketed_table")
```

Apache Hive でバケッティングする場合は、次のように CLUSTERED BY 句を使います。

```
CREATE TABLE bucketed_table (id INT, name STRING)
CLUSTERED BY (id) INTO 10 BUCKETS;
```

13.3 ビジネス観点の加工

ビジネス観点の加工としては、分析時の要件に合わせて、次の前処理を実施し、ビジネス的に活用しやすいデータに変換していきます。

- クレンジング
- 不要フィールドの削除
- マスキング
- データ型の変換 (string → timestamp)
- ネスト解除
- タイムゾーンの変更

以上のうち、今回は後段の解析のために、次の観点で加工していきます。

- 不要フィールドの削除
- マスキング
- データ型の変換 (string → timestamp)

[10] Apache Spark のバケッティングでは、Spark Executor 単位でのバケッティングとなるため、出力ファイル全体で同じキーが 1 つのファイルにまとまるわけではない点に注意してください。

13.3.1 不要フィールドの削除

ログデータの中には、データレイクとしては不要なフィールドが含まれる場合があります。今回の構成にはとくに削除すべきカラムなどは含まれませんが、Apache アクセスログのインスタンス ID カラムが 2 つあるので、一例として一方を削除してみます。

```
dyf = dyf.drop_fields("instanceid")
```

13.3.2 マスキング

ログデータの中には、機密情報など、データレイクとして扱ううえでマスキングすべきカラムが存在する場合があります。今回の構成にはとくに秘匿すべき情報などは含まれませんが、一例として Apache アクセスログの `instance_id` をマスクしてみます。

```
def mask(record):
  record["instance_id"] = '******'
  return record

dyf = dyf.map(mask)
```

13.3.3 データ型の変換（string → timestamp）

Glue では DynamicFrame の `apply_mapping` メソッドを使用することで簡単にデータ型を変換できます。次のスクリプトでは、`timestamp_col` という名前のカラムを（`string` から）`timestamp` に変換しています。

```
mapping = []
for field in dyf.schema():
    if field.name == 'timestamp_col':
        mapping.append((
            field.name,
            field.dataType.typeName(),
```

```
            field.name, 'timestamp'
        ))
        else:
            mapping.append((
                field.name,
                field.dataType.typeName(),
                field.name,
                field.dataType.typeName()
        ))
print(mapping)

dyf = dyf.apply_mapping(mapping)
```

ただ、今回対象としているログデータのうち、Apacheアクセスログの日付フォーマットは09/Dec/2019:04:59:55 +0000のようになっており、そのままではタイムスタンプ型に変換できません。このため、この文字列をパースしてタイムスタンプ型に変換するために、次のような処理が必要になります。


```
 month_map = {
     'Jan': 1, 'Feb': 2, 'Mar':3, 'Apr':4, 'May':5, 'Jun':6, 'J
ul':7, 'Aug':8, 'Sep': 9, 'Oct':10, 'Nov': 11, 'Dec': 12
 }

 def parse_clf_time(s):
     return "{0:02d}-{1:02d}-{2:02d} {3:02d}:{4:02d}:{5:02d}".f
ormat(
         int(s[7:11]),
         month_map[s[3:6]],
         int(s[0:2]),
         int(s[12:14]),
         int(s[15:17]),
         int(s[18:20])
     )

 def convert_timestamp(record):
     record["parsed_timestamp"] = parse_clf_time(record["time"]
)
```

```
    return record

dyf = dyf.map(convert_timestamp)

mapping = []
for field in dyf.schema():
    if field.name == 'parsed_timestamp':
        mapping.append((
            field.name,
            field.dataType.typeName(),
            field.name, 'timestamp'
                ))
    else:
        mapping.append((
            field.name,
            field.dataType.typeName(),
            field.name,
            field.dataType.typeName()
))
print(mapping)

dyf = dyf.apply_mapping(mapping)
```

13.3.4 最終的な ETL スクリプト

次のコマンドを実行して、datalake-book-workdir/chapter13/ ディレクトリを作成して、そのディレクトリ配下に最終的な ETL スクリプトのソースコードをダウンロードしていきます。

```
$ mkdir -p datalake-book-workdir/chapter13/
$ cd datalake-book-workdir/chapter13/
$ aws s3 sync s3://aws-jp-datalake-book/chapter13/ . --exclude "*data/*"
```

chapter13 ディレクトリ次のファイルの階層は次のようになります。

```
└── code
    ├── etl_apache_access.py
    ├── etl_apache_error.py
    ├── etl_aurora_audit_logs.py
```

```
        ├── etl_aurora_general_error_logs.py
        └── etl_aurora_slowquery_logs.py
```

Web Server アクセスログ

s3://[bucket_name]/apache_access/

etl_apache_access.py は Web Server アクセスログ用のスクリプトです。Glue ETL ジョブのスクリプトにコピー&ペーストして実行します。なお、あらかじめ [bucket_name] は置換しておきます。

Web Server エラーログ

s3://[bucket_name]/apache_error/

etl_apache_error.py は Web Server エラーログ用のスクリプトです。[bucket_name] は置換します。ほとんどアクセスログのものと同じですが、time カラムのフォーマットが違うのでパース用の関数を書き換えています。

データベース監査ログ

s3://[bucket_name]/firehose/aurora_audit_logs/

Aurora の監査ログは message カラムに CSV 形式で格納されています。ETL スクリプト etl_aurora_audit_logs.py をコピー&ペーストして実行します。[bucket_name] は置換します。

データベースエラーログ

s3://[bucket_name]/firehose/aurora_error_logs/

データベース一般ログ

s3://[bucket_name]/firehose/aurora_general_logs/

Aurora MySQL のエラーログ、一般ログは監査ログと同様に message カラムに格納されています。そのままでも十分使えるので今回はとくにパースしません。ETL スクリプト etl_aurora_general_error_logs.py をコピー&ペーストして実行します。[bucket_name] は置換します。一般ログの場合は、aurora_error_logs を aurora_general_logs に置き換えます。

■ データベーススロークエリログ

s3://[bucket_name]/firehose/aurora_slowquery_logs/

Aurora MySQL のスロークエリログは message カラムに独自の形式で格納されています。この部分はうまくパースする必要があります。ETL スクリプト etl_aurora_slowquery_logs.py をコピー＆ペーストして実行します。[bucket_name] は置換します。

13.3.5 ETL 後のカタログの最新化

ETL で加工したファイルについて、カタログを作成していきます。まず、Glue クローラを作成します。[bucket_name] は置換します。

```
$ aws glue create-crawler --name analytic_webserver_apache_access \
> --database lake-fishing --table-prefix analytic_ \
> --role GlueServiceRole --targets '{"S3Targets":[{"Path":\
> "s3://[bucket_name]/analytic/apache_access"}]}'
$ aws glue create-crawler --name analytic_webserver_apache_error \
> --database lake-fishing --table-prefix analytic_ \
> --role GlueServiceRole --targets '{"S3Targets":[{"Path":\
> "s3://[bucket_name]/analytic/apache_error"}]}'
$ aws glue create-crawler --name analytic_dbserver_aurora_audit_logs \
> --database lake-fishing --table-prefix analytic_ \
> --role GlueServiceRole --targets '{"S3Targets":[{"Path":\
> "s3://[bucket_name]/analytic/aurora_audit_logs/"}]}'
$ aws glue create-crawler --name analytic_dbserver_aurora_error_logs \
> --database lake-fishing --table-prefix analytic_ \
> --role GlueServiceRole --targets '{"S3Targets":[{"Path":\
> "s3://[bucket_name]/analytic/aurora_error_logs/"}]}'
$ aws glue create-crawler --name analytic_dbserver_aurora_general_logs \
> --database lake-fishing --table-prefix analytic_ --role GlueServiceRole
\
> --targets '{"S3Targets":[{"Path":\
> "s3://[bucket_name]/analytic/aurora_general_logs/"}]}'
$ aws glue create-crawler --name analytic_dbserver_aurora_slowquery_logs \
> --database lake-fishing --table-prefix analytic_ --role GlueServiceRole
\
> --targets '{"S3Targets":[{"Path":\
> "s3://[bucket_name]/analytic/aurora_slowquery_logs/"}]}'
```

次に、作成したGlueクローラを順次実行していきます。

```
$ aws glue start-crawler --name analytic_webserver_apache_access
$ aws glue start-crawler --name analytic_webserver_apache_error
$ aws glue start-crawler --name analytic_dbserver_aurora_audit_logs
$ aws glue start-crawler --name analytic_dbserver_aurora_error_logs
$ aws glue start-crawler --name analytic_dbserver_aurora_general_logs
$ aws glue start-crawler --name analytic_dbserver_aurora_slowquery_log
s
```

13.4 まとめ

本章では、次のことを実施しました。

- 生データを分析用に加工し最適化する方法の説明
- 前章までで保管したデータをビジネス／パフォーマンス観点で最適化するETLスクリプトの実装／実行

ここまでで、分析用に最適化したデータレイクを構築できました！ 次章ではこのデータレイクをもとに、ログデータのさまざまな活用方法をみていきましょう。

第 14 章 ログを分析する

前章では Web システムのログデータを加工し、パフォーマンス面でもビジネス面でも活用しやすいデータレイクとして整備してきました。つまり、目的の分析を実現するために十分な準備が整ったわけです。お待たせしました。ここから、これまでに構築したデータレイクを活用して、ログデータをさまざまなかたちで分析／活用していきましょう。

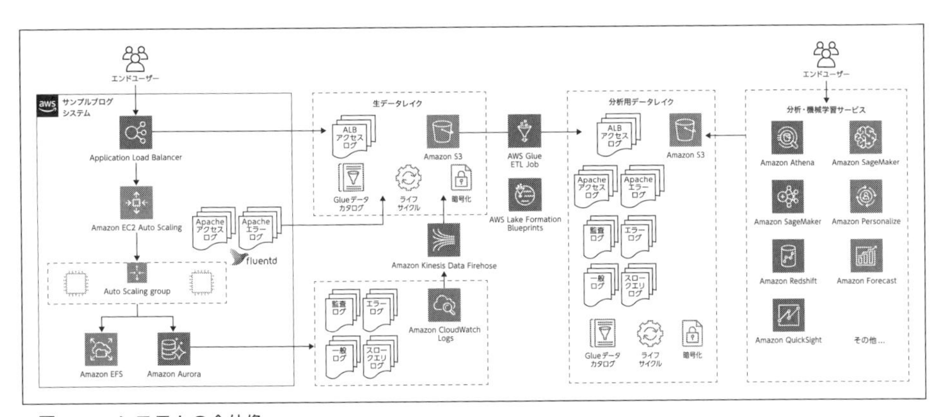

図 14.1　システムの全体像

14.1 ログのアドホッククエリ

本番アプリケーションの運用時には、さまざまな観点でその場の状況に合わせてデータを分析することが求められがちです。このような、その場限りの使い捨てのクエリ（アドホッククエリ）にも、データレイクは威力を発揮します。

アドホッククエリを取り扱うために活用できるおもなAWSサービスを挙げます。目的とユースケース、お持ちのスキルセットを元に使い分けていくとよいでしょう。

- Amazon Athena
- Amazon EMR
  - Apache Hive
  - Presto
  - Apache Spark
- Amazon Redshift

ここでは、Athenaを用いてログのデータレイクにアドホッククエリを実行して分析していきます。

14.1.1 Athena

これまでに構築したログデータのデータレイクでは、ロードバランサー、Webサーバー、データベースサーバーのそれぞれのコンポーネントでログを収集／加工し保管してきました。ここでは、コンポーネントごとにログデータを分析していきます。

まず、ロードバランサーのアクセスログを分析します。アクセスログは各レコードが1アクセス／リクエストに相当します。これを毎時どのくらいのアクセスがあったのか集計することで、アクセスの時間帯ごとのトレンドやピークを確認できます。

アクセスログの時間別リクエスト数を集計

```
SELECT
    year,
    month,
    day,
    count(*)
FROM "lake-fishing"."alb_elasticloadbalancing"
GROUP BY year, month, day;
```

Webサイトにどのようなアクセス元から接続しているのかという点は、Webサイト管理者のおもな関心ごとのひとつです。次のクエリでは、ALBアクセスログの`client_ip_port`カラムを利用して、アクセス元ホスト別のリクエスト数を集計しています。

アクセスログのアクセス元ホスト別リクエスト数を集計

```
SELECT
    client_ip_port,
    count(*)
FROM "lake-fishing"."alb_elasticloadbalancing"
GROUP BY client_ip_port;
```

「Web サイトにアクセスしたら応答が遅い」といったよくあるトラブルシューティングも、データレイクがあれば簡単です。次のようなクエリでアクセスログのレイテンシー順にログを一覧することで、ボトルネックの特定に有益な情報が得られます。

アクセスログのレイテンシーが高いほうからトップ 10 アクセスを検索

```
SELECT
    *
FROM "lake-fishing"."alb_elasticloadbalancing"
ORDER BY request_processing_time DESC
LIMIT 10;
```

図 14.2 レイテンシーの高いものを集計

次に、Web サーバーのログを分析してみましょう。ロードバランサーのログと同じように、アクセス元のホスト別を集計するには次のようなクエリを実行します。

アクセスログのアクセス元ホスト別リクエスト数を集計

```
SELECT
    host,
    count(*)
FROM "lake-fishing"."analytic_apache_access"
GROUP BY host;
```

時間別のリクエストなら次のようにクエリします。

アクセスログの時間別リクエスト数を集計

```
SELECT
    year,
    month,
    day,
    count(*)
FROM "lake-fishing"."analytic_apache_access"
GROUP BY year, month, day;
```

HTTPステータスコード別の集計には次のようにクエリします。これを分析することで、予期せぬエラーの発生状況を確認できます。

ステータスコード別リクエスト数を集計

```
SELECT
    code,
    count(*)
FROM "lake-fishing"."analytic_apache_access"
GROUP BY code;
```

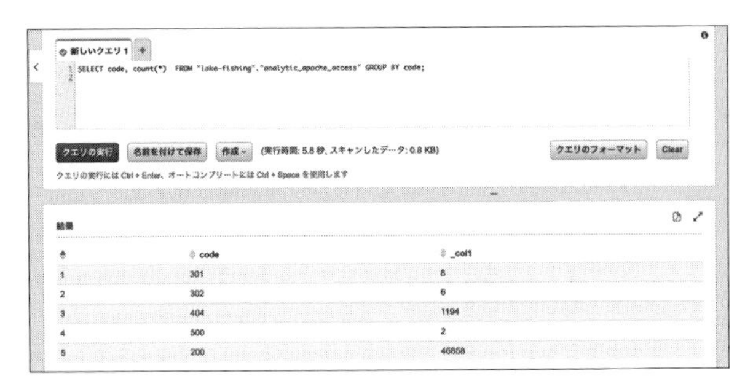

	code	_col1
1	301	8
2	302	6
3	404	1194
4	500	2
5	200	46858

図 14.3　ステータスコード別リクエスト数

最後に、データベースサーバーのログを分析します。スロークエリログはMySQLでのパフォーマンスのトラブルシューティングやボトルネック調査において非常に重要なログです。このスロークエリログを用いて、MySQLデータベースに発行されたクエリの中で所要時間の長いものを抽出してみましょう。

スロークエリの遅いほうからトップ10クエリを検索

```
SELECT
    *
FROM "lake-fishing"."analytic_aurora_slowquery_logs"
ORDER BY query_time
LIMIT 10;
```

	rows_examined	user	query_time	hour	message
1	0	rdsadmin	0.00	23	# User@Host: rdsadmin[rdsadmin] @ localhost [] Id: 5 # Query_time: 0.000099 Lock_time: 0.000000 Rows_
2	0	rdsadmin	0.00	23	# Time: 191224 0:00:00 # User@Host: rdsadmin[rdsadmin] @ localhost [] Id: 7 # Query_time: 0.000144 Loc
3	0	rdsadmin	0.00	23	# User@Host: rdsadmin[rdsadmin] @ localhost [] Id: 5 # Query_time: 0.000100 Lock_time: 0.000000 Rows_
4	1	rdsadmin	0.00	23	# User@Host: rdsadmin[rdsadmin] @ localhost [] Id: 5 # Query_time: 0.000689 Lock_time: 0.000086 Rows_
5	0	rdsadmin	0.00	23	# User@Host: rdsadmin[rdsadmin] @ localhost [] Id: 5 # Query_time: 0.000536 Lock_time: 0.000000 Rows_
6	0	rdsadmin	0.00	23	# User@Host: rdsadmin[rdsadmin] @ localhost [] Id: 5 # Query_time: 0.000097 Lock_time: 0.000000 Rows_
7	1	rdsadmin	0.00	23	# User@Host: rdsadmin[rdsadmin] @ localhost [] Id: 5 # Query_time: 0.001619 Lock_time: 0.000086 Rows_
8	0	rdsadmin	0.00	23	# User@Host: rdsadmin[rdsadmin] @ localhost [] Id: 5 # Query_time: 0.000979 Lock_time: 0.000000 Rows_
9	0	rdsadmin	0.00	23	# Time: 191224 0:00:02 # User@Host: rdsadmin[rdsadmin] @ localhost [] Id: 5 # Query_time: 0.000094 Loc
10	1	rdsadmin	0.00	23	# User@Host: rdsadmin[rdsadmin] @ localhost [] Id: 5 # Query_time: 0.000373 Lock_time: 0.000085 Rows_

図 14.4　スロークエリの集計

このように、Athenaを使うことで、サーバーやインフラを意識することなく、簡単にアドホッククエリを利用できるようになります。

上記の例ではコンポーネントごとの分析をしていますが、もちろんそれぞれのデータをJOINしてコンポーネントを横断した分析も可能です。

14.2 ログの可視化

ログデータを集めて、アドホッククエリをするだけでも十分に実用的な分析環境となりえます。しかし、これを可視化することで、さらにデータ全体の視認性を上げて、データの多角的な分析やトレンドの分析をしやすくできます。

ここからは、クエリ／プログラミングによる可視化と、GUIベースの可視化のそれぞれを試してみます。

14.2.1 Glue開発エンドポイント／SageMakerノートブック

可視化において、SQLを直接記述してクエリしたい場合、またプログラミングとSQLを組み合わせたい場合、Jupyterノートブックが便利です。ここでは、Glueの開発エンドポイントとSageMakerノートブックを使って、Jupyterノートブック上でデータをインタラクティブに可視化していきましょう。

1. Glueコンソールを開く
2. 左側メニューから［開発エンドポイント］をクリックし、［エンドポイントの追加］ボタンをクリックする
3. ［開発エンドポイント名］にlake-fishingと入力し、［IAMロール］に［Glue-ServiceRole］を選択し、［カタログオプション］の［Use Glue data catalog as the Hive metastore］にチェックがあることを確認して［次へ］ボタンをクリックする
4. ［ネットワーキング情報をスキップ］を選択して［次へ］ボタンをクリックする
5. ［パブリックキーの内容］にはとくに何も入力せずに［次へ］ボタンをクリックする
6. ［完了］ボタンをクリックする
7. 約10分待つ。開発エンドポイントの状態が［PROVISIONING］から［READY］になったら、その開発エンドポイントを選択した状態で［アクション］プルダウンリストから［SageMakerノートブックの作成］をクリックする
8. ［ノートブック名］にlake-fishingと入力する。［開発エンドポイント］には［lake-fishing］が選択されていることを確認する。［IAMロールを作成す

る］を選択し、［IAMロール］の名前欄にlake-fishingと入力します。［ノートブックの作成］ボタンをクリックする
9. 数分待ち、ノートブックのステータスが［準備完了］になったら、そのノートブックを選択した状態で［ノートブックを開く］ボタンをクリックする
10. Jupyterノートブック画面が開いたら、右側の［New］ボタンをクリックし、［Sparkmagic（PySpark)］をクリックする
11. ノートブックのパラグラフのテキストエリアに後述のクエリを入力し、［Run］ボタンをクリックする

なお、Amazon SageMakerは機械学習のためのサービスで、機械学習モデルの構築／トレーニング／デプロイを簡単にできるようにするマネージドサービスです。ここではJupyterノートブック環境としてだけ使いますが、本章後半でこのノートブック上で機械学習をしますので楽しみにしていてください。

Webサーバーのアクセスログの時間別リクエスト数を集計

Webサーバーの Apacheアクセスログの時間別リクエスト数を集計するには、次のクエリを実行します。

```
SELECT
    year,
    month,
    day,
    count(*)
FROM `lake-fishing`.analytic_aurora_slowquery_logs
GROUP BY year, month, day
```

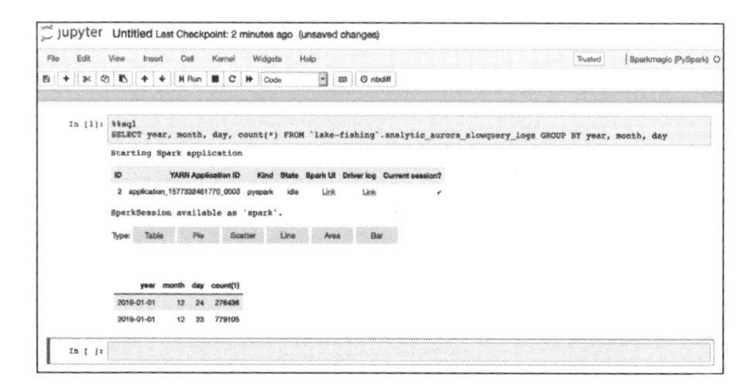

図14.5　Apacheの時間別リクエスト数

スロークエリログの各項目を集計

データベースサーバーのスロークエリログの時間別の、平均返却行数(rows_sent)、平均読み取り行数（rows_examined)、合計クエリ数を集計します。

```
SELECT
    CONCAT(year, '/', month, '/', day, ':', hour) as datehour,
    count(*),
    avg(`rows_sent`),
    avg(`rows_examined`)
FROM `lake-fishing`.analytic_aurora_slowquery_logs
GROUP BY datehour
ORDER BY datehour
```

表示された結果の［Type］を変更することで、集計結果をグラフとして表示できます。例えば、［Line］を選択すると、次のように集計結果を折れ線グラフで表示できます。

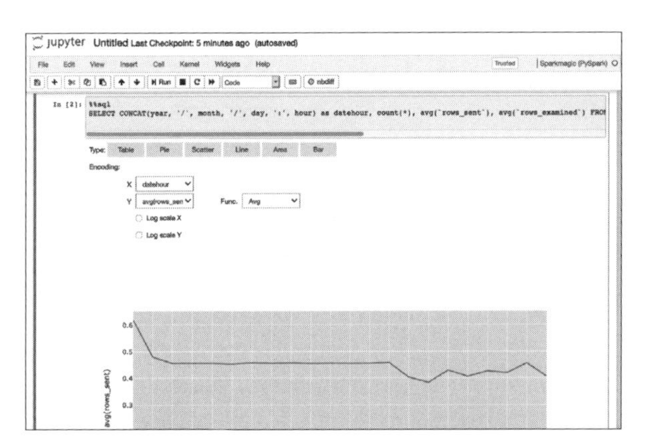

図 14.6　グラフの表示

14.2.2 QuickSight

可視化において、GUI ベースでの操作で完結したい場合、BI ツールが便利です。ここでは、QuickSight を活用して、各種ログを可視化していきましょう。

なお、QuickSight のアカウントセットアップについては第 6 章を確認してください。

ここではQuickSightのデータソースにAthenaを使います。第6章の時点ではAthenaへのアクセス権限が不足しているため、次の手順で権限を追加する必要があります。

1. QuickSightコンソールを開く
2. 画面右上のアカウントアイコンをクリックし、［QuickSightの管理］をクリックする
3. ［セキュリティとアクセス権限］をクリックする
4. ［接続された製品とサービス］の［追加または削除する］ボタンをクリックする
5. ［Amazon Athena］にチェックを入れ、［更新］ボタンをクリックする

それでは、QuickSightでの分析を進めていきましょう。

1. QuickSightコンソールを開く
2. ［新しい分析］ボタンをクリックする
3. ［新しいデータセット］ボタンをクリックする
4. ［Athena］を選択し、［新規Athenaデータソース］の［データソース名］にlake-fishing-aurora-slowquery-logsと入力して［データソースを作成］ボタンをクリックする
5. ［データベース］に［lake-fishing］を選択する
6. ［テーブル］に［analytic_aurora_slowquery_logs］を選択し、［選択］ボタンをクリックする
7. ［データクエリを直接実行］を選択し、［Visualize］ボタンをクリックする

これで、データのグラフィカル表現であるQuickSightビジュアルを作成する準備が整いました。QuickSightでは、ビジュアル要素にマップするフィールド、ビジュアルタイプなどを簡単にカスタマイズできます。

図14.7のスクリーンショットでは、スロークエリログのデータを用いて、いくつかの典型的なビジュアルを作成しています。

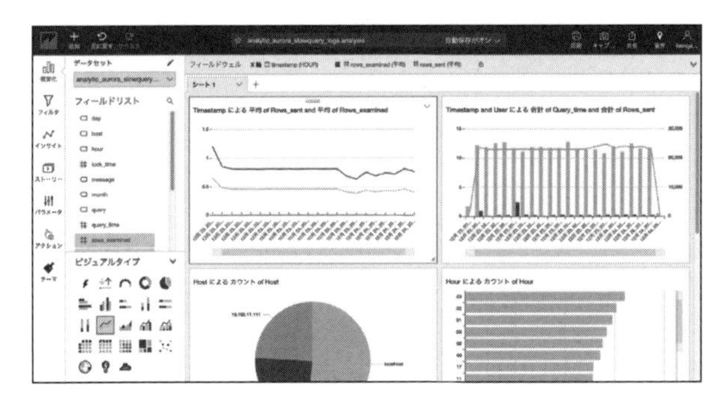

図 14.7　QuickSight を使ったビジュアルな分析

ビジュアルの作成方法の詳細についてはドキュメント[1]を確認してください。

上記の例でもコンポーネントごとの分析をしていますが、もちろんそれぞれのデータを JOIN してコンポーネントを横断した分析も可能です。

14.3 ログからの異常検知

データレイクは、クエリによる分析や可視化のためだけのものではありません。データレイクのおもな活用シーンのひとつに、機械学習を用いたアプリケーションがあります。AWS では機械学習のために、Amazon SageMaker や Amazon Forecast、Amazon Personalize など、さまざまなサービスを提供しています。ここでは、SageMaker を利用して、機械学習によりログのデータレイクから異常なアクセスパターンを検知していきましょう。

14.3.1 事前準備

ここまでに構築したデータレイクは Parquet ファイルベースとなっていますが、機械学習には利用するアルゴリズムやサービスに合わせた前処理が（ほとんどの場合）必須となります。

ここでは、前処理として、Apache アクセスログの 1 時間あたりのリクエスト数を集計し、CSV ファイルとして出力していきます。

1. Glue コンソールを開き、左側メニューの［ジョブ］をクリックする

[1] https://docs.aws.amazon.com/ja_jp/quicksight/latest/user/working-with-visuals.html

2. 画面上部の［ジョブの追加］ボタンをクリックする
3. ［ジョブプロパティの設定］ダイアログを次のように設定し、［次へ］ボタンをクリックする
    - ［名前］に lake-fishing-aurora_audit_logs-json2parquet と入力する
    - ［IAM ロール］に［GlueServiceRole］を選択する
    - ［Type］に［Spark］を、［Glue version］に［Spark 2.4, Python 3 (Glue Version 1.0)］を選択する
    - ［このジョブ実行］で［ユーザーが作成する新しいスクリプト］を選択する
    - ［カタログオプション］の［Use Glue data catalog as the Hive metastore］にチェックを入れる
4. ［接続］ダイアログで（何も変更せずに）［ジョブを保存してスクリプトを編集する］ボタンをクリックする
5. スクリプト編集画面で、次のソースコードをコピー＆ペーストする
    - ［bucket_name］を置換する

```
from pyspark.context import SparkContext
from awsglue.context import GlueContext
from awsglue.job import Job
from awsglue.dynamicframe import DynamicFrame

glue_context = GlueContext(SparkContext.getOrCreate())
spark = glue_context.spark_session
job = Job(glue_context)
job.init('apache_access_calculated_csv')

df = spark.sql("SELECT CONCAT(year, '-', month, '-', day,
 ' ', hour(parsed_timestamp), ':00:00') as timestamp, cou
nt(*) as value FROM `lake-fishing`.analytic_apache_access
 GROUP BY timestamp ORDER BY timestamp")

dyf = DynamicFrame.fromDF(df, glue_context, "apache_acces
s_calculated_csv")
dyf = dyf.repartition(1)

# Write DynamicFrame to S3 in csv
glue_context.write_dynamic_frame_from_options(
    frame= dyf,
```

```
    connection_type='s3',
    connection_options= {
        'path': 's3://[bucket_name]/ML-train/apache_acces
s_calculated_csv/'
    },
    format='csv'
)

job.commit()
```

出力したCSVファイルの中身は次のようになります。

```
timestamp,value
2019-12-23 10:00:00,963
2019-12-23 11:00:00,962
2019-12-23 12:00:00,972
2019-12-23 13:00:00,972
2019-12-23 14:00:00,965
2019-12-23 15:00:00,965
2019-12-23 16:00:00,965
2019-12-23 17:00:00,962
2019-12-23 18:00:00,964
```

14.3.2 データの用意

さきほど、Glue開発エンドポイント用に作成したSageMakerノートブックを、ここでも使用します。事前準備として、これから必要となるS3とSageMakerについての権限をノートブックにアタッチしたIAMロールに設定していきます。

1. IAMコンソールを開き、左側メニューから［ロール］をクリックする
2. 検索ウィンドウにAWSGlueServiceSageMakerNotebookRole-lake-fishingを入力し、ロール名をクリックする
3. ［ポリシーをアタッチします］ボタンをクリックする
4. 検索ウィンドウにAmazonS3FullAccessを入力し、ポリシー左のチェックボックスにチェックを入れる
5. 再度、検索ウィンドウにAmazonSageMakerFullAccessを入力し、ポリシー左のチェックボックスにチェックを入れる

6. ［ポリシーのアタッチ］ボタンをクリックする

それでは、SageMaker ノートブックを開き、データを用意していきます。

1. Glue コンソールを開き、左側メニューから［ノートブック］をクリックする
2. ノートブックを選択した状態で［ノートブックを開く］ボタンをクリックする
3. Jupyter ノートブック画面が開いたら、右側の［New］ボタンをクリックし、［conda_python3］をクリックする
4. ノートブックのパラグラフのテキストエリアに後述のコードをそれぞれ入力し、逐次［Run］ボタンをクリックする

トレーニングは RecordIO Protobuf 形式にエンコーディングされたデータで最もよく機能します。ここではさきほど用意した CSV ファイルを RecordIO Protobuf 形式に変換し、そのデータを S3 バケットにアップロードします。

まず、S3 上の CSV ファイルを Pandas DataFrame として `apache_access_data` に格納します。次のスクリプトの `[bucket_name]` および `[file_name]` を置換して SageMaker ノートブック上で実行します。

```
import os
import io
import re
import boto3
import pandas as pd
import numpy as np
import time

apache_access_data = pd.read_csv("s3://[bucket_name]/ML-train/apa
che_access_calculated_csv/[file_name]", delimiter=',')
```

次に、Numpy の Array 形式のデータを RecordIO Protobuf 形式に変換して S3 にアップロードする関数 `convert_and_upload_training_data` を定義します。

```
def convert_and_upload_training_data(
    ndarray, bucket, prefix, filename='data.pbr'):
    import boto3
    import os
```

```
    from sagemaker.amazon.common import numpy_to_record_serializer

    # convert Numpy array to Protobuf RecordIO format
    serializer = numpy_to_record_serializer()
    buffer = serializer(ndarray)

    # upload to S3
    s3_object = os.path.join(prefix, 'train', filename)
    boto3.Session().resource('s3').Bucket(bucket).Object(s3_object
).upload_fileobj(buffer)
    s3_path = 's3://{}/{}'.format(bucket, s3_object)
    return s3_path
```

さきほどの Pandas DataFrame の `apache_access_data` の `value` カラムを `values` により Numpy の Array 形式（ndarray）に変換します。そして、得られた ndarray に対して関数 `convert_and_upload_training_data` を実行します。`[bucket_name]` はいつもどおり置換します。

```
bucket = '[bucket_name]'
prefix = 'ML-randum_cut_forest'
s3_train_data = convert_and_upload_training_data(
    apache_access_data.value.values.reshape(-1,1),
    bucket,
    prefix)
```

これにより、S3 上に RecordIO Protobuf 形式のファイル `data.pbr` をアップロードできました。

14.3.3 モデルのトレーニング

次に、ここまでで用意したデータを元にモデルをトレーニングします。SageMaker で用意されている Random Cut Forest（RCF）アルゴリズム用の Amazon ECR Docker コンテナ、トレーニングデータの場所、アルゴリズムを実行するインスタンスタイプなど、トレーニングジョブのパラメータを指定する必要があります。また、アルゴリズム固有のハイパーパラメータも指定します。

SageMaker の RCF アルゴリズムの主要なハイパーパラメータは、`num_trees`

と num_samples_per_tree です。詳細については Web[2] をご覧ください。

次のコードは 50 本のツリーを使用し、各ツリーに 200 個のデータポイントを送信することで、Apache アクセスログデータに SageMaker の RCF モデルを適合させます。

```
import boto3
import sagemaker

containers = {
    'us-east-1': '382416733822.dkr.ecr.us-east-1.amazonaws.com/ran
domcutforest:latest',
    'us-east-2': '404615174143.dkr.ecr.us-east-2.amazonaws.com/ran
domcutforest:latest',
    'us-west-2': '174872318107.dkr.ecr.us-west-2.amazonaws.com/ran
domcutforest:latest',
    'ap-northeast-1': '351501993468.dkr.ecr.ap-northeast-1.amazona
ws.com/randomcutforest:latest',
    'eu-west-1': '438346466558.dkr.ecr.eu-west-1.amazonaws.com/ran
domcutforest:latest'}
region_name = boto3.Session().region_name
container = containers[region_name]

session = sagemaker.Session()

rcf = sagemaker.estimator.Estimator(
    container,
    sagemaker.get_execution_role(),
    output_path='s3://{}/{}/output'.format(bucket, prefix),
    train_instance_count=1,
    train_instance_type='ml.c5.xlarge',
    sagemaker_session=session)

rcf.set_hyperparameters(
    num_samples_per_tree=200,
    num_trees=50,
```

[2] https://docs.aws.amazon.com/ja_jp/sagemaker/latest/dg/rcf_how-it-works.html

```
    feature_dim=1)

s3_train_input = sagemaker.session.s3_input(
    s3_train_data,
    distribution='ShardedByS3Key',
    content_type='application/x-recordio-protobuf')

rcf.fit({'train': s3_train_input})
```

なお、サンプル Web システムをデプロイしてからの経過時間があまり長くない場合、データが足りなくて次のようなエラーが発生する場合があります。

```
UnexpectedStatusException: Error for Training job randomcutforest-2020
-01-12-13-08-02-956: Failed. Reason: ClientError: 6 samples are not eno
ugh to build a forest with 50 trees. Provide at least 50 samples or red
uce the number of trees using the corresponding hyperparameters
```

14.3.4 異常スコアの算出

次に、このトレーニング済みモデルを使用して、各トレーニングデータポイント用に異常スコアを算出していきます。先に作成したモデルを使用して推論エンドポイントを作成することから始めましょう。

```
from sagemaker.predictor import csv_serializer, json_deserializer

rcf_inference = rcf.deploy(
    initial_instance_count=1,
    instance_type='ml.c5.xlarge',
)

rcf_inference.content_type = 'text/csv'
rcf_inference.serializer = csv_serializer
rcf_inference.deserializer = json_deserializer
```

推論エンドポイントのデプロイが終わったら、ログデータに対して推論処理を行い、各データポイントの異常スコアを算出します。異常スコアがいくつ以上のものを実際に「異常である」とみなすかは、データの性質によって変わってきます。ここではシンプルに、全データポイントの異常スコアの平均値と標準偏差を算出し、標準偏差の3倍以上平均値から外れているデータポイントについて、「異常」とみなすことにします。

```
results = rcf_inference.predict(apache_access_data.value.values.re
shape(-1,1))
scores = [datum['score'] for datum in results['scores']]
apache_access_data['score'] = pd.Series(scores, index=apache_acces
s_data.index)

score_mean = apache_access_data.score.mean()
score_std = apache_access_data.score.std()

score_cutoff = score_mean + 3*score_std
anomalies = apache_access_data[apache_access_data['score'] > score
_cutoff]
```

最後に、異常とみなされるデータポイントをハイライトしてApacheアクセスログのスコアを図式化します。

```
import matplotlib.pyplot as plt

fig, ax1 = plt.subplots()
ax2 = ax1.twinx()

ax1.plot(apache_access_data['value'], alpha=0.8)
ax1.set_ylabel('Apache access', color='C0')
ax1.tick_params('y', colors='C0')

ax2.plot(apache_access_data['score'], color='C1')
ax2.plot(anomalies.index, anomalies.score, 'ko')
ax2.set_ylabel('Anomaly Score', color='C1')
ax2.tick_params('y', colors='C1')

fig.suptitle('Apache access')
plt.show()
```

ノートブック上でプロットしたグラフは次のようになります。

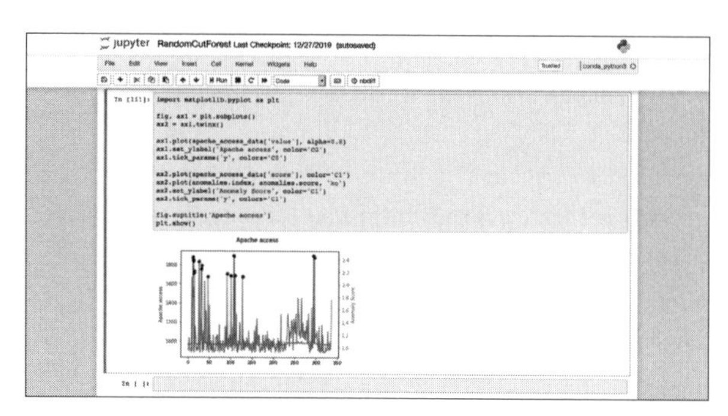

図 14.8　ノートブックに表示されたグラフ

横軸が 1 時間ごとのタイムスタンプ、縦軸の水色の線がリクエスト数、オレンジ色の線が異常スコアを意味します。黒いドットで可視化されている点が、異常と判定されたスコア値です。上記の図から、SageMaker RCF アルゴリズムが異常値をいくつか検出していることが分ります。

14.4 まとめ

本章では、次のことを実施しました。

- アドホッククエリによるデータ分析
- ノートブックおよび BI ツールによるデータの可視化
- 機械学習（RCF）による異常検知

このように、アドホッククエリ、可視化、異常検知といった複数のシーンでログデータレイクを分析／活用してきました。

ここまでのすべてのステップをこなしてきたあなたは、きっともう自分自身のデータレイクを作りたくなっていることでしょう！これまでに紹介した例はあくまでサンプルですが、ぜひご自身の持っている実際のデータとユースケースを元に独自のデータレイクを構築し、活用してみてください。本書があなたのデータレイクを構築／活用のための一助となれば、これほど嬉しいことはありません。

データレイクの可能性は無限大です。

さらに詳しく知りたい人のために

ここまでお読みいただいた皆さんは、すでにデータレイクの基本的な考え方や、AWSでのデータレイク構築のやり方についての知識が身についているかと思います。しかし、データレイクやAWSを取り巻く技術的な知見は非常に幅が広く、本書では取り上げられなかったものも数多くあります。そこでここでは、次のステップとして取り組んでいただくのに適した、応用的なことがらを扱っているリソースについて紹介します。

データレイクを構成する要素技術

データレイクを構成する要素技術の代表格としては、Apache Sparkが挙げられるでしょう。現在Sparkを扱うためのインターフェイスとして、Python言語が使われることが多くあります。『入門PySpark』はPythonを用いて、Sparkの概要やどのようにアプリケーションを書けばよいかについて、詳しく説明しています。Sparkのインターナルアーキテクチャや、より技術的な詳細について知りたい場合は、洋書の『Spark: The Definitive Guide』を読んでいただくのがおすすめです。Sparkに関する技術は非常に早い進化を続けているため、最新トレンドを知るためには英語の文献にあたる必要があります。ここで紹介した両書はSparkバージョン2.0をベースとしていますが、本書執筆時点ですでにSparkの正式版バージョン2.4.4で、バージョン3.0のプレビュー版もリリースされています。こうした最新の動向を抑えるためには、「Sparkの公式ドキュメント」に目を通してみてください。

『入門PySpark ―PythonとJupyterで活用するSpark 2エコシステム』：Tomasz Drabas & Denny Lee 著、玉川竜司 訳、オライリージャパン、2017
『Spark: The Definitive Guide: Big Data Processing Made Simple』：Bill Chambers & Matei Zaharia, O'Reilly Media, 2018
Apache Spark公式ドキュメント：https://spark.apache.org/docs/latest/

同様に、Apache Hadoopについて理解したい場合には、Hadoopのバージョンに注意していただく必要があります。Hadoopの最新バージョンは3.2.1ですが、バージョン3に触れている書籍はほとんどありません。『ビッグデータ分析基盤の構築事例集』は、バージョン3を含めてHadoopの概要について述べていますので、とっかかりとしてこちらに目を通していただくとよいでしょう。そのうえでより詳しく知りたい方は、Hadoopバージョン2が対象ではありますが、Tom Whiteによる『Hadoop: The Definitive Guide』を読んでいただくと、より包括的な理解につながります。また最新の動向については、「公式ドキュメント」も併せてご確認ください。

『ビッグデータ分析基盤の構築事例集 Hadoopクラスター構築実践ガイド』：古賀政純

著、インプレス、2018
『Hadoop: The Definitive Guide: Storage and Analysis at Internet Scale』：Tom White, O'Reilly Media, 2015
Apache Hadoop 公式ドキュメント：https://hadoop.apache.org/docs/current/

ストリームデータ処理基盤のApache Kafkaについて理解を深めるためには、『Apache Kafka 分散メッセージングシステムの構築と活用』を読んでいただくのがおすすめです。同様に分散検索エンジン／ログ分析基盤であるElasticsearchについては、『Elasticsearch実践ガイド』が参考になるでしょう。さらにElasticsearchを取り巻くエコシステムを用いて、ストリームデータの処理基盤をどのように構築するかという点については、『データ分析基盤構築入門』に詳しく書かれています。これらのOSSについても、出版当時と比べてソフトウェアのバージョンが上がっているため、適宜「公式ドキュメント」を参照するようにしてください。

『Apache Kafka 分散メッセージングシステムの構築と活用』：株式会社NTTデータ 佐々木徹／岩崎正剛／猿田浩輔／都築正宜／吉田 耕陽 著、下垣徹／土橋昌 監修、翔泳社、2018
『Elasticsearch 実践ガイド』：惣道哲也 著、インプレス、2018
『データ分析基盤構築入門［Fluentd，Elasticsearch，Kibanaによるログ収集と可視化］』：鈴木健太／吉田健太郎／大谷純／道井俊介 著、技術評論社、2017
Apache Kafka 公式ドキュメント：https://kafka.apache.org/documentation/
Elasticsearch 公式ドキュメント：https://www.elastic.co/guide/en/elasticsearch/reference/current/index.html

AWSの活用

ここまで述べてきた各要素技術を用いて、AWSサービスを活用してどのようにシステムを構築するかという点については、AWSのクラスルームトレーニングをご活用いただくことも可能です。AWSでは定期的に、さまざまなトピックに関するクラスルームトレーニングを開催しています。その中でも「Big Data on AWS」というトレーニングコースは、Amazon EMRやAmazon Kinesis、Amazon AthenaやAmazon Redshiftなどを扱って、各サービスで使われているOSSについての説明や、ハンズオンによる体験も含めながら包括的に学ぶことができます。

「Big Data on AWS」：https://www.aws.training/SessionSearch?pageNumber=1&courseId=10015&countryName=JP

続いてデータウェアハウスについてですが、データウェアハウス上でのデータモデリングについて詳しく述べられた書籍としては、『The Data Warehouse Toolkit』が代表的な一冊といえます。現在第3版まで出ていますが、翻訳されているのは第1版のみで、内容もだいぶ古びてしまっています。Amazon Redshift の構築運用、およびデータモデリングを学ぶ場合には、AWS のクラスルームトレーニングを受講いただくのがおすすめです。「Data Warehousing on AWS」というトレーニングコースでは、Amazon Redshift を使用してクラウドベースのデータウェアハウスソリューションを設計するための概念、戦略、およびベストプラクティスを学ぶことができます。このコースの中では、データモデリングについての突っ込んだ説明も含まれており、さらにそれを Redshift 上で実現するかについても理解していただくことができます。

『The Data Warehouse Toolkit: The Definitive Guide to Dimensional Modeling (3rd Edition)』：Ralph Kinball & Margy Ross, John Wiley & Sons, 2013
『データウェアハウス・ツールキット』：Ralph Kinball 著、藤本康秀／岡田和美／下平学／伊藤磨瑳也／小畑喜一 訳、日経 BP、1998
「Data Warehousing」：https://www.aws.training/SessionSearch?pageNumber=1&courseId=10025&countryName=JP

よりデータ分析に寄った技術に興味がある場合は、まず SQL に習熟するのが近道です。『達人に学ぶ SQL 徹底指南書』では、簡単な SQL は書けるようになった人がその次のステップとして学習すべき要素について、考え方から分かりやすく説明されています。古い SQL の書き方には触れず、モダンな書き方にフォーカスしているのもよいところです。また Python を用いた応用的な分析に興味がある場合には、『Python によるデータ分析入門』mPy / SciPy / pandas / Matplotlib といった Python の代表的な分析ライブラリについて包括的に説明されています。

『達人に学ぶ SQL 徹底指南書 第2版 初級者で終わりたくないあなたへ』：ミック 著、翔泳社、2018
『Python によるデータ分析入門 第2版 —NumPy、pandas を使ったデータ処理』：Wes McKinney 著、瀬戸山雅人／小林儀匡／滝口開資 訳、オライリージャパン、2018

また、本書で紹介した AWS の各サービスについてより詳しく知りたい場合には、AWS の公式 Web サイトに多くのリソースが公開されています。「AWS クラウドサービス活用資料集」には、「AWS 初心者向け」「サービス別資料」「ハンズオン資料」の3つのカテゴリがあり、とくに「サービス別資料」のページには、Amazon Redshift や AWS Glue といった各サービスについての詳細な説明をまとめたスライドがあります。初めて名前を聞く AWS のサービスがあったら、まずこちらの資料をご確認いただくと、サービスの概要を使うのに役立ちます。

「AWS クラウドサービス活用資料集」：https://aws.amazon.com/jp/aws-jp-introduction/
「サービス別資料」：https://aws.amazon.com/jp/aws-jp-introduction/aws-jp-webinar-service-cut/

AWS に関する情報

この本では、データレイクおよびそれに関わる AWS サービスに特化して説明をしたため、AWS 全般についての理解が足りないという方もいるかもしれません。そのような方には、『Amazon Web Services 基礎からのネットワーク & サーバー構築』などの書籍や、「AWS Hands-on for Beginners」のようなオンラインハンズオンをおすすめします。また AWS のクラスルームトレーニングには、初心者向けの「AWS Techinical Essentials 1 および 2」、その続編の「Architecting on AWS」と「Advanced Architecting on AWS」があります。また AWS では数多くのイベント、セミナーなどを開催しておりますので、ぜひ AWS のイベントページ（https://aws.amazon.com/jp/about-aws/events/）をご覧ください。

『Amazon Web Services 基礎からのネットワーク & サーバー構築 改訂版』：玉川憲／片山暁雄／今井雄太／大澤文孝 著、日経 BP、2017
「AWS Hands-on for Beginners」：https://pages.awscloud.com/event_JAPAN_Hands-on-for-Beginners-Scalable_LP.html
「AWS Technical Essentials 1/2」：https://aws.amazon.com/jp/training/course-descriptions/essentials/
https://aws.amazon.com/jp/training/course-descriptions/essentials2/
「Architecting on AWS」：https://aws.amazon.com/jp/training/course-descriptions/architect/
「Advanced Architecting on AWS」：https://aws.amazon.com/jp/training/course-descriptions/advanced-architecting/

ここまで世の中に数多あるリソースのごく一部を取り上げて紹介してきました。物事を早く身につけるには、資料をよく読んで手を動かすのが近道です。ぜひここで紹介したリソースを活用してください。また AWS では、AWS クライドを検討中の方を対象とした個別相談会も定期的に開催しています（https://pages.awscloud.com/sales-consulting-seminar-jp）ので、お困りの際にはぜひ我々にご相談ください。読者の皆さんが自分たちのデータレイクを構築して、データから価値を生み出していけるようになることを、執筆者一同は強く願っております。

索　引

A

Access Analyzer for S3 112
Active Directory 126
ADFS 126
ALB 269
ALL 分散 249
AMI 98
ANDES 28, 105
API 22
Athena 73, 96, 175, 350
Aurora 269
AUTO 分散 248
Auto Scaling 269
Avro 57
AWS 39
AWS コンプライアンス 118
AZ 39
AZ64 254

B

BI 6, 143
BI ツール 67
Blueprint 61
Blueprints 306

C

CDC 42
CDN 280
CLI 44, 271
CloudFormation 234, 273
CloudTrail 126, 280
CloudTrail データイベント 312
CloudWatch 91
CMK 120
Compute Optimizer 97
CSV 188
CTAS 188, 202

D

Data Catalog 52
DataFrame 327
DataSync 44
DDL 194
Direct Connect 113
Discover 30
DMS 46
DWH 232
DynamicFrame 327

E

EC2 .... 91, 269
ECS 40
EFS 269
Elasticssearch 85
Embulk 41
EMR 62, 81, 98
encryption at rest 119, 314
encryption in transit 117
encryption on the fly 312
ES 86

ETL 15, 56, 201
EVEN 分散 249

F

Federated Query 179
Flink 87
FlinkML 87
fluentd 42
Forecast 83

G

GDPR 104
Git 60
Glacier DeepAchive 104
Glue 52
Glue クローラ 175, 182
Glue ジョブ 202
Glue データカタログ 176
Glue Catalog Policy 311
Glue Data Catalog 52
Grok パターン 306

H

Hadoop 7, 11
HDFS 53
Hive 7, 53
Hive パーティション 335
Hive メタストア 176
Hive Metastore 53

I

IAM 110, 136
IAM グループ 136
IAM ポリシー 136
IAM ユーザー 136
IAM ロール 136, 137, 184
IAM Federation 111
IAM Policy 310
ID とパーミッション 122
Intelligent Tiering 104

J

JDBC 6
JSON 18
Jupyter 80
Jupyter ノートブック 354

K

Kafka 42
KCL 45
KDA 87
KDF 45, 87
KDS 45, 87
KEY 分散 248
Kibana 85
KMS 49, 120
KMS CMK 316
KPI 68

L

Lake Formation 54, 124
Lake Formation Blueprints 306
Lake Formation permission 311
LZO 242

M

Machine Learning 144
MapReduce 11
Metabase 68
ML Insights 144, 163
MLlib 87
MPP 232
MSK 45

N

NACL 114
Nitro System 239

O

ODBC 6
OLAP 175
OLTP 175
ORC 57

Organizations 111

P

Parquet 57, 188
PCI DSS 109
Personalize 83
Presto 7, 178
PrivateLink 116
Projection Pushdown 325
PubSub 43
Python 60, 67

Q

QuickSight 70, 144, 356

R

R 67
R Studio 80
RA3 239
Random cut forest 87
RDBMS 5
RDS 40
Redash 68
Redshift 7, 77, 232
RTO 103

S

S3 .... 48, 91
S3 サーバーアクセスログ 312
S3 標準 298
S3 標準 - IA 298
S3 ライフサイクルポリシー 298
S3 Access Points 311
S3 Block Public Access 311
S3 Bucket Policy 310
S3 Glacier Deep Archive 48, 298
S3 Object ACL 311
S3 SELECT 122, 328
SageMaker 40, 81
SageMaker ノートブック 354
SAML 126
scikit-learn 82
SCP 111
SDK 44
SFTP 44
Site to Site VPN 113
SLA 75, 89
Small file issue 324
Snowball 45
SOC2 118
Spark 19, 53, 60
Spark Streaming 87
Spectrum 78
SPICE 144
SQL 6, 57, 67, 71
SSB 234
SSE-C 315
SSE-KMS 315
SSE-S3 315
Standard-IA 103
Subscribe 30
Superset 68

T

Tensorflow 82
Transit Gateway 115
Trusted Advisor 97

V

VPC 110
VPC エンドポイント 115
VPC ピアリング 115
VPC フローログ 280

W

WAF 116

X

XML 18

Z

Zabbix 93

あ

アーカイブ 103
アクセス履歴 105
アクセスログ 105
圧縮 233
アドホッククエリ 350
アベイラビリティーゾーン 39
暗号化 108

い

異常検知 87
インデックス 6

え

エラーレート 90

お

応答時間 90
オーバーレイネットワーク 118
オープンソースソフトウェア 6
オンプレミス 44

か

開発者 65
学習 82
可視化 143
カスタマーマスターキー 120
カスタム分類子 306
カスタムメトリクス 92
カタログ化 297
可用性 46
監視 90

き

既存オブジェクトの暗号化 315
キャッシュ 6
脅威 107
行指向 57

く

クエリ 14
クライアント／サーバー 10
クライアント側の暗号化 315
クラウド 8, 22
クレデンシャル 111
クレンジング処理 201

け

権限管理 48
権限設定 110
権限の一元管理 311

こ

購読 30
コールドデータ 47
コスト 47
コンカレンシースケーリング 78
コンパクション 333
コンピューティングノード 232

さ

サーバー側の暗号化 314
サービスコントロールポリシー 111
サービングレイヤー 36
サブスクライバー 43
サブスクリプションフィルタ 289
差分抽出 42

し

収集コンポーネント 33
収集層 22
集約 333
伸縮自在性 45
信頼性の柱 94

す

推論 82
スケーラビリティ 47, 59
スケールアウト 25, 59, 96
スケールアップ 59, 96
スタースキーマ 13
ストリームデータ 41, 83
ストリーム分析アプリケーション 86

ストレージクラス …… 298
ストレージ装置 …… 9
スピードレイヤー …… 36
スライス …… 232
スロークエリログ …… 346

せ

正規化されたデータ …… 6
セキュリティ …… 48
専用線 …… 108
全量抽出 …… 42

そ

ゾーンマップ …… 233
測定 …… 68

た

耐久性 …… 45, 46
ダイシング …… 68
ダウンサイジング …… 10

つ

通信経路 …… 110

て

ディザスタリカバリ …… 102
ディメンション …… 13
データアナリスト …… 66
データウェアハウス …… 6, 76
データカタログ …… 33, 49, 176
データサイエンティスト …… 66
データ重要度のピラミッド …… 99
データソース …… 15, 22
データの種類 …… 47
データ配置パターン …… 248
データベース …… 5, 42
データマート …… 76
データリネージ …… 105
データレイク …… 3
データレイクアーキテクチャ …… 33
データ連携 …… 15
テーブルレベルの権限管理 …… 311
転送時の暗号化 …… 312

と

盗聴 …… 108
トランザクション処理 …… 6
ドリルアップ …… 68
ドリルダウン …… 68

な

生データ …… 8, 201

に

ニアリアルタイム …… 83

の

ノートブックインスタンス …… 81

は

パーティショニング …… 58, 335
パーティション …… 74, 95
バケッティング …… 340
バケット …… 102, 180
バケットポリシー …… 110, 111
バックアップ …… 101
バックトラック …… 106
発見 …… 30
発見的統制 …… 126
バッチ …… 83
バッチ運用 …… 15
バッチ処理 …… 42
バッチレイヤー …… 36
ハブ型 …… 15
パブリッシャー …… 43
半構造化データ …… 18, 72

ひ

非構造化データ …… 18, 72
ビジネスユーザー …… 65
ビュー …… 188
ヒューマンエラー …… 101
表計算ソフト …… 4

ふ

ファイアーウォール 110
ファイル 41
ファイルスプリット 332
ファクト 13
分散処理 11
分析 68
分析コンポーネント 33
分析層 23

へ

閉域網 108
冪等性 59
変換コンポーネント 33
変換層 27

ほ

保管時の暗号化 314
保守性 59
保存コンポーネント 33
ホワイトリスト式 110

ま

マスターデータ 13
マネージドサービス 40
マネージドストレージ 77
マルチ AZ 93

め

メインフレーム 10
メタ情報 176
メタデータの暗号化 316
メッセージキュー 42

も

目的指向 12
モデル 82
モデルのトレーニング 362
モニタリング 90

よ

予防的統制 126

ら

ライフサイクル管理機能 104
ラムダアーキテクチャ 36

り

リアルタイム 45, 83
リアルタイムダッシュボード 85
リージョン 39
リージョン間レプリケーション 102
リーダーノード 232
リレーショナルデータベース 5

る

ルートユーザー 138

れ

レコメンデーション 83
列指向 57, 188
レポーティング 69

ろ

ロードバランサーアクセスログ 280
ログ 6
ログデータ 267

わ

ワークフロー 61

著者プロフィール

上原 誠（うえはら まこと）
ソリューションアーキテクト。おもに ISV/SaaS のお客様に対する技術支援を担当。技術的な得意 / 興味領域としては、アナリティクス系テクノロジー、広告系ソリューション、Aerospike など。
本書では第 2 部（5 章~9 章）を担当。

志村 誠（しむら まこと）
スペシャリストソリューションアーキテクト、アナリティクス。Web 企業における Hadoop 基盤の開発／運用やデータ活用を経て、2016 年に AWS にジョイン。アナリティクスおよび機械学習分野のソリューションアーキテクトとして、幅広いお客様の AWS 上でのデータ活用を支援。Amazon Athena、AWS Glue、Amazon Elasticsearch Service、Amazon SageMaker がおもな守備範囲。
本書では第 1 部（第 1 章／第 2 章）を担当。

下佐粉 昭（しもさこ あきら）
スペシャリストソリューションアーキテクト、アナリティクス。データベースソフトのプリセールスエンジニア、ソフトウェアアーキテクトを経て、2015 年より AWS のソリューションアーキテクト。データレイク、データウェアハウス、BI 等の領域でお客様の技術支援を実施。高度な技術を誰もが使える形で届けることが一番の興味。
本書では第 1 部（序章／第 3 章／第 4 章）を担当

関山 宜孝（せきやま のりたか）
AWS Glue & Lake Formation 開発チーム、シニアビッグデータアーキテクト。2014 年に AWS にジョイン。5 年間 AWS サポートにて技術支援を担当。2019 年より現職にて、データレイクに関するユーザーに近い部分（ライブラリ／サンプル等）の開発や技術支援を担当。Apache Spark の開発にも貢献。休日はいつも子どもと虫取り（ダンゴムシ、チョウチョ、バッタ、カタツムリ等）。
本書では第 3 部（10 章~14 章）を担当。
GitHub: `moomindani` / Twitter: `@moomindani`

カバーイラストレーション　高内彩夏
カバーデザイン　坂本真一郎（クオルデザイン）

AWSではじめるデータレイク

クラウドによる統合型データリポジトリ構築入門

2020年7月9日　第1版第1刷発行
2023年9月1日　第1版第8刷発行

著　者　上原 誠（うえはら・まこと）／志村 誠（しむら・まこと）
　　　　下佐粉 昭（しもさこ・あきら）／関山 宜孝（せきやま・のりたか）

発行人　石川耕嗣

発行所　株式会社テッキーメディア（https://techiemedia.co.jp）
　　　　〒213-0033 神奈川県川崎市高津区下作延 1-1-7

印刷・製本　モリモト印刷株式会社

Printed in Japan/ISBN978-4-910313-01-6